拨开迷雾的思维工具：
"悬逻辑"

王仁法 著

中国书籍出版社
China Book Press

图书在版编目（CIP）数据

拨开迷雾的思维工具："悬逻辑" / 王仁法著. —北京：中国书籍出版社, 2016.8
ISBN 978 – 7 – 5068 – 5672 – 0

Ⅰ. ①拨… Ⅱ. ①王… Ⅲ. ①逻辑思维 Ⅳ. ①B804.1

中国版本图书馆 CIP 数据核字（2016）第 160179 号

拨开迷雾的思维工具："悬逻辑"

王仁法　著

责任编辑	李立云
责任印制	孙马飞　马　芝
封面设计	高　原
出版发行	中国书籍出版社
地　　址	北京市丰台区三路居路 97 号（邮编：100073）
电　　话	（010）52257143（总编室）　　（010）52257140（发行部）
电子邮箱	yywhbjb@126.com
经　　销	全国新华书店
印　　刷	广州市丰秀印务有限公司
开　　本	787 毫米 × 1092 毫米　1/16
字　　数	372 千字
印　　张	15.5
版　　次	2016 年 8 月第 1 版　2016 年 11 月第 2 次印刷
书　　号	ISBN 978 – 7 – 5068 – 5672 – 0
定　　价	50.00 元

版权所有　翻印必究

目 录

第一章 "悬逻辑"的研究对象与特质 (1)
第一节 "悬逻辑"的研究对象 (1)
一、研究悬疑状态下的思维形式 (3)
二、研究悬疑状态对思维基本规律的影响 (7)
三、研究解决悬疑问题的多种思维方法 (8)
第二节 "悬逻辑"的特殊性质 (9)
一、逻辑学的基本性质 (9)
二、"悬逻辑"的特殊性质 (11)
三、"悬逻辑"的特征 (13)
第三节 "悬逻辑"的意义和作用 (15)
一、建立"悬逻辑"的理论意义 (15)
二、"悬逻辑"的实际作用 (17)

第二章 介于虚实之间的悬概念 (19)
第一节 概念的逻辑类别 (19)
一、概念逻辑类别的特征 (20)
二、普通逻辑的实概念体系 (21)
三、现代逻辑的虚概念体系 (24)
第二节 悬概念的创设 (27)
一、在认知层面上增设悬概念 (27)
二、在逻辑史层面上发现悬概念 (30)
第三节 悬概念的性质特征 (32)
一、悬概念的基本性质 (32)
二、悬概念的显著特征 (33)
第四节 悬概念的类别 (38)
一、悬概念的逻辑类别 (38)
二、悬概念的应用种类 (40)
三、悬概念的时态种类 (41)
四、认知基础上的完善的概念类别逻辑体系 (42)
第五节 悬概念的意义 (43)

一、悬概念的理论价值 …………………………………… (43)
二、悬概念的实践意义 …………………………………… (46)
三、悬概念的法律功用 …………………………………… (47)

第三章 判断的悬疑态 ……………………………………… (52)
第一节 悬疑态判断的定性 ……………………………… (52)
一、没有悬判断，只有判断的悬疑态 …………………… (53)
二、悬疑态判断的定性分析 ……………………………… (54)
三、悬疑态判断的一般特性 ……………………………… (56)
第二节 悬疑态判断的逻辑属性 ………………………… (58)
一、悬疑态判断的取值 …………………………………… (58)
二、悬疑态判断的判定 …………………………………… (60)
第三节 简单判断的悬疑态 ……………………………… (61)
一、性质判断的悬疑态 …………………………………… (62)
二、关系判断的悬疑态 …………………………………… (66)
第四节 复合判断的悬疑态 ……………………………… (71)
一、联言判断的悬疑态 …………………………………… (71)
二、选言判断的悬疑态 …………………………………… (73)
三、假言判断的悬疑态 …………………………………… (75)
四、负判断的悬疑态 ……………………………………… (80)
第五节 模态判断的悬疑态 ……………………………… (82)
一、真值模态判断的悬疑态 ……………………………… (82)
二、规范模态判断的悬疑态 ……………………………… (86)
第六节 含有悬概念的判断 ……………………………… (91)
一、悬概念判断的逻辑性质 ……………………………… (91)
二、悬概念性质判断间的关系 …………………………… (92)
三、悬概念复合判断的逻辑值 …………………………… (94)

第四章 或效推测 …………………………………………… (99)
第一节 或效推测体系的建立 …………………………… (100)
一、或效推测的逻辑定义 ………………………………… (100)
二、或效推测的种类 ……………………………………… (102)
第二节 或然性推测 ……………………………………… (107)
一、不完全归纳推测 ……………………………………… (107)
二、类比推测 ……………………………………………… (111)

三、探求因果联系的推测方法 …………………………………… (115)
　第三节　不定式推测 ……………………………………………… (122)
　　一、反对关系的不定式 …………………………………………… (123)
　　二、下反对关系的不定式 ………………………………………… (124)
　　三、差等关系的不定式 …………………………………………… (125)
　第四节　或效式推测 ……………………………………………… (127)
　　一、三段论推理的或效式 ………………………………………… (127)
　　二、选言推理的或效式 …………………………………………… (132)
　　三、假言推理的或效式 …………………………………………… (133)

第五章　正确思维的原则 ………………………………………… (142)
　第一节　正确思维的充分必要条件 ……………………………… (143)
　　一、逻辑意义下的正确思维 ……………………………………… (143)
　　二、正确思维与思维基本规律的关系 …………………………… (145)
　　三、"悬逻辑"是建立在正确思维基础上的 …………………… (148)
　第二节　同一律是探求悬疑问题的前提条件 …………………… (149)
　　一、同一律的基本内容和逻辑要求 ……………………………… (149)
　　二、同一律对探求悬疑问题的逻辑要求 ………………………… (151)
　第三节　不矛盾律在探求悬疑问题时的复杂情形 ……………… (153)
　　一、不矛盾律的基本内容和逻辑要求 …………………………… (153)
　　二、不矛盾律对探求悬疑问题的逻辑要求 ……………………… (155)
　第四节　排中律在探求悬疑问题时的特殊情形 ………………… (157)
　　一、排中律的基本内容和逻辑要求 ……………………………… (157)
　　二、排中律对探求悬疑问题的逻辑要求 ………………………… (159)
　第五节　充足理由律在探求悬疑问题时的重要性 ……………… (162)
　　一、充足理由律的基本内容和逻辑要求 ………………………… (162)
　　二、充足理由律对"悬逻辑"的重要作用及特殊要求 ………… (164)

第六章　非形式逻辑的思维方法 ………………………………… (168)
　第一节　适合"悬逻辑"的辩证思维方法 ……………………… (169)
　　一、辩证思维的核心内容 ………………………………………… (169)
　　二、解决悬疑问题的辩证思维方法 ……………………………… (172)
　第二节　适合"悬逻辑"的批判性思维方法 …………………… (181)
　　一、批判性思维的核心内容 ……………………………………… (181)
　　二、用于悬疑态判断的批判性思维方法 ………………………… (183)

第三节　适合"悬逻辑"的博弈思维方法 ················ (191)
　　一、博弈思维的核心内容 ··························· (191)
　　二、推测悬疑问题的博弈思维方法 ··················· (193)
第四节　适合"悬逻辑"的创新思维方法 ················ (197)
　　一、创新思维的核心内容 ··························· (198)
　　二、探索悬疑问题的创新思维方法 ··················· (200)

第七章　综合运用"悬逻辑"知识的科学假说 ············ (208)
第一节　假说的建立 ································· (210)
　　一、假说的特征 ··································· (211)
　　二、建立假说的逻辑步骤 ··························· (217)
第二节　建立假说的逻辑要求 ························· (224)
　　一、初建假说的全面性要求 ························· (224)
　　二、推演假说的条件性要求 ························· (227)
　　三、验证假说的严密性要求 ························· (230)
　　四、发展假说的周密性要求 ························· (231)
　　五、确立假说的总体要求 ··························· (233)
第三节　假说向理论的过渡 ··························· (233)
　　一、假说向理论过渡的必要原则 ····················· (233)
　　二、假说向理论过渡的途径 ························· (235)
　　三、假说向理论过渡的手段 ························· (236)
　　四、法律推测向法律论证的转化 ····················· (237)

引子：人类的航船总是在迷雾中穿行

蛮荒时代，洪水滔天，世界混沌一片。普罗米修斯盗来天火，点亮人间，人类迈开了文明发展的步伐。人类文明发展到今天，的确值得自豪，我们经常用"灿烂辉煌"来形容现代文明的成就。是啊，人们"日行万里"的遐想，如今可以舒适地坐在高铁中实现；人们"凌空飞翔"的梦想，今天可以在飞机上轻松地变为现实；只有在西游传说中才能大胆幻想的"千里眼""顺风耳"，现在可以从口袋里掏出手机后瞬间完成。祖祖辈辈的农民饱受"汗滴禾下土"的艰辛，而在农业机械化的今天，驾驶播种机、收割机等农机便可高效地进行田间劳作；世世代代的工人汗流浃背，"抡起铁锤响叮当"，而在工业集约化、信息化的现代，人们坐在装有空调的生产流水线计算机控制室中，便可掌控复杂的生产过程。人类已经能够乘坐宇宙飞船遨游太空，并到月球上小憩。在微观领域，我们已经掌握了分子、原子、基本粒子乃至"夸克"的基本性质，而纳米技术的发展使我们可以在比指甲盖还小的芯片上储存海量的信息。无人驾驶汽车已经上路，能干家务活的家庭机器人已经上岗。一切都在发生着翻天覆地的变化，我们成了地球乃至宇宙的主宰者。

地球上的物种有千万种，为何只有人类能够创造出如此辉煌的成就？因为人类能够认识自然、改造自然，认识社会、发展社会，认识自己、提高自己。这一切都源于人类有一颗能够发现问题、分析问题、解决问题的大脑，再确切地说，人类的大脑能够进行逻辑思维，形成概念和判断，进行推理和论证。我们依靠逻辑构造了各种各样的理论体系，创立了成千上万的学科门类。世界的图景在我们面前被描绘得越来越清晰。我们好似在灿烂的阳光下，将世界看得一清二楚。

真的是这样吗？答案竟然是否定的，人类在认识世界上的灿烂晴天还很少，未被认识的世界，被阴霾遮挡、被迷雾围绕的事物还很多。尽管我们发射了宇宙飞船、架设了射电望远镜，能接收到上百亿光年的来自宇宙深处的信息，但那只是微弱的信息而已。迄今为止，我们仅仅登上了离我们最近的月球星体的一部分，而对它的认识仍然是非常有限的，更不要说遥远的星球了。人类在苦苦寻找类地行星、盼望着与地外文明不期而遇，然而最近才终于通过哈勃望远镜发现了一颗距离我们1400光年的类地行星，但它究竟是个什么样子，却还说不清楚。中国最近制造了一颗探索暗物质的卫星，要去茫茫宇宙中寻找我们看不见的、难以直接观测到的那些暗藏的物质，因为暗物质占到宇宙总质量的84.5%，仅银河系中的暗物质就抵得上 8000 亿个太阳，而我们能观测到的物质才仅占到宇宙的约 5%。对于我们居住的地球本身，也知之甚少。虽然人们可以在一望无际的海洋中下潜到 1 万米的深度，却仅能在陆地下面挖挖煤炭而已，再往深处就下不去了，对地球本身的构造我们只能进行猜测性的描绘，因为入地要比登天难，对地球内部的认识我们仍然是一头雾水。

再说生物界，达尔文的生物进化论指引我们建立起复杂的生物图谱，现代生物科学开始在基因层面更精确地研究生物的生命密码，克隆技术、转基因技术、太空育种技术等，创造着一个个生命奇迹。然而，人们对生物（包括人类自身）进化的细节仍然不太清楚，甚至许多生物进化的缺环依然存在。至于恐龙的灭绝、生命的起源、动物心理的形成等生物谜团还在困扰着我们。

说到人类社会，更是迷雾重重。历史之谜、文化之谜、人物之谜、考古之谜、战争之谜、事（案）件之谜等，千手难数。就连走在街边突然被一块石头砸到头，也许就会成为难解之谜。

科学家们毕生研究某个专题，但一开学术会议，也会就许多问题争论得面红耳赤，最后会议报道概括为"众说纷纭，莫衷一是"。

从以上简单的叙述中，我们不必去做严格的统计就可以得出这样的结论：在我们生活的世界里，相对清楚、明确的时空其实很小、很有限，绝大多数的时空仍然是大雾弥漫，人们仍然在艰难的摸索中前行。

从逻辑学的角度来看，经过严格逻辑论证、经过实践检验的科学理论虽有成千上万，但比起纷繁复杂的世界、浩瀚无垠的宇宙，仍是微不足道的。逻辑帮助学者建立了理论，而面对无数悬而未决的谜团我们还能不能用逻辑去探索呢？答案是肯定的。逻辑不仅是论证理论的工具，也是拨开迷雾、建立真假未定的猜测性说法的工具。说得明白一点，我们不能只将逻辑看成是证明真理的思维工具，在探求还不是真理甚至可能是错误猜测的过程中，我们也需要逻辑；说得更明白一点，证明真理时我们用到的逻辑是正确的，探讨非真理甚至可能是错误的学说过程中用到的思维形式（这些往往被逻辑学家看成是错误的逻辑形式）也是正确的。当然，更详细的阐释就要看本书的具体内容了。

2000 多年以来，众多的逻辑学者总结了人类思维的规律及其在多方面的运用，建立了很多严密的逻辑体系，为人们论证思想、传播真理提供了重要的思维工具。那么，当我们行进在重重迷雾之中，当我们的思想尚未达到需要论证而处于模糊不清的状态时，当真理离我们还很遥远而面对的是悬而未决的问题时，有没有一种逻辑能够帮助我们拨开迷雾、探索真相呢？哪怕这种逻辑不太严密但却合理，不是确定无疑的推论而是极有可能的推测。于是，"悬逻辑"应运而生，它指引我们的思维去拨开一层层的迷雾，一步步地接近事物的真相。

下面就让我们掀开第一层幕布的一角，走进"悬逻辑"的舞台吧……

第一章 "悬逻辑"的研究对象与特质

穿越迷雾，探索真相

世界充满迷雾，这是人的一种错觉，动物只管低头觅食、抬头避险。正因为人们有认知世界的能力，才产生了各种疑问；一旦产生了这些疑问，人们就会试图解开它们，就不断地进行探索，努力想穿越迷雾，看清事物的真相。那么，人们是怎样穿越迷雾、不断探索，去无限接近事物的真相呢？在这个过程中，人们要付出难以想象的艰辛，克服多方面的艰难险阻，而始终伴随这一过程的思维工具就是"悬逻辑"。

用现代逻辑的语言说，传统普通逻辑是二值逻辑系统，它只有真假二值，即一个判断要么是真的，要么是假的，不是真的就是假的，不是假的就是真的。这其实是把复杂的世界简单化了，五彩缤纷的世界成了黑白分明的世界。事实上，世界是多元的、多极的、多种可能性的，它既绚丽多姿，又鱼龙混杂，仅仅用黑白两色是无法进行描绘的。于是，现代逻辑学家建立了描述真假多种可能性的三值逻辑、多值逻辑甚至模糊逻辑。这些逻辑，加上现代逻辑的100多个分支，将世界描绘得更清楚了，拓宽了逻辑的研究领域。不过，还有一个特殊的关注世界的角度，就是在人类认识世界的过程中，当世界上的某个东西是否存在还不清楚，对其做出的判断还处于不定状态时，我们的思维就只能对其进行推测。这就需要我们的"悬逻辑"登场了。

第一节 "悬逻辑"的研究对象

我们从一个小案例说起。

某年10月的一天，一对夫妇带着蓬头垢面并且瘸着腿的11岁的女儿王丹，到某市公安局刑侦大队报案。公安人员耐心地接待了他们，问他们怎么回事。小王丹说道："星期天上午，爸爸给我10元钱买酱油，我刚走到街上，就遇到一个麻子脸、三角眼、大背头的麻怪阴阳人。她是个高大女人的样子，说要带我去一个好玩的地方，我不去，她就在我脸上一抹，我就迷迷糊糊地跟着她走了。一直走到东方山，上了一个山坳，进了一间大黑屋子。半夜，麻怪人变成一个男人出来，抱住我，把我害了。我就一直哭，天还没亮，我就逃跑，脚也扭伤了……"

故事叙述得有些离奇，刑警们也感到有些蹊跷：大白天，哪来的"麻怪阴阳人"？而且还有点"魔力"，能变女为男。

询问案情的干警没有急于做出结论，而是继续详细追问。

问：小王丹，那"麻怪人"长得有什么具体特征啊？

答：脸上有麻子，是个三角眼，还有个大背头，个子挺高大的。

问：你们上山都经过哪些地方，看到了什么景物呢？

答：我们经过了××街、××厂，顺着小河边就进了山里。那里的草可绿了，地上开满了小红花和小黄花，还有阵阵的花香扑来。然后，上了一道山梁，转过一个陡峭的大石头，就到了一座黑房子面前。

问：那人是怎么伤害你的？

小姑娘好像记忆清晰，将她同"麻怪人"接触的每一个细节都描述得非常逼真。

到此为止，侦查人员做出了判断："小姑娘讲的全是编造的假话。"可能连她的父母也不知道，女儿在报假案。

为了弄清小姑娘编造假话的原因，刑侦人员让小王丹的父母请来了她的班主任老师。刑警们向班主任介绍了情况，这位班主任老师就耐心地与小王丹交谈。过了一阵儿，小王丹终于说出了实情：因为自己把爸爸给的10元钱花了，怕回去被父母责打，就私自出走，根本就没遇到什么"麻怪人"。后来，他们又将王丹送到医院检查，结果她的身体也没有受到任何伤害。

幸亏刑侦人员很快化解了这起报假案，要不然，等到投入警力展开侦查，结果一无所获，岂不是浪费人力物力？①

我们从逻辑的角度深入分析一下这个并未实际展开的案件。

首先，这里牵涉一个关键性的概念"麻怪阴阳人"。最后的结果表明，这是一个假概念，外延为0。但从认知过程来讲，小王丹的父母相信女儿的话，认定这是一个外延为1的实概念，所以他们才带着女儿来报案。对于接案的干警来说，他们认为"麻怪阴阳人"是个什么概念呢？一开始，他们并没有认定这是个假概念，以免放过任何一个坏人；但他们也没有认定这是个实概念，从而立即

---

① 汪海燕，岳占新. 破案的逻辑艺术［M］. 北京：中国法制出版社，2009：2-3.

投入警力、展开侦察；他们认为这是个暂时不能确定真假的概念，其外延不知道是 0 还是 1。于是，干警开始详细追问，直到在小王丹的描述中出现了矛盾（前边说迷迷糊糊地跟着人走，后边清晰地用课本上的语言描述经过的地方及受伤害的经过），才断定这是个假概念，小王丹在说谎。

其次，干警们对王丹讲述的许多话（从逻辑上讲，就是使用的判断），既没有确定它们的真，也没有确定它们的假。如，"王丹在街上遇到麻怪阴阳人""半夜，麻怪人变成一个男人出来"等，对这些判断，干警们暂不定其真假，而是将它们置于真假难辨的悬疑状态、待定状态。

最后，干警们应用思维的基本逻辑规律，即运用逻辑的手段，发现了逻辑矛盾，确定了"麻怪阴阳人"是个假概念，那些判断是假判断。

从刑事侦查角度来说，这是一个预断案情的过程，在侦查活动正式展开前用逻辑分析确定了一个报假案的事件，从而避免了侦查成本的浪费。而从逻辑思维的角度来看，这就是一个大致应用"悬逻辑"的过程，接案干警将一个悬概念变成了假概念，将一些置于悬疑态的判断确定为假判断。

以上分析，已经涉及了"悬逻辑"的部分研究对象。我们对照以传统逻辑为主的普通逻辑的研究对象，参考现代逻辑的研究成果，探讨一下"悬逻辑"特殊的研究对象。

"关于普通逻辑的对象，我们可以作如下概括：普通逻辑是一门研究思维的逻辑形式及其基本规律，以及人们认识现实的简单逻辑方法的科学。"① 这里的逻辑形式是指概念、判断、推理和论证的一般形式结构，基本规律是指同一律、不矛盾律、排中律和充足理由律，而简单逻辑方法是指诸如定义的方法、划分的方法、探求因果联系的逻辑方法等。现代逻辑是"用形式化的方法研究思维的形式结构及其规律的学科，与'传统逻辑'相对，是传统逻辑发展的最新阶段"②。这就是说，现代逻辑与传统逻辑的研究对象是一致的，只是方法上有所不同。不过，现代逻辑还是在其他方面丰富了传统逻辑的内容。

"悬逻辑"也是逻辑，其研究对象也应该是逻辑形式、逻辑基本规律和逻辑方法这三个方面。当然，"悬逻辑"有着自身的特质，在这三个方面的表现与其他逻辑大相径庭，有着特征、本质上的区别。

一、研究悬疑状态下的思维形式

对于普通逻辑研究的三大对象思维的逻辑形式、思维的基本规律和认识的简单逻辑方法来说，特殊的"悬逻辑"怎样研究这些对象呢？

---

① 吴家国等. 普通逻辑 [M]. 上海：上海人民出版社，1982：6-7.
② 彭漪涟，马钦荣. 逻辑学大辞典 [M]. 上海：上海辞书出版社，2004：5.

（一）研究介于虚实之间的悬概念

传统逻辑研究的概念都属于实概念。因为概念所反映和指称的对象在现实中是存在的，如"孔子""农村"等。从概念的重要逻辑特征——外延的角度分析，这些实概念可以根据外延的数量将其分为两类：一类是外延数量为1的单独概念，如"孔子""太平洋""这天夜里"等，它们反映的是独一无二的个别事物；另一类是外延数量大于1的普遍概念，如"农村""学生""晴天"等，它们反映的是一类事物或众多事物。不管是单独概念还是普遍概念，都是反映事物真实存在的概念，所以逻辑学将它们统称为实概念、真概念，其外延数量要么等于1，要么大于1。那么，有没有外延数量小于1的概念呢？

现代逻辑研究了虚概念、空概念或假概念问题，这些概念的外延数量就是0，比如，"天堂""猪八戒"等。这些概念所反映的对象在现实中是不存在的，它们只能存在于人的大脑的幻想之中。

简单来说，实概念是外延存在的概念，虚概念是外延不存在的概念。那么，有没有一种概念，既不能确定它的外延存在，也不能确定它的外延不存在，即外延是否存在是暂时无法确定的。回答居然是肯定的，有一些概念的外延存在状态真的是处于暂时不定状态。比如，"外星人"这个概念的外延能确定吗？真的有外星人吗？不敢肯定；真的没有外星人吗？不敢否定。就人类当前的技术水平、认识水平来说，确定这个概念的外延数量是不负责任的。这种概念摇摆于虚实之间、处于不定状态，因而将其称作"悬概念"。

（二）研究非真非假的悬疑态判断

判断是对事物的情况进行断定的思维形式，要断定就必然产生真假问题。断定的情况与客观实际相符合（如，"喜马拉雅山是地球上最高的山"），该判断就是真的，逻辑值表示为1；断定的情况不符合客观实际（如，"悬浮式列车是运行速度最快的交通工具"），该判断就是假的，逻辑值用0表示。还有一种情况，就是断定事物存在的可能性（如，"再过两个月，老中医有可能治好他的病"）。这时的逻辑取值有点复杂：简单来说，如果你绝对相信这种可能性的存在，逻辑值取1即可，但现代逻辑研究的情形就要复杂一点，其逻辑值可以取0.5或0到1之间的小数，关键是对这种可能性的估计。

然而，一个判断断定的情况究竟是否符合实际（包括可能性的判定是否存在或符合实际）只能由实践决定，所以，所谓的逻辑值并不能由逻辑本身赋予，而是实践的结果作用于人的认识后赋予的。例如，经过测绘实践，人们认识到喜马拉雅山真的是地球上最高的山峰；经过对交通工具的实际考察与比较，发现飞机比悬浮式列车的速度更快，从而确定"悬浮式列车是运行速度最快的交通工具"的逻辑值为0；经过了解，这位老中医治好过其他人的这种病，从而确定这种可能性实际存在。

从个人认知角度分析，问题就比较复杂。每个人所经历的社会实践及每个人的知识背景都是非常有限的。他可以根据自己的经验及掌握的知识断定一些判断为真，也可以断定一些判断为假，但对更多的、超出他的实践领域及知识背景的判断他实际上是不能做出或真或假的判断的。例如，某人说："有位战士在百米之外打靶，百发子弹全部十环。"我们没有看到这位战士打靶的具体情形（无此实践），因而对这个判断进行真假赋值就遇到了困难。当然，我们可以相信此人的话并赋予这个判断的逻辑值为1，也可以不相信此人的话并赋值为0（这里牵涉到相信逻辑研究的问题），还可以在0到1之间取一个逻辑值（即不同程度的相信）。除此之外，我们还可以不给出这个判断的逻辑值，既不断定它是真的，也不断定它是假的，而是将其置于悬疑态。

"悬逻辑"关注的既不是逻辑值为1的真判断，也不是逻辑值为0的假判断，而且也不是逻辑值为0～1的三值、多值可能性判断，而是逻辑值暂时不给出的、不确定的悬疑态判断。再如，面对"昨天夜里有一团火球从天而降""他是被人推下山崖的"之类的判断，一个头脑清醒的人会将这些判断的逻辑值置于待定状态。如果断定这些判断为真，当这些判断是别有用心的人胡编乱造的，我们就会上当；如果断定这些判断为假，我们也许会丧失了解真实情况的机会；即便给出零点几的可能值，那也说明你承认这种可能性的存在，就必须有一定的根据，假如你没有任何根据，那只能是不给出定值，只表示怀疑，不确定其真假。

不管是直言判断还是关系判断，不管是复合判断还是模态判断，任何判断都可以将其置于悬疑状态。

（三）研究推理与猜测之间的推测

毫无疑问，逻辑学的核心内容是研究推理。权威的《逻辑学大辞典》指出，逻辑学主要研究推理和证明的规律、规则，为人们正确地思维和认识客观真理提供逻辑工具。[1] 而推理是遵循一定的逻辑规则或要求，从已知判断出发推出新判断的思维形式。遵循规则的推理被称作推理的有效式，违背逻辑规则的推理就是推理的无效式。比如："所有人都是要死的，苏格拉底是人，所以，苏格拉底是要死的"，此推理遵守了三段论推理的所有逻辑规则，是有效推理；"监控录像显示，犯罪嫌疑人左臂文有蝴蝶图案，而此人左臂文有蝴蝶图案，所以，此人就是犯罪嫌疑人"，此推理违背了三段论推理的中项至少周延一次的规则，犯了"中项不周延"的逻辑错误。有效式推理具有逻辑必然性，无效推理则被认为是错误推理，结论不可靠。当然，结论不必然可靠的或然性推理，逻辑学也进行了一定的研究。比如，"小张同学在校刻苦学习，成绩优异，而且头脑灵活，现在

---

[1] 彭漪涟，马钦荣. 逻辑学大辞典 [M]. 上海：上海辞书出版社，2004：1.

成了成功人士；今天的小高同学学习也很刻苦，成绩良好，头脑也很灵活，所以，小高也必定会成为成功人士。"这是符合逻辑要求的类比推理，结论比较可靠。

没有逻辑根据，随意对事物发展的结果做出猜测的思维，不被逻辑学所接受。比如，某人被雷电击中身亡，有人猜测此人一定是干了什么伤天害理的事情，遭到了报应。这属于乱说一通，毫无逻辑可言。

"悬逻辑"研究推理有什么特殊性呢？它要继承一般逻辑成果，也要将无根无据的胡猜乱想拒之门外。"悬逻辑"要将一般逻辑学中的无效式和或然性推理进行扩展，重点研究具有或效性的推测。"推测是在遵守思维基本规律的前提下，运用一定的逻辑形式或非形式的方法，对未知的东西进行的有逻辑根据的猜测。……推测是在正确思维的过程中，运用'不正确'的推论形式（相对于逻辑有效式或演绎推理而言），得出具有可能正确结论的逻辑方式。……但它不是无根据或根据太少的乱猜乱想（如根据左眼跳，猜测大祸临头），而是根据较为充分的、有理性的猜测。"[①] 推测的形式有很多，除了或然性推理、无效式推测之外，还有不定式推测以及包括批判性思维、创造性思维、博弈思维、超常思维、预测思维等在内的非形式推测。比如，警察在追捕几个黑社会性质组织的成员时，突然遇到其中一个成员拔枪射击，于是推测这伙成员身上都有枪，必须特别小心。从一个成员的情况推测整个组织成员的情况（由单称判断推出全称判断），使用的是不定推测。

（四）研究证明与反驳之间的假说

论证是由推理群构成的推理系统，是概念、判断、推理等思维基本形式的综合运用形式。一般逻辑学将论证分为两个方面：一方面，论证某个判断为真的证明（如欧几里得几何学通过公理系统证明三角形内角和等于180°）；另一方面，论证某个判断为假的反驳（如巴斯德用曲颈瓶等系列实验的结论，反驳"生物可以从它们存在的物质元素中自然发生"的"自然发生论"）。

"悬逻辑"则在悬概念、判断的悬疑态及或效推测的基础上重点研究科学推测的系统——假说。假说得出的结论不是理论和真理，而是尚待证实的学说。诸如"宇宙大爆炸""大陆漂移说"等，都属于假定性的科学学说，可信度很高，有理论的支撑，但其结论没有得到公认，整个体系也处于不断完善、不断发展之中。

在普通逻辑教学中，也介绍了假说的理论；在法律逻辑中，也阐释了侦查假设的理论。实际上，将假说放在传统逻辑之中是不协调的，因为假说中大量存在的是推测而不是推理，以研究推理为核心的传统逻辑大都将这些推测定为推理的

[①] 王仁法. 探索悬疑问题的思维工具：或然推理向或效推测的扩张[J]. 江汉论坛，2013：9.

无效式，甚至认为它们是犯了逻辑错误的。在"悬逻辑"体系中研究假说，则是"天经地义"的。

二、研究悬疑状态对思维基本规律的影响

传统普通逻辑所研究的判断是假定主体存在的判断，即判断的主项概念都是实概念，外延数量大于等于1。在这个前提下，普通逻辑确立了思维的四条基本规律，即同一律、不矛盾律、排中律和充足理由律，它们分别要求在同一思维过程中思想要与自身保持同一，不能出现肯定和否定同一思想并存的情况，在肯定和否定之间应做出明确选择，而这种选择是有充分根据的。这就是所谓的同一性、不矛盾性、明确性和根据性。

然而，当这个前提出现变化，即判断的主项概念不是实概念的时候，情况就悄然改变了，思维基本规律的要求就要相应地做出变动。

首先，当判断的主项概念是虚概念时，不矛盾律和排中律的要求不可避免地发生改变。比如，"所有吸血鬼都是吸人血的"与"有的吸血鬼不是吸人血的"是两个相互矛盾的判断，按照不矛盾律的要求两者不能同真，必有一假；按照排中律的要求两者不能同假，必有一真。但是，由于"鬼"是假概念，"吸血鬼"自然也是假概念，因而由假概念构成的这两个判断都是假判断。在运用不矛盾律时，可以对这两个判断同时进行否定；在运用排中律时，我们不必做出选择。当然，在假定"吸血鬼"存在的"鬼片"或其他形式的文学作品中，我们仍要遵守不矛盾律和排中律，因为它们假定主体存在。

其次，当判断的主项概念是悬概念时，情况就变得更为复杂了。悬概念的外延存在状态是暂时不能确定的，具有矛盾关系或反对关系的悬概念判断在大致遵守不矛盾律的情况下，也会有些细微的差别。例如，云南有脚趾向后生长的"倒脚仙"的传闻，"倒脚仙"是个悬概念，由此构成的"所有倒脚仙都是胸前长黑毛"与"有的倒脚仙不是胸前长黑毛"是具有矛盾关系的判断。尽管"倒脚仙"概念的外延存在状况不能确定，但不能对它们同时进行肯定的不矛盾律要求是没有错的，而同时对其做出否定也是没有错的。对于排中律来说，我们不能要求在"有的倒脚仙是胸前长黑毛"与"有的倒脚仙不是胸前长黑毛"之间做出明确选择，这两个判断可能同假。对于充足理由律来说，传闻没有得到科学实证，不存在充分的根据，但又不能说没有根据，根据为真、根据与推论之间必然存在逻辑联系的充足理由律要求都会大打折扣。

以上只是对"悬逻辑"体系下的思维基本规律变化情形进行的简要分析，详细情况还要参考后面的章节。

三、研究解决悬疑问题的多种思维方法

普通逻辑研究思维的简单逻辑方法，既包括涉及概念的定义的方法、划分的方法、限制和概括的方法，也包括涉及归纳逻辑的探求因果联系的方法等。由于普通逻辑整体上属于形式逻辑，并且是以研究演绎推理为核心的，而方法尽管可以形式化、模式化，但其自身往往有非形式化的东西，或者说不能完全形式化。因此，普通逻辑涉及的方法不是很多。

"悬逻辑"突破了必然性推理的束缚，以研究合理推测为主，可以广泛吸收非形式化的多种思维方法。适合解决悬疑问题的思维方法主要有以下几种。

一是批判性思维的方法。虽然批判性思维在今日的中国保持着方兴未艾的良好势头，但其起源则最早可追溯到2500多年前的古希腊思想家苏格拉底。他认为，一切知识均从疑难中产生，而且是越求进步疑难越多，疑难越多进步越大。苏格拉底的"诘问式"，就是让对方在深层次上产生疑惑，然后再帮助对方产生新的知识。现代学者认为，批判性思维是一种基于充分的理性和客观事实而进行理论评估与客观评价的能力与意愿，不被感性和无事实根据的传闻所左右，善于在辩论中发现对方的漏洞，并能抵制毫无根据的想法。这些均表明，批判性思维必然涉及悬疑问题，因而其思维的理念原则和方法技巧可以为"悬逻辑"所用。批判性思维的核心技能包括解释（interpretation）、分析（analysis）、评估（evaluation）、推论（inference）、说明（explanation）和自我校准（self-regulation），批判性思维的三种主要思维模式是批判—分析性思维（critical-analyticthinking）、创造—综合性思维（creative-syntheticthinking）和实用—情景性思维（practical-contextualthinking），再加上苏格拉底的"助产术"等，"悬逻辑"应从中汲取养分，形成"悬逻辑"自身的方法。

二是创造性思维方法。创造性思维或创新思维是一种具有开创意义的思维活动，具有形式的反常性、过程的辩证性、空间的开放性、成果的独创性和主体的能动性，因而常常表现为发明新技术、形成新观念、提出新方案和创建新理论。而具有这种思维素质的人，总是想别人所未想、见别人所未见、做别人所未做的事，敢于突破原有的框架，或是从多种原有规范的交叉处着手，或是反向思考问题，从而取得创造性、突破性的成就。这种思维具有非凡的独创性、极大的灵活性、高超的技巧性、对象的潜在性（它的指向不是现存的客体，而是一个潜在的、尚未被完全认识和实践的对象）以及较大的风险性（创造性思维并不是每次都能取得成功，甚至有可能毫无成效或者做出错误的结论）。这些特性，尤其是后两种特性与"悬逻辑"高度一致，所以创造性思维的许多方法一定适合解决悬疑问题。至于创造性思维的方法是非常多的，发散思维、侧向思维、反向思维、横向思维、超常思维等，甚至直觉思维、灵感思维等也用来作为创新思维的

方法。

三是博弈思维方法。博弈思维源于数学运筹学的一个分支——博弈论（亦称对策论），最初是运用数学方法来研究有利害冲突的双方，在竞争性的活动中是否存在制胜对方的最优策略以及如何找出这种策略。博弈思维就是做决策前要考虑自己的行为对他人的影响以及他人的行为对自己的影响，最终采取正确的策略。博弈思维的前提之一是绝对理性人假设，也就是假设参与者全部是绝顶聪明的人。简言之，博弈论的策略思维就是"了解对手如何战胜你，然后战而胜之"的高超思维。诸葛亮的《隆中对》对天下大势进行了精辟的分析，而且认为三方都很英明，最后提出联吴抗曹的战略决策。《孙子兵法》中就有"知己知彼，百战不殆"的高论，更有"不战而屈人之兵"的最优策略。博弈思维法是思维方法中比较复杂、难以把握的方法，具有理论中的多样性和行动上的一次性的特点。决策之前，思维主体应尽可能地预测事态发展可能出现的一切情况，即"下棋看三步"，具有前瞻性，在此基础上对比选择最佳方案，并付诸实施。"悬逻辑"面对真假对错的不确定状态，当你要把这种不确定转化为确定时，也应像博弈思维那样，进行绝对理性人的假设，时刻考虑你要肯定时别人是否会否定你的肯定，而你要否定时别人是否会坚决进行肯定并否定你的否定。所以，"悬逻辑"是可以借鉴博弈思维的方法的。

其他的思维方法，在后面的章节会进行详细的介绍。

第二节　"悬逻辑"的特殊性质

明确了研究对象之后，有一个重要问题也必须得到阐明，那就是"悬逻辑"的性质。由于这是新提出的逻辑概念，我们应该先弄清逻辑学的基本性质，再对照逻辑的基本性质，阐述"悬逻辑"的特殊性质。这样，我们就能在全面展开"悬逻辑"探讨之前，明确它的基本内涵和特征。

一、逻辑学的基本性质

从亚里士多德创立逻辑学算起，至今已有2000多年的历史，逻辑学称得上是一门世界上的古老学问。世界每年都在发生重大的变化，一门学问经历了数千年的积累和发展，自然发生了许许多多的变化。从亚里士多德构造了演绎逻辑，到培根建立起归纳逻辑；从莱布尼茨等创立了数理逻辑，到如今发展出来的现代逻辑以及辩证逻辑、科学逻辑、论证逻辑、非形式逻辑等，逻辑学已经拥有了一个庞大的系统。

也许是因为时间长，也许是因为变化大，也许是因为门类多，逻辑学一直存在争议，甚至连"什么是逻辑""逻辑是什么"等许多基本问题都长期争论不休。不过，在逻辑学的基本性质上，逻辑专家们还是有一定共识的。

（一）思维工具性

我们无论从事哪项活动都要有能够进行这项活动的工具，我们要打扫房间就要有扫帚、拖把等工具，要出行就要有交通工具，要写字就将笔作为工具。人的本质是能够进行思维活动，而思维活动也是需要工具的，这个工具由逻辑学提供。

人们进行思维时，要形成反映思维对象事物的概念，要对事物的情况做出判断，然后进行推理和论证。概念具有什么特征，判断具有什么特性，进行推理和论证的结构形式以及规则是什么等，这些均由逻辑学做出总结。逻辑学为人们的日常思维提供了思维工具。

人们在进行思维时，只要遵守逻辑规则，正确运用思维的结构形式，巧妙应用逻辑的方法，就能进行有效思维、高效思维。否则，就不能进行有效思维，思维效率不但很低，而且很可能是混乱不堪的。"逻辑学解决的是思维技能、技巧方面的问题，并不能直接判定思维内容方面的对错。所以，逻辑学只是给人们提供了一个认识事物、表达思想或进行正确有效思维的必要的逻辑工具，并不能彻底地、实际地解决各种具体的问题，否则，逻辑学就是万能的了。世界上是不存在万能学问的。"[①]

（二）抽象基础性

逻辑学所提供的概念、判断、推理以及论证的结构形式和规则，是从千千万万个人的具体思维中抽象而来的。所谓"抽象"，是指从许多事物中，舍弃个别的、非本质的属性，抽出共同的、本质的属性。思维本身就已经脱离了事物，就是抽象的形式表达，而逻辑又将思维再进行形式结构和规则方面的抽象，可见逻辑学是高度抽象的科学，是人类思维的基础。无论从事什么性质的工作，不管是进行政治思维、经济思维、军事思维，还是数学思维、法治思维，归根结底都要进行逻辑思维。逻辑学研究的是思维活动中最基础的东西，谁也无法将其绕过去。

正因为如此，联合国教科文组织将逻辑学规定为七大基础学科之一。

（三）广泛适用性

既然逻辑学是一种工具性质的科学，因而任何人都可以使用它，就像指甲剪捏在谁手中都能剪指甲；既然逻辑学是一个基础性的科学，无论何时何地都有可能用到它，就像语言，只要开口说话就必须用它。逻辑学有了以上两个性质，第三个性质——广泛适用性就自然具备，任何思想的形成、任何学说的提出、任何学科的建立都必须应用逻辑，都必须遵守逻辑的规律或规则。一个人只要在进行

---

① 王仁法，徐海晋. 警察逻辑能力教程[M]. 北京：中国法制出版社，2008：8.

思维，就不能离开逻辑，也就无法逃脱逻辑对他的约束。反过来，人一旦离开了逻辑，胆敢违背逻辑，其思维就陷入了混乱，就无法清楚、准确地表达他的思想。

掌握了逻辑学的知识，我们就会自觉地应用逻辑。即使不了解逻辑学的内容，我们也在不自觉地应用着逻辑。

每一门科学都有其适用性，但这种适用性往往局限在某些领域，跨出这些领域这门学科就不起作用或不能用了。例如，经济学研究的经济规律，在政治学面前就失效了。生物学研究的生物规律，如果用到人类社会之中，那就很危险了。希特勒要让雅利安人统治世界，要灭绝犹太人种，因此人类社会的秩序大乱，可怕的种族屠杀就降临了。但逻辑学的原理却适用于一切学科，其广泛应用性几乎无可比拟。

当然，逻辑学的广泛适用性也对其自身提出了要求，逻辑学的理论应当能够涵盖其他领域，一方面，不要将特定情况下的东西作为自己的理论（比如，不能建立某个阶级的逻辑学）；另一方面，尽量不要出现运用逻辑还无法解释的东西（假如某个概念、某个判断还无法进行逻辑角度的分析、归类，就会出现"逻辑漏洞"）。

还有一点需要讲明，以上所述是指基础逻辑学，如果是逻辑的某个分支，就有其特定性了。比如，科学逻辑适用于科学研究领域，医学逻辑的某些东西只能在医学领域起作用，而二值逻辑适用于简单的日常思维，多值逻辑则可刻画复杂的思维情形。不过，这种特定性是相对而言的，在"特定"的情形中，这种逻辑仍然具有普遍适用性。

二、"悬逻辑"的特殊性质

首先，"悬逻辑"既然落脚在"逻辑"二字上，说明它仍然具有逻辑的基本性质，只是局限在特定的领域；它也是思维的工具，只不过是探索悬疑问题的思维工具；它也具备抽象基础性，而且是在更为复杂、混乱状态下的特殊抽象；它也具有广泛适用性，在探索各个领域的悬疑问题时都很适用。其次，"悬逻辑"之所以冠以"悬"字，说明它是研究特殊的悬疑状态问题的逻辑，因而其基本性质也必然具有自己的特色。

前面的引子为我们勾画了一个充满悬疑的世界，而人类天生好奇，天生有着探索悬疑、揭开谜底的欲望。在这个探索、揭秘的过程中，人们的逻辑思维无疑发挥着重要作用。科学家们用严谨的思维揭开了一个个自然之谜，侦查人员用缜密的推理破获了一宗宗悬案。可见，逻辑早就介入悬疑世界了。然而，专门以探索悬疑为己任的逻辑系统尚未建立，而建立这样一个系统也是一件非常复杂的事情。下面，我们探讨"悬逻辑"应该具备怎样的基本性质。

（一）不定性

一般科学都具有确定性的性质，但"悬逻辑"不定性的特点却很突出。"悬逻辑"研究的是悬而未决的问题，因而从头至尾充满了不确定的因素。

从构成因素的性质来看，"悬逻辑"对思维的基本形式进行研究时，重点关注的都是不定性的问题。

"悬逻辑"对思维的细胞——概念进行研究时，关注的既不是外延为1的单独概念或外延数量大于1的普遍概念，也不是外延为0的虚概念或空概念，而是概念的外延数量暂时不能确定的诸如"外星人""地外文明"之类的悬概念。所以，"悬逻辑"探讨概念外延存在状态的不定性。

"悬逻辑"对思维的基本单位——判断进行研究时，关注的不是判断或真或假的简单情形，也不是真的可能性在 0.1～0.9 的复杂情形，而是既不说真也不谈假的真假暂时不能确定情形，即暂时不赋予判断逻辑值，而将判断置于悬疑状态。所以，"悬逻辑"探讨判断逻辑值的不定性。

"悬逻辑"对思维的核心形式——推理进行研究时，既不是进行演绎推理得出必然性的结论，也不是违背逻辑进行不正确的思维，故意得出错误的或不可靠的结论，也不是随意猜测的胡说八道，而是有一定逻辑根据又突破演绎推理规则限制的科学推测。推测的结论的真实可靠性也不是确定的，而是待定的。所以，"悬逻辑"探讨的推理在形式和结论上均具有不定性。更何况，演绎推理原本的不定式也可以成为"悬逻辑"的研究内容，从而体现了不定性。

从整体构成的性质来看，"悬逻辑"将概念、判断、推理综合起来所构成的综合整体形式不是论证，而是假说。假说的最简单解释就是假定性的说法，既然是假定性的，当然就是不定性的。

总之，"悬逻辑"与不定性交上了朋友，而且是如胶似漆的朋友。

注意：这里所讲的"悬逻辑"研究的问题是不定性的问题，跳出"悬逻辑"本身，从另一个角度来看，"悬逻辑"研究不定性问题是确定的。

（二）确证性

从最后结论来看，由于"悬逻辑"以研究或效推测为主，以假说进行系统总结，而假说的最初结论是既没有得到证实也没有被证伪的，只能说是得到某种程度的确证。

所谓确证就是在一定程度上得到证明，而不是最后的证明。它说明"悬逻辑"最终的假说形式是有科学根据、有逻辑性的，同时它又区别于论证逻辑。

（三）过渡性（发展性）

从整个系统把握来看，"悬逻辑"始终处在发展的过程中，或者向前发展过渡为得到证实的理论，或者向后发展过渡从而被否定或淘汰。

悬概念可以发展过渡为实概念，使外延分子的存在得到证实（比如，2015

年美国航天局公布"火星水"真的存在);也可以发展过渡为虚概念,从而外延分子被证实根本不存在(比如,随着伊拉克战争的结束,美国情报机构在战前提出的"伊拉克拥有大规模杀伤性武器"的概念被证实外延根本不存在)。

悬疑态判断本身就是一种过渡状态,因此不能称为判断,其过渡性或发展性不但是必然的,而且是其本能的愿望。这种愿望的方向总是相对相反的,即如果将一个肯定性的判断置于悬疑态,就指向否定这个判断(例如,将"伊拉克拥有大规模杀伤性武器"置于悬疑态,指向就是"伊拉克并未拥有大规模杀伤性武器");如果将一个否定性的判断置于悬疑态,就指向肯定原来的判断(例如,将"以色列没有生产核武器的能力"置于悬疑态,指向就是"以色列具备生产核武器的能力")。

或效推测运用的形式多是无效式、不定式,结论具有或然性,或然性就是待定性,意味着这样的结论不是最终的,是有待检验、有待发展的。

假说也具有过渡性,恩格斯指出:"只要自然科学在思维着,它的发展形式就是假说。"假说向前发展,经过不断的确证,最终可以转化为理论。牛顿从砸到头上的苹果引发思考,建立"引力"假说,到计算出天体运行的轨道,最终证实了万有引力定律,将假说发展为天体物理学理论。如果假说不能进行新的确证,反而被新的事实不断地证伪,最终也会向后发展,即被推翻。前述巴斯德的曲颈瓶证伪了"自然发生论",后来又经过许多科学家的证伪,从而推翻了生物可以自生的假说。

三、"悬逻辑"的特征

"悬逻辑"的特殊性质决定了"悬逻辑"表现出以下几个特征。

(一)基于认知的多视角

作为以思维为研究对象的逻辑学,是对客观事物存在状况的高度抽象概括。而客观世界从本质上来说只有一种存在状态,客观世界的事物一定存在于客观世界之中,因此我们不能说某个客观事物不存在于客观世界之中。逻辑学所研究的思维形式只是对客观事物的主观反映。从本体论的层次来看,在逻辑语义学意义下,主观反映与客观对象之间只有相符或不相符两种情况,所以传统逻辑是二值的。从概念角度来说,客观对象这样存在,就形成这样的主观概念,主客观相符,概念形式与指称对象一致,这时的概念就是实概念或真概念,其外延数量可以表示为1或大于1;客观对象这样存在,主观概念不这样反映,主客观不相符,造成概念形式与指称对象不一致,这时的概念就是虚概念或假概念,其外延对应的现实事物数量为0。从判断角度来讲,判断断定的情况与客观事物的存在状态相符,这个判断就是真的,即逻辑值为1;判断断定的情况与客观事物的存在状态不相符,这个判断就是假的,即逻辑值为0。推理和论证是概念和判断的综合运用，此外我们不再探讨。

然而，在实际运用逻辑原理，在认识世界的实践过程中，我们不是基于本体论的，而是基于认知的。从概念角度来说，概念有内涵和外延两个逻辑特征：虽然概念的内涵反映对象的本质特性，但实际上只有反映到概念中的对象的特性才是概念的内涵。例如，"健康"的内涵曾仅局限在身体、生理方面，"身体强壮，能抵御一般疾病"的人就是健康的人，后来有学者提出了心理正常及能适应社会交往等方面的内容，其内涵得到了丰富。概念的外延反映事物的数量范围，但事实上只有反映到概念中的对象的数量范围才能构成概念的外延。例如，"太阳系行星"的外延数量曾经历了5个、7个、9个到8个的认知变化。这只是就实概念而言，虚概念的情况更复杂一些，反映到虚概念中的"对象"属性范围或出现偏差抑或被人为虚幻化等，其过程被人的认知局限性所限制。从判断角度来说，判断也是如此，随着人们认知水平的不断发展和提高，过去确定为真的判断后来变成了假的判断（比如，"宇宙是以地球为中心的"），过去为假的判断后来也有可能证实其为真的判断（比如，"大地不是方的而是圆的，并且在不停地旋转"）。

"悬逻辑"更进一步增加了新的视角：不同的认知主体或不同时间段的认知主体对同一客观对象，由于经验、知识背景、心理状况等的不同，可以形成不同的逻辑形式。从概念角度来说，前面例子中提到的"麻怪阴阳人"概念，小女孩知道它是个假概念，是自己杜撰出来的；父母相信自己的孩子，则将其看成真概念，希望借助公安的力量将此人抓获；公安干警没有盲目轻信，而是将其作为悬概念，展开进一步的探索，最终才将其转化为假概念。从判断角度来说，不同视角做出不同判断或认定同一个判断的不同逻辑值的情况更加鲜明。例如，"昨天夜里有一团火球从天而降"，有些人认为它是真的，有些人则认为它是假的，还有些人半信半疑并将其置于悬疑态。赋予判断的逻辑值不同，依次进行推理，得出的结论自然会大相径庭。"悬逻辑"既要关注或真或假的视角，更要关注不定真假的视角。

基于认知的多视角是"悬逻辑"的重要特征，甚至是前提基础性的东西。

（二）突破规则的多形式

逻辑规则是为必然性推理或所谓的推理有效式服务的，遵守逻辑规则的思维形式数量有限，因为规则的本意就是要进行限制。"悬逻辑"突破了逻辑规则的束缚，限制解除了，思维形式必将增多。比如，三段论的一般形式有64个，但符合规则的有效式仅有11个。如果从三段论四个格的层面分析，逻辑式理论上可以达到256个，而其中的有效式仅有24个，不足1/10。"悬逻辑"则可从剩余的53个一般形式或232个格的形式中，遴选出能正确进行或效推测的形式。

另外，直接推理的不定式、复合推理的无效式都可以成为"悬逻辑"的内容。

对于"悬逻辑"来说，普通逻辑对或然性推理提出的逻辑要求，也是可以突破的。按照普通逻辑对简单枚举归纳推理提出的"前提的数量尽可能地多"的逻辑要求，我们探索特殊事件时在前提较少的情况下就应该大胆进行推测。比如，一个小朋友在幼儿园喝粥后发生呕吐，两个小朋友在幼儿园喝粥后发生呕吐，我们就应立刻推测所有小朋友喝粥后都会呕吐，这时就不能再固守前提数量越多越好的逻辑要求。

突破逻辑规则和逻辑要求之后，"悬逻辑"所涉猎的或效式就非常多了。

（三）着眼应用的多路径

"悬逻辑"既然是基于认知的，也必然是着眼于应用的。不管研究的是什么，只要将其投入实际应用，事情就变得比较复杂。所以，"悬逻辑"对不同类的实际问题进行分析、推测时，可以走多个路径。除了用无效式、不定式等逻辑形式的路径外，可以走非形式的逻辑路径，还能借助其他的思维方法进行推测，甚至用潜在的、隐性的心理分析与情景分析等手段进行推测。

（四）不断探索的多变化

"悬逻辑"就是一门不间断地探求事物真相的探索逻辑。既然是探索，就会随时发生变化。在探索的过程中，改变原来的观点，甚至推翻原来的说法，都是不足为奇的。这就是"悬逻辑"呈现出来的多变性特征。既然是一门逻辑，我们就会在后面建立一些原则，以合理规避不必要的频繁变化。

第三节 "悬逻辑"的意义和作用

提出并建立"悬逻辑"体系是一件既有理论价值又有实际作用的事情，绝不是哗众取宠、故弄玄虚。

一、建立"悬逻辑"的理论意义

"悬逻辑"是一个新的逻辑理论体系，它对现有的逻辑理论具有什么意义或价值呢？下面从理论必要性、理论完善性和理论创新性三个角度进行简要阐述。

（一）理论必要性

一个物理学家，一个数学家，一个逻辑学家，他们乘坐同一列火车进入了爱尔兰。忽然，他们看到车窗外的草地上有一只黑色的山羊。物理学家说："噢，原来爱尔兰的山羊都是黑色的。"数学家说："不对，应当说爱尔兰至少有一只山羊是黑山羊。"逻辑学家则说："你说的也不对，应当说爱尔兰至少有一只山羊的半边是黑色的。"

在这则故事中，逻辑学家的说法无疑是最精准的。作者好像在说明逻辑学家思维严密，判断精准，没有任何推测的成分。但明眼人都知道，这是在极度讽刺逻辑学家的刻板和无用。如果连没看到的另外半边都不敢推测是黑色的，更不敢推测爱尔兰应该还有其他黑山羊存在，那么这种思维还有什么用呢？难怪许多学者提出要超越逻辑，甚至视呆板的逻辑思维为创新思维的牢笼，要予以"打破"。

如果建立了公开以研究推测为主的逻辑体系，能够更大胆地进行逻辑推测，催生创新的火花，人们就不会另眼看待逻辑学了。

现代社会是充满创新的社会，创新引领着社会各方面的前进与发展。要创新就会遇到许多不曾遇到的问题，就必须鼓足勇气去推测。因此，在论证逻辑、实证逻辑的基础上建立推测逻辑是非常必要的。

（二）理论完善性

既然逻辑学是基础学科，就应当能够研究思维遇到的一切问题。确定为真的问题用传统逻辑、论证逻辑来研究，确定为假的问题用现代逻辑的分支来研究，对暂时不能确定真假的问题也应进行逻辑研究。这样的逻辑才是完善的逻辑，才是没有缺憾的逻辑。

具体来说，"悬逻辑"在完善逻辑理论方面做了以下方面的工作。

一是完善了最基本的逻辑概念。"悬逻辑"在实概念和虚概念之外，发现了"悬概念"，使一切概念都能纳入逻辑的视野之中。

二是完善了对判断的认知状态。"悬逻辑"在判断的真假取值上，增加了"不定值"，将判断置于悬疑状态，将对事物进行断定的各种情况都考虑进来。

三是大大扩展了推理形式，完善了推测的多种方式。现有的普通形式逻辑主要研究必然性推理和或然性推理，而且着重研究的是有效论证问题。"悬逻辑"将或然推理扩张为或效推测，除了已有的或然推理外，还增加了无效式推测、不定式推测、非形式推测和非显性推测等多种内容。

四是完善了"正确思维"的基本理念。"悬逻辑"将"有效论证是正确思维"扩展为"有效论证与无效论证都是正确思维"，从而避免了将运用无效式进行科学探索时的思维断定为错误思维的荒唐判定。

五是完善了人们对遵守思维基本规律的认识。"悬逻辑"将遵守思维基本规律是正确思维的必要条件扩展为既是必要条件也是充分条件，从而修正、完善了人们的基本认识观点，并使"无论成败的科学探索都可以在正确思维引导下进行的"得到合理的解释。

以上完善的详尽内容将在后面的章节中得到更明确的阐述。

（三）理论创新性

首先，最重要的是"悬逻辑"为科学探索提供了新的思维工具。亚里士多德主要为科学研究提供了有效论证的工具,培根主要为科学发现提供了科学实证的工具,"悬逻辑"则试图为科学探索悬疑问题提供合理推测的工具。人们在各种实践中大量遇到的是悬疑问题,因而"悬逻辑"本身不仅是创新,而且必将为科学的发展和创新成果的取得起到思维层面的深度促进作用。

其次,创造了新的概念。"悬逻辑"提出了"悬概念""或效推测"等新的概念,具有极大的创新意义。

最后,提出了新的观点。比如,上述的无论是有效论证还是所谓的无效论证都是正确思维,遵守思维基本规律既是正确思维的必要条件,也是正确思维的充分条件等。

二、"悬逻辑"的实际作用

"悬逻辑"是基于认知、着眼于应用的,是很"接地气"的,因而它对人类的社会实践具有多方面的实际作用。其主要作用有以下几方面。

(一)帮助我们拨开层层迷雾,探索悬疑问题的真相或实质

对曾经发生的事件、案件,人们总想还原真相。但真相是很难还原的,即便掌握了许多材料,即便遵守逻辑进行了严密的推论,哪怕是对刚刚发生的众人纠纷、聚众闹事进行调查,也会出现说法不一、真假难辨的情况。刑事侦查人员、侦查逻辑专家们提出了"重构犯罪现场"的概念;被誉为"当代福尔摩斯"的李昌钰精通"微量物证技术",具有很强的现场重构能力,参与破案8000起,荣获奖项800余项,[1] 但在"辛普森案""陈水扁枪击案"中也没能拿出让法庭采用的"现场重构"。那么,对历史上发生的事情进行"历史还原",对动物界乃至宇宙各种物体发生的情况、变化进行所谓的"揭秘"或"自然还原",则更是难上加难。当然,现在许多公共场合安装了摄像头,还原事情的经过有了技术依靠。不过,清晰度、角度也还存在一些问题,更何况被摄像头覆盖的地方非常有限,这只能是一个辅助的手段。因而,本书不谈"还原真相",而说"探索真相"。

随着"悬逻辑"的诞生,我们可以依赖"悬逻辑"的概念、判断、推测系统,分别建立探索自然之谜的科学假说、探求案件真相的侦查假设和探讨社会问题的社会科学假论,并不断修正、发展这些假说,一层一层地拨开笼罩在上面的迷雾,逐步看清真相和实质。

(二)帮助我们树立悬疑意识,避免妄下定论造成的损失

当遇到新的概念的时候,我们要树立悬概念意识,不能简单轻信,对一个概念做出非真即假、非实即虚的确定。否则,很容易造成决策失误,甚至会造成冤

---

[1] 李顺万. 还原犯罪真相:侦查逻辑和方法[M]. 重庆:重庆出版社,2007:2.

假错案。美国人在伊拉克战争前,将"伊拉克大规模杀伤性武器"当作实概念,做出了发动伊拉克战争的重大决策,结果被证明这是一个假的概念。如果当时只是将其作为悬概念,展开一步步的探索,就不会发生决策失误了。在"佘祥林冤案"中,本来"杀害佘祥林妻子的凶手"是一个不肯定性悬概念(因为死者是不是佘祥林的妻子没有得到确证),而办案人员又草率地将此概念与"佘祥林"确定为具有同一关系的概念,即将其错误地转化为实概念,从而造成了这起冤案。①

当遇到感觉有问题的判断时,我们要树立判断悬疑态的意识,不要轻易肯定一个判断或否定一个判断,否则就可能发生追悔莫及的事情。假如某人说他发明了治疗某种顽疾的药物,如果我们轻易肯定这个判断(赋予逻辑真值),那有可能会上当受骗;如果我们简单拒绝这个判断(赋予逻辑假值),那也可能与一项重大发明失之交臂。

(三) 帮助我们分清逻辑类别,节约思维成本,避开错误思维方向

"悬逻辑"为我们构造了实概念、虚概念和悬概念三种逻辑概念类别,描述了判断或真或假或悬疑的三种状态,又提供了大量的或效性推测形式或方法。在社会实践过程中,如果能准确地将思维对象进行合理的逻辑归类,我们就能避开由于错误归类迷失的思维方向,从而大大节约了思维成本。

(四) 帮助我们进行积极推测,不断取得创造性成果

"悬逻辑"提供了大量的推测形式和方法,极大地开拓了传统必然性逻辑关注的范围,也极大地丰富了逻辑学的内容。这样,逻辑学不再呆板,只要有根据,我们就可以大胆地进行各种推测,从而收获创造性的多项成果。自然科学家,建立各式各样的假说,不断取得发明、发现的创新成果;社会科学家,提出各种各样的假论,不断取得新的有价值的观点和理论;法律工作者,展开一个个侦查假设,不断取得突破性进展,终使案件水落石出、真相大白。

另外,"悬逻辑"还有预测未来、监督执法的实际作用等。

---

① 王仁法. 悬概念及其法律意义 [J]. 政法学刊, 2010 (6).

第二章 介于虚实之间的悬概念

既迷惑又困惑的概念：
"神农架野人""尼斯湖水怪"……

我国鄂西北的神农架山区历来有野人出没的说法。原湖北省水利设计院副院长翟瑞生回忆说："1946年秋，五师突围，春节前我们走到兴山县与房县交界处（即现在的神农架林区酒壶坪）时，发现在靠坡边的树林旁，站着两个野人，正抬头看着我们，嘿嘿笑着，它们满身是毛，身上的毛是黑红色的，头发较长，披散着，颜色是淡棕色的；个子比普通人高，块头蛮大的。高的那个是母的，两个乳房很大，它还用树叶围着下身。当时，我们与野人相距大约有二十几公尺。由于军纪严，我们没有人理它们，但整个部队的人都亲眼看见了。"

原林区党委宣传部部长冯明银也说在1960年的一天中午，在盘龙与5个生产队干部看到对面山上的一个野人，头发很长，颜色很红，身子前面的毛是紫红色的。然而，国家先后几次派出科学考察队进入神农架搜寻，除了发现一些毛发和疑似脚印之外，并未发现野人的踪影。

而在英国苏格兰的尼斯湖中，据说也生长着一种传疑生物，被称作"尼斯湖水怪"。它的形象酷似蛇颈龙，长着大象的长鼻，浑身柔软光滑。有人说它出现时泡沫层层，四处飞溅，还会口吐烟雾。最早有关尼斯湖水怪的文献记载始于公元6世纪，爱尔兰传教士圣伦哥巴和他的仆人在湖中游泳，水怪突然向仆人袭来，多亏教士及时相救，仆人才游回岸上，保住性命。而从1930年开始，有越来越多的目击者声称发现尼斯湖水怪的踪影，也有人拍下其影像，但都模糊不清。尼斯湖水怪吸引了全世界的探险者和科学家，但它到底存在与否，没人能说得清楚。

世界上还有许多自然之谜等待人们去解开，我们不去管它。我们要问的是，从逻辑角度来看，"神农架野人""尼斯湖水怪"是什么概念呢？

第一节 概念的逻辑类别

人们在认识世界、改造世界的认知实践过程中，不断从感性认识转变为理性认识，在大脑中形成了无数的概念。不同学科在自己的研究领域，相应地建立了自己的概念体系，如生物概念、物理概念、数学概念、法律概念、道德概念乃至哲学概念等。对这些概念，逻辑学无法直接插手。然而，概念是思维的基本形式，是思维的细胞，作为研究思维学问的逻辑也必须研究概念，而且是从更深层次上、更加抽象地研究概念，一方面，形成自己的逻辑概念体系；另一方面，还要对概念进行结构性的研究，对概念做出逻辑的类别区分。

一、概念逻辑类别的特征

从逻辑的角度对概念进行类别划分，为什么说比其他学科、其他角度对概念进行分类更深刻、更抽象呢？这是因为概念的逻辑类别至少具有以下两个特征。

（一）最为根本性的标准

无论对概念进行任何划分或分类，我们都要依据一定的标准。作为学科体系，某一学科对其使用的概念进行分类，是以事物的某种特殊本质属性为标准的，如生物学中将"动物"分为"食草动物""食肉动物"和"杂食动物"，其标准是动物特殊的食物结构特征。如果从更广泛的意义上来说，对概念进行划分甚至可以依据事物的偶有属性进行。如某公司将"员工"分为"有车员工"和"无车员工"，只是根据员工是否购买了轿车这个偶有属性。日常生活中，把"猫"分为白猫、黑猫，把"学生"分为高个、矮个，都是用很随意的标准对概念进行的划分。不管是具体学科还是日常生活，它们对概念的分类或划分所依据的标准往往是只适合特定的领域或场合。也就是说，这个标准不是最根本性的标准。

从逻辑意义上对概念进行分类所依据的标准，则是在对概念的形式结构进行分析的基础上，抓住某种带有根本性的东西，将概念区分为若干种类。

最根本性的东西是什么呢？其一，所有概念都有内涵和外延两个基本特征；其二，逻辑学并不关心内涵的具体内容是什么及外延的具体范围到底怎样，而是关注内涵的根本状态或外延的基本数量情况，其他暂时放到一边。比如，逻辑学以概念外延数量的基本情况是1还是大于1为标准，将概念分为单独概念和普遍概念，不管你反映的是人还是狗，是物体还是理论体系；以概念内涵反映的是实体事物还是依据实体才能存在的事物属性为标准，将概念分为实体（具体）概念和属性（抽象）概念，不管你是反映太空天体还是反映猫咪的温柔；以概念的内涵是否反映某个属性为标准，将概念分为肯定（正）概念和否定（负）概念等，不管你是反映有能量还是反映无胆量。

这样一来，上述的"食草动物""食肉动物"和"杂食动物"在逻辑看来都是普遍概念、实体概念和肯定概念；而"有车员工"和"无车员工""白猫"和"黑猫""高个"和"矮个"则分别属于肯定概念、否定概念，并同时属于普遍概念（如果某公司员工只有一人有车，则"有车员工"在那个论阈内是单独概念）、实体概念。

所以，逻辑的概念分类标准总是最带有结构根本性的标准，其他任何分类不能与之相提并论。

（二）最为普适性的涵盖

各门学科都有自己的概念系统，严格来说，这些概念系统局限在自己的系统内，不能与其他概念系统混淆。"食草动物""食肉动物"和"杂食动物"属于生物学的概念系统，绝不能放到物理学、天文学的概念系统之中。如果从分类标准上解释，那就更容易看到各门具体学科对概念分类的局限性。以动物的特殊的食物结构特征为标准进行的分类，在其他学科中根本就不存在这样的标准。

然而，逻辑学对概念分类的标准具有结构根本性的特征，因而也是跨越各门学科的最一般性的标准，它具有普遍适用性，可以涵盖不论什么学科的概念。所以，我们才说逻辑对概念的分类或划分是不受学科限制的，到处适用。比如，"恒星质量""阵地战""货币"分别属于天文概念、军事概念及金融概念，而逻辑学则将它们统统归为普遍概念、实体概念、肯定概念等。

究其原因，各门具体学科受其研究对象限制，其概念分类只能具有本学科内的普遍通用性，不能搬到研究对象不同的其他学科之中，但逻辑学是从人类共有的思维层面进行研究的，可以将一切概念一网打尽，对所有概念进行逻辑归类。因此，逻辑的概念分类标准带有最一般普适性的标准。

对以上两个特征进行深入的思考，就应该想到逻辑对概念进行的分类应当是完善的，能将各门学科中的、日常生活中的世界上的一切概念进行逻辑归类。逻辑学的概念系统做到这一点了吗？概念的逻辑类别是不是非常完善呢？

下面，我们先看看现有的逻辑概念体系是怎样对概念进行逻辑归类的。

二、普通逻辑的实概念体系

在一般院校，教授的普通逻辑是从传统逻辑发展而来的，虽然也吸收了现代逻辑的一些要素，但总体上仍属于传统逻辑。普通逻辑对概念的研究是以概念反映的对象真实存在为前提的。从目前各种版本的逻辑教材来看，普通逻辑的概念种类大致依据以下六种标准，对所有真实概念进行逻辑分类。

（一）外延数量分类

按照概念外延所反映的事物的数量的不同，准确地说就是根据概念外延的数量是1还是大于1，将概念分为单独概念与普遍概念两大类。

所谓的单独概念，就是反映某一个个别对象的概念，它的外延特征是在特定的时间与空间中外延只有一个分子存在，这个事物是世界上独一无二的事物。如"撒哈拉沙漠""《西游记》""火星""孔子""九一八事变""世界上最大的海洋"等。从语言上看，语词中的专有名词都表达单独概念，一些名词性短语（逻辑学中叫摹状词）也可以表达单独概念。

所谓普遍概念，就是反映某一类事物的概念，它在外延上的特征是由两个或两个以上的分子存在。如"行星""监狱""规律""诺贝尔奖获得者""性质""优雅"等。这些概念所反映的对象都不是单一的，而是由性质相同的事物组成的类。从语言上看，语词中的普通名词都表达普遍概念。

（二）集合体分类

根据概念所反映的对象是否为集合体，可以将概念分为集合概念与非集合概念。所谓集合体，是指由许多个体组成的一个相互联结的统一整体并形成了整体特有的属性，其中的个体并不一定具有整体的属性，或者说部分个体的属性并不影响整体的属性。比如，"人类"是由众多的人所组成的统一整体，并形成了这个整体文明进步、生生不息的属性，而组成"人类"这个整体的个体人不一定都是文明进步的，更不具有生生不息、绵延百万年的属性。

集合体与个体的关系完全不同于类与分子之间的关系。事物的类是由分子简单组成的，属于这个类的每一个分子都肯定具有该类事物的属性。如"城市"和"纽约"的关系是类与分子的关系，"城市"具有的性质，"纽约"必然具有，否则纽约就不是城市了。

所谓的集合概念，就是以集合体为反映对象的概念。如"丛书""极端组织""森林""群岛"等都是集合概念。根据上面的阐述可知，集合概念只能用来指称一个集合体，而不能用来指称这个集合体的个体，两者不可混淆。如"人民"反映的是一个社会大多数成员构成的有机整体，某个人就只能是人民的一员，不能替代人民。

所谓的非集合概念就相对容易理解了，就是指不以集合体为反映对象的概念。依据此处的标准，集合概念以外的概念就是非集合概念。如"树木""笔记""陪审员""吸毒人员""自然数"等都是非集合概念。非集合概念内涵的特征是其所反映对象的类的属性，同样适合构成该类事物的每个分子，因此非集合概念既适用于它所反映的类，又适用于该类中的分子。

集合概念与非集合概念的分类有点复杂，在很多情况下，区分由一个语词所表达的概念是集合概念还是非集合概念时，必须注意这一语词所出现的语境。比如，在"文学经典作品不是一天能读完的"和"《孔乙己》是文学经典作品"这两句话中都出现了"文学经典作品"的概念，但在第一句话里"文学经典作品"是在集合意义下使用的，是指所有的文学经典作品构成的一个集合体；而在第二句话中此概念则是在非集合意义下使用的，只是强调其中的一个作品应该归类到这里来。

（三）特性有无分类

根据概念所反映的事物是否具有某种特殊属性，或者说看概念反映还是未反映事物的某种特性，可以将概念分为肯定概念与否定概念，或称为正概念与负概念。

所谓的肯定概念或正概念，是指反映事物具有某种属性的概念。如"中国公民""海啸""紫色""亮丽""已婚""成文法""怕死的人"等。

所谓的否定概念或负概念，就是反映事物不具有某种属性的概念。如"非中国公民""不健康""无轨电车""不果断""未成年人""不怕死的人"等。从表达概念的语词来看，否定概念一般都带有否定词"不""无""非""未"等。但要注意，我们并不能将所有带有这种字样的语词都看成否定概念。如"不丹""非洲"等概念就不是否定概念，因为这些概念中的"非""不"不具有否定意义。

（四）实体属性分类

根据概念所反映的对象是独立存在的实体事物，还是必须依附于某个事物才能存在的某种属性，可以将概念分为具体概念与抽象概念，也叫作实体概念与属性概念。

所谓具体概念或实体概念，就是反映具体存在的实体事物的概念。例如，"中国人""职工""雾霾""鼠标""军队""山林"等。在语言表达中具体概念通常用名词或代词来表达。

所谓的抽象概念或属性概念，就是反映依附于某种实体事物才具有的某种性质或关系的概念。例如，"营养""绿色""庄严""关心""大于""在……之中""智慧""批评"等。抽象概念在语言表达中常使用动词、形容词、介宾词组等。

（五）关联对应分类

根据概念是否反映某种对应关系并与其他概念是否相对相关联而存在，可以将概念分为相对概念和绝对概念。

所谓的相对概念，就是反映某个事物与另一事物之间有某种对应关系，并且只有与其他概念相对相关联才能存在的概念。例如，"男人""上边""前进""学生"等。因为这些概念必须与"女人""下边""后退""老师"相对应才能存在。

所谓的绝对概念，就是反映不与其他事物存在相对关系、可以独立存在的事物的概念。例如，"人类""森林""思想"等。

（六）合成与否分类

这是从概念的结构组成上进行的分类。根据概念是否由其他的概念合并而成或能否从一个概念中分解出另外的概念，可以将概念分为复合概念和简单概念。

所谓的合成概念，是指一个概念实际上是由其他的概念合并而成的，或者能从这个概念中分解出另外的概念。例如，"非户籍居民"（能从中分解出"户籍""居民"再加上否定词）、"人生道路"（由"人生"和"道路"合成）、"批判性思维"（由"批判性"与"思维"合成）。

所谓的简单概念，是指不由其他概念合成或不能再从中分解出另外的概念的概念。例如，"深圳""机器""森林"等。

根据概念逻辑类别的特征，以上分类的逻辑标准是适合任何概念的。也就是说，我们可以从中选择一个标准将所有的概念分为两大类，如分成单独概念和普遍概念；也可以从中选择多个标准，对同一组概念进行多次分类，或将一个概念归类到任意两类中的一类，如"罪犯"这个概念既是一个普遍概念，又是一个非集合概念，还是一个肯定概念、具体概念，同时又是绝对概念和简单概念；"舟山群岛"既是一个单独概念、集合概念、肯定概念，也是一个实体概念、绝对概念、复合概念；而"不灵活"既是一个普遍概念、非集合概念、否定概念，也是一个属性概念、相对概念、简单概念。

这里说的"逻辑标准是适合任何概念的"还是在普通逻辑这个论阈中这样说，实际上，这种概念的逻辑分类是不能做到最广泛的，是不能对所有概念进行归类的。比如，"长生不老药"这个概念，如果从外延数量上进行分类，它的外延数量既不是1，也不是大于1的任何一个数，而是0，因而将其归为单独概念或归为普遍概念都是不行的，当然也不存在对其进行集合概念、非集合概念以及实体概念与属性概念等的归类（进行复合概念和简单概念的分类还勉强可以）。

上述标准各有不同，但相同的是这些标准都是基于概念所反映的对象是存在的。这说明，普通逻辑的概念类别体系是建立在概念外延在现实世界中有相应对象存在的基础之上的，是忽略了外延不存在的状态的。我们仅能在这个范围中说这种分类是完善的，离开了这个基点，超出了这个范围，它就是不完善的。就像牛顿力学对一般宏观物体运动的描述是完善的，而对微观或宇观物体运动的描述就是不完善的一样。

由于这些概念都存在外延分子，都是真实概念，因而逻辑学将普通逻辑的概念类别统称为"实概念"。

三、现代逻辑的虚概念体系

为了克服传统逻辑排斥概念外延为0的概念的缺陷，或对虚概念束手无策的弱点，为完善概念类别的逻辑体系，现代逻辑开始关注外延为0的概念。

19世纪中叶，英国数学家布尔首创了布尔代数。在这个体系中，布尔开始用"0"表示没有事物是其分子的空类，提出了"空概念"的概念。后来，一些逻辑学者潜心探讨这一问题，进一步提出了诸如"虚概念""假概念""零概念"等新的概念逻辑类别。

与上述"实概念"相对应，我们在这里将外延为0的概念统称为"虚概念"是比较合理的。那么，虚概念都有哪些种类呢？将众多逻辑学者的研究综合起来，加上笔者的总结（在这些问题上实际还存在许多争议），大致分出以下六个种类。

（一）虚幻概念

这种概念是对现实事物进行歪曲反映的结果，带有很多幻想的成分，因而称为虚幻概念。如"龙王""吸血鬼""天堂""地狱"等。

虚幻概念是人类对不明事物进行虚拟想象的产物，寄托着一种情感，隐含着道德的评价，表达着内心的祈愿。

（二）虚构概念

这种概念是对现实事物进行典型反映的结果，它往往是集众多特点于一身，是人们故意虚构出来的，所以将其称为虚构概念。如"贾宝玉""猪八戒""蓝精灵""白雪公主"等。

一般来讲，文学作品、文艺作品塑造的人物和事物都属于虚构概念，包括《三国演义》中的"诸葛亮"等，尽管在历史上确有其人，这本是一个单独概念，但小说中的诸葛亮已经有太多的虚构成分。

（三）虚假概念

这种概念是杜撰者明知没有现实事物对应，而出于某种目的故意捏造出来的概念，而且这里的某种目的大多是骗人的目的。之所以直接称其为"虚假概念"，也就是想揭露其以假乱真、招摇撞骗的实质。如"长生不老药""百病治疗仪""水变油滴剂"等。

当然，特殊情况下杜撰虚假概念也是有益的。比如，为了减轻患者的思想压力，杜撰出一种专治某种疾病的新药概念；为了迷惑敌人，杜撰出"新式武器"的概念等。

（四）理想概念

这种概念是对现实事物进行高度抽象而形成的，含有想象的不可能达到的成分。它表达的是一种非常理想的状态，故称其为理想概念，是科学合理的。如数学中没有体积的"点"，力学中外力作用下不变形、绝对硬的"理想刚体"，电学中没有空间大小的"点电荷"等。

理想概念是为了科学研究的需要，是有科学根据的，而不是随意创设的。

（五）错误概念

这种概念是人们对现实世界进行不正确的反映，在存在认知偏差的情况下产生的概念。这种概念不是故意产生的，一般来说没有恶意目的，只是认识上的一种错误，因而称其为错误概念。如"燃素""永动机""乌托邦社会"等。

错误人人都会犯，我们只能尽量防范错误概念，很难完全避免错误概念。同时，我们还应注意错误概念与理想概念具有本质上的区别，因为错误概念是基于认识偏差的，而理想概念则是基于正确认识的。"乌托邦"是对人类社会规律错误认识而提出的，尽管提出者认为这是一个"理想概念"，但实质上它是一种"错误概念"。

（六）预真概念

这种概念是对将来能够转化为现实的、有比较充分的现实根据的事物进行反映的结果，意思是预先知道它终究能够转化为真实存在，所以称其为预真概念。如"火星载人飞行器""中国全面小康社会"等。

预真概念具有现实指导意义。"火星载人飞行器"指引着科学家为实现人进火星而攻克难关、不懈努力；"中国全面小康社会"鼓舞着人们去为之而努力奋斗。从这个意义上说，一切科学的发明创造在产品还未生产出来之前，都有一个相应的预真概念。更宽泛地说，由已经规划但还停留在图纸上的或开始施工但尚未建成的某项工程所形成的概念，也属于预真概念。当然，这种概念是预想它能变为实概念，并不是真的能实现这种转变（若遇到意外或不可抗力的原因，可能就转变不了了）。

虚概念的特殊性在于它的内涵是有现实根据的，但这个根据却被模糊化、扭曲化、夸张化、理想化了；它的外延在现实中为0（不是简单的没有外延），但在虚幻中可以有"虚数"的外延（如"四大天王"的外延是"虚4"）。另外，对所有虚概念进行的分类标准是各不相同的，一个虚概念严格来说只能将其归类到这几类中的一类，不能同时归类为多类，但有时归类可能又没有那么严格。比如，"地狱"是归类到虚幻概念之中，还是归类到虚假概念之中呢？科学幻想的概念是归类到预真概念还是归类到虚幻概念之中呢？

综上所述，逻辑学是从形式结构上来研究思维形式的，因而从根本上对概念进行逻辑分类就应该只看其外延数量，而概念外延数量的基本状态就是：是0，还是1或大于1。若是后者，那就是实概念；若是前者，那就是虚概念。这样一来，我们是否就可以说逻辑的概念类别已经是非常完善的了。众多的逻辑学者是相信这一点的。由上海辞书出版社出版的上海市哲学社会科学"十五"规划重点课题研究成果的《逻辑学大辞典》，在其"概念的种类"条目下指出："根据概念的外延是零还是一个或多个，可将一切概念分为零类概念、单独概念与普遍概念。"[①]这部辞典是云集了中国很多的逻辑学者共同完成的，其代表性足够大。由此条目的解释可知，现在的逻辑学者认定概念的基本逻辑种类是三类，其外延存在状况分别是：0；1；>1。如果我们用1表示存在，则"1"和">1"均为1，这里实际上就是将概念分为虚概念和实概念两类。

---

① 彭漪涟，马钦荣. 逻辑学大辞典 [M]. 上海：上海辞书出版社，2004：302.

第二节　悬概念的创设

有了虚实两大概念系统，逻辑学的概念体系就应该非常完善了吧？逻辑学是否就能将"世界上的一切概念"一网打尽，让任何一个概念不是归类到实概念之中就是归类到虚概念之中呢？其实不然。

由传说形成的"神农架野人"概念，其内涵似乎是一个巨大的人形动物、棕色长发、爱发笑等，其外延分子存在与否则是无法确定的，尽管有人声称说见到野人了，但科学考察既没有证实也没有证伪。那么，将"神农架野人"这个概念归类到哪里呢？它的外延数量能确定是 1（含大于 1，下同）吗？不能；能确定是 0 吗？也不能。所以，它既不是实概念，也不是虚概念。与"神农架野人"类似的概念还有"尼斯湖水怪""西藏雪人""外星人""地外文明"等。在人的现实认知过程中，这类概念大量存在，绝非个例。2015 年 9 月 28 日，美国宇航局发布重大消息，声称他们发射的火星勘测轨道飞行器已经找到了火星上存在水的证据，由于水是生命所必需的，于是人们在头脑中闪现出"火星生命"的概念，这无疑也是人们在探索宇宙过程中形成的一个难定虚实的概念；而在社会实践中，人们也会遇到大量内涵不清、外延存在状态不明的概念，即使是在日常生活中，也存在许多难以甄别其外延是否存在的概念（请看后面的叙述）。

这些阐述表明，目前的逻辑概念类别体系并非完善，它只是建立在已经确定概念外延是否存在的基础之上的，是忽略了外延存在状况暂时不能确定的情况。在这个基础上，虚实两类概念体系是完善的，一旦离开了这个基础，超越了这个范围，现有的逻辑概念类别体系就会出现漏洞，我们应该尽量弥补这个漏洞。

一、在认知层面上增设悬概念

在不同基础上或不同视角下，概念逻辑类别才有了完善与不完善的状态。正如非欧几何与欧氏几何基于不同的体系、爱因斯坦的相对论与牛顿力学针对不同的领域一样，不存在谁否定谁的问题，我们也不是要修正现有的逻辑概念类别体系，而是探讨在另一个基础上怎样扩充并建立完善的逻辑概念类别体系。

（一）在本体论层面上"概念二分"是完善的

我们知道，唯物主义认为世界的本源就是客观存在，一切事物从本质上讲，只有客观存在这一种状态，因而客观事物不存在"存在与不存在"的问题。但概念是对客观事物的主观反映，反映时才存在反映正确与否的问题。换句话说，从本体论的层次来看，主观概念与客观对象之间只有相符、不相符两种情况；而在逻辑语义学意义下，这两种情况就变成了概念形式与其指称的对象之间是一致的还是不一致的两种情况。客观对象以这样的状态存在，主观概念就如实地反映这种状态，主客观相符，概念形式与指称对象一致，这时的概念就是所谓的实概念或真概念，其外延数量为1并对应于现实存在的1；客观对象以这样的状态存在，主观概念却不这样反映，反映出现了偏离、偏差，主客观不相符，这时的概念形式与指称对象就不一致，这时的概念就成了虚概念、假概念，其外延对应的现实事物数量就变成了0。

所以，在本体论和逻辑语义学的意义下，概念的基本逻辑类别应当是"二分法"，即一个概念要么是外延分子存在的实概念，要么是外延分子不存在的虚概念。

不过，这里必须做出如下提醒：在本体论意义上，不能将虚概念理解为是对世界上不存在的事物进行的反映（因为事物只能是存在的），而是把它理解为其反映或者是出了问题（进行了歪曲、错误的反映），或者是故意进行了虚拟反映，使反映的对象不能与客观世界的任何对象建立对应或映射关系。

如果再进一步，从概念的两个逻辑特征——内涵和外延到底怎样与客观世界关联入手进行深入思考，可以发现概念的内涵和外延与指称对象的本质属性和数量范围根本就是两回事，两者很难做到相符或一致。假如仅仅是将语词的内涵与外延同概念的内涵与外延相混淆，问题还不是很大，"哲学家们关于'内涵'与'外延'更严重的用法混乱，出现在思想世界与实在世界的混淆上。人们常常把'内涵'置于思想世界，而把'外延'置于实在世界，但在讨论问题时又往往不遵守这种用法。比如，有些哲学家一方面承认'有外延'是概念本身的逻辑特征之一，另一方面却又讨论某个概念是否有外延。而如果要避免这种混乱，我们亦应时刻牢记思想世界与实在世界的区分，据此严格对待'内涵'与'外延'的用法。既然把内涵和外延视为概念所具有的特性，那么，就不应再把它们看作对象的特性或对象本身。"[①] 也就是说，外延是思想世界的概念的外延，而不是客观对象的外延。但是，它可以映射到客观世界中去。这样，我们就容易理解"四大天王"这个概念有其内涵（掌管风调雨顺的天神）和外延（虚4），但其映射到客观世界去寻找外延时，才发现数量为0。

不管如何，基于本体论层面，从逻辑最根本角度划分，所有概念只能分为主客观不一致和主客观一致的虚实两大类。

（二）在认识论层面上"概念二分"应扩充为"概念三分"

在本体论层面，概念只有虚实两类，但人们怎样判定一个概念是实概念还是虚概念呢？说起来好像很简单，如果确定了一个概念外延映射的现实对象是1（包括大于1），它就是实概念；如果确定这个概念外延映射的现实对象是0，它就是虚概念。问题是怎样"确定"呢？这样一问，事情就变得复杂了。比如，

---

① 张建军. 逻辑行动主义方法论构图 [J]. 学术月刊, 2008 (8).

请确定"长山市青平公司职员"这个概念是实概念还是虚概念？那我们就要考虑世界上有没有"长山市"，地球上有没有"青平公司"？这是无法靠逻辑确定的，而是要通过调查实践才能确定的。这就是说，逻辑学本身无法解决"确定"的问题，只能解决确定后的归类问题。但是，逻辑学是能够关注"确定"状况的。"确定"的状况只有外延为1或为0这两种情况吗？非也，应当是三种情况：一是确定外延为1；二是确定外延为0；三是暂时不确定外延的数量（不说它是1，也不说它是0）。这才是"确定"状况的真实全面反映。我们已经认识到"太阳""城市"是存在的，可以确定概念的外延数量为1，判定它们是实概念；我们已经知道"孙悟空""林黛玉"是虚构的，外延数量为0，可以判定它们是虚概念；我们不知道"长山市青平公司"是否存在，因而无法确定"长山市青平公司职员"的外延数量，因而既不能确定它的外延为1，也不能确定它的外延为0。这就是认识层面的复杂性。

复杂性不仅如此，进一步来说，不同的认知主体或不同时间段的认知主体（概念使用者）对同一对象进行反映而形成的概念，其内涵和外延也是可以处于变化之中的。暂时撇开内涵而看其外延的存在状态，也不是简单的1或0这两种状态。假定某一对象根本就不存在，不同认知主体由于受认识条件限制的情况不同，他们对这一对象进行认知所形成的概念的外延状态并不必然是0，甚至可能是1，当然也可能既不肯定是1也不肯定是0。比如，在历史的长河发展中，几乎每个民族都形成了"鬼、神"的概念，从古至今一直是有人信其有（概念外延是1），也有人知其无（概念外延是0），还有人半信半疑（概念的外延为不定状态）；从个体发展来说，还存在这种状况：有的人先信其有、后知其无或半信半疑，有的人则先知其无、后信其有或半信半疑。

因此，基于认知层面，逻辑意义上的概念基本类别不能仅仅是虚实两类，而必须增加一类，这就是"悬概念"。"神农架野人""火星生命"等概念就是这样的概念。尽管现代社会已经非常发达，但我们的认识还是有很大的局限性。在认知层面受到认识局限时，就会经常遇到既不敢确认概念映射的事物存在也不敢确认它映射的事物不存在的情况，其外延不能确定是0还是1，因而将其归属虚概念或实概念都是不合适的，我们只能"发明"出悬概念，让它有所归属。

所以，从认知主体的"态度"上，以认知实际为划分根据，概念的基本逻辑类别就由"二分法"发展为"三分法"，那就是概念包括确认外延为1的实概念、确认外延为0的虚概念和不能确认外延是0还是1的悬概念。

以上论述表明，我们所说的传统逻辑主要基于本体论的层面，它将概念分为基本的虚、实两类。然而，如果基于认识论层面，如果对概念形成的过程及其外延状态进行比较细致的刻画，那么概念的基本种类就必须是虚、实、悬三类，悬概念是不能缺席的。再准确点说，我们可以将对一个概念外延存在与否的确定性认识作为划分的根据或标准，然后将概念分为确定概念外延存在的实概念、确定概念外延不存在的虚概念以及暂时不能确定概念外延存在与否的悬概念。

实际上，在这里提出逻辑学意义的"概念三分"并不是创举，在哲学和逻辑领域还有其他的很著名的"三分理论"。比如，康德提出了正反合范畴三分法；黑格尔将这个范畴三分充分发展，并将其称为逻辑学的基本发展规律；皮尔斯更为全面、细致地提出了推理三分（归纳、演绎、假设）、归纳三分（原始的、质的、量的），并正如大家所知道的把元逻辑三分为语形学、语义学和语用学，尤其是将康德、黑格尔的范畴三分完善为第一范畴的存在概念、第二范畴的关于存在的概念（反应概念）和第三范畴的中介概念。当然，笔者并不是偏好三分理论才提出概念三分，而是为了准确地描述认知的实际状况，增设了悬概念并构成概念三分体系。

二、在逻辑史层面上发现悬概念

增设悬概念是具有发现意义的，因为从逻辑史的层面考察，历史上还没有人提出过"悬概念"或类似的概念。下面，我们就打开逻辑史，简要考察一下逻辑学者在著述中对概念类型进行探索的情况。

首先，看一下古代的情况。古代传统逻辑注重的是对实概念的研究，基本上没有涉及虚概念、空类等问题。稍微有逻辑史知识的人都知道，逻辑史上有三大经典著作：《正理经》《工具论》和《墨经》。《正理经》是古印度逻辑的典范，它主要注重对命题的论述，可以说基本没有阐述概念问题，只有一句话谈及类似概念的"单词"："单词的对象实际上是事物的个体、行相及类。"[①]《工具论》是被誉为"逻辑学之父"的亚里士多德的重要著作，其著述重视对概念的内涵进行探讨，尤其重视讨论概念定义问题，但几乎没有谈概念的外延，更无触及空类概念。中国的逻辑经典《墨经》，对概念论述得较为全面，尤为难能可贵的是，它从外延角度将概念分为"达名""类名"和"私名"（相当于范畴、普遍概念和单独概念），而且有这么一句话提及"空类"概念："有之实也，而后谓之。无之实也，则无谓也。"[②] 到了公元五六世纪，古印度的陈那（Dinnaga）在《因明正理门论》中涉及"主项不存在"的命题。[③]

然后，再看一下近现代的情况。近现代形式逻辑终于提出了虚概念、空概念的概念，研究了外延为 0 的问题，不过，近现代逻辑并没有明确概念外延不能确定为 1，也不能确定为 0 的问题。

---

① 沈剑英. 因明学研究 [M]. 北京：中国大百科全书出版社，1985：附录.
② 内容选自《墨子·经说下》。
③ 杨百顺. 比较逻辑史 [M]. 成都：四川人民出版社，1989.

近现代逻辑比较庞杂，无法一一展开叙述，这里只是特别提一下模糊逻辑，因为它也是以研究特殊的、与传统逻辑不同的概念——模糊集合为基础的。模糊逻辑这样认为："从亚里士多德的逻辑到现代的数理逻辑，原则上是建立在二值逻辑的基础之上的。与之相对应的研究领域仅限于精确性，而将不确定性加以忽略，或用精确的模型去代替不确定的原型。这种研究是必要的，但不是完全的。"（注意这里开始涉及"不确定性"问题）"在现实世界中存在大量的不确定现象，因此在自然语言中所使用的概念往往是不明确的，由此而涉及的判断与推理也往往具有似然的性质。"[①] 为此，美国控制论学者查德（Z. A. Zadeh）在1965 年提出了"模糊集合"的概念，并在此基础上很快建立了非古典的、非标准的模糊逻辑体系，但其目的是解决现代科技对大系统、复杂系统研究时遇到的大量的、传统数学和逻辑以及当时的计算机很难或无法描述与处理的模糊性问题。所以说，模糊逻辑研究的模糊概念或模糊集合仅仅是外延数量不明确的概念（如智能洗衣机要用模糊逻辑处理衣服的"干净度"这个模糊概念），并没有涉及外延分子存在与否的问题；更明确地说，模糊概念的外延只是精确数量不清楚，但肯定有数量存在，它仍然属于实概念。我们可以将模糊概念简单地理解为实概念的特殊类别，它处理的是"不明确"问题，而悬概念处理的则是"不确定"问题。或者说，模糊概念的不确定是外延数量的不确定，悬概念的不确定是外延存在状况的不确定，两者不是一个问题，并非一个层次。

我们基于认知实际来讨论悬概念问题，自然要谈谈认知逻辑，即认识论逻辑的问题。1951 年，冯·赖特出版了《模态逻辑概要》，其中用专门章节讨论了认识模态；1962 年，欣迪卡所著的《知识与信念》奠定了认知逻辑的理论基础；1972 年，霍丘特发表了《认知逻辑可能吗？》一文，引起了人们广泛关注、讨论认知逻辑问题。虽然认知逻辑目前已经成为包括断定、信念、知道、问题等逻辑系统的一个大体系，虽然认知逻辑也提及了一些重要的概念，但它在考察人的认识过程时是将"知道""相信""怀疑""反驳"等"这些概念看作模态词"的[②]。从这点来看，认知逻辑实际上还是"命题的逻辑理论"[③]，是由命题构成的尚不成熟的推理、论证系统，它是不可能讨论悬概念问题的。

现行逻辑书籍层出不穷，已是汗牛充栋了，但仍然难觅"悬概念"的踪迹。后来，笔者翻阅先前的逻辑书籍，在人民出版社出版的我国权威逻辑学家所著的《形式逻辑原理》中，发现有一句话："有些概念所指的对象目前虽然尚不存在，但根据事物发展的规律，将来必然要出现的。"[④] 书中以"共产主义社会"这个

[①②] 王雨田. 现代逻辑科学导引［M］. 北京：中国人民大学出版社，1987：129，290.
[③] 杨百顺. 现代逻辑启蒙［M］. 北京：中国青年出版社，1989：230.
[④] 诸葛殷同，张家龙. 形式逻辑基本原理［M］. 北京：人民出版社，1982：30.

概念为例，说明了这一点。由此可以看出，该书是将其作为外延是空类的虚假概念处理的，只是阐述了虚假概念的一个种类，即这类概念的外延数量目前是可以确定为0的，但将来一定能够变为1。这就是我们前面所简要阐述的"预真概念"。展开来说，多数表达即将研发成功的新产品的概念均是预真概念。那么，能不能将悬概念作为预真概念的一个种类呢？笔者明确回答：不能。原因有两点：其一，预真概念明确指出其外延目前是空类，没有任何分子存在；而悬概念的外延是否空类则是目前无法确定的，也许它的分子存在，只不过是暂时未被发现而已。其二，预真概念将来外延的分子必然转化为1，但悬概念将来外延的分子是不一定转化为1的，或许它会转化为0。

综上所述，这里说"发现"了悬概念，应该是说得过去的。

总之，实概念与悬概念有着明显的区别：一个是清清楚楚的存在，另一个是若隐若现的悬疑，两者无法混同；虚概念和悬概念也有着质的区别：一个确认是一口空井，里面没有东西，一个在井口飘着迷雾，不知道井里有没有东西，两者也不能混同。如果混同，则从定义上说不通，无论是实概念的定义还是虚概念的定义，都不能包含悬概念；而更为严重的是，这样做就会抹杀人类认识过程中大量存在的一类概念，不利于科学的进步和社会的发展。试想，如果将"神农架野人""外星人""火星生命"等当作虚概念，科学家不惜代价去探索的意义何在？所以，我们必须确立悬概念是一个独立的逻辑类别。

第三节 悬概念的性质特征

基于认知实际我们发现并确认了悬概念，那么悬概念到底具有什么性质和特征呢？下面进行简单介绍。

一、悬概念的基本性质

我们先从概念的两个逻辑特征入手，讨论悬概念在内涵和外延两个方面的性质。

在内涵方面，一个悬概念的内涵常常被描述得模糊不定，仅有一定的或少量的事实或理论上的根据。"神农架野人"的面貌、习性等被山农等多人描述过，考察队也得到过一些脚印、毛发样本，但我们由此形成的野人印象仍然不清楚。天文学家根据人类已经认识到的宇宙天体的概率进行统计测算，推测在地球之外还应该存在适宜智能生物生存的星球，从而提出"地外文明"这个悬概念，这是有理论根据的，但我们毕竟没有发现这样的星球，其内涵更加模糊。在太阳系中进行比较，人们发现地球和火星最为接近、最为相似，因而提出了"火星生命"的概念，其科学理论基础更充足，但除了按地球上的生物进行猜测以外，我们几乎无法清楚地描述它的内涵。

在外延方面，悬概念的外延存在状况是不敢确定的，不管确定为1还是确定为0，目前暂时无法做到。这种困境是认识过程中的一个特殊的客观存在状态，也正是这一点决定了悬概念的"客观"存在，它不是被谁主观故意地杜撰或者制造出来的。尽管悬概念的内涵模糊不清，但毕竟是有根据的，因而其外延就存在被"确定"的可能。我们可以这样理解，悬概念外延存在状况的不确定是确定的，不是随意臆想的。随着人类的不懈努力，随着科学技术手段不断的进步，"神农架野人"的谜底终有被揭开的一天，"地外文明"也有可能被证实，而"火星生命"更有可能在不远的将来被某个火星探测器所发现。

综合以上两个方面，我们就可得到悬概念的基本性质：内涵模模糊糊但有一定根据，外延分子暂不能确定存在与否但存在确定的可能性。有了这个性质描述，我们就可以做出如下的简短而又较为准确的定义：悬概念是有一定内涵根据的，但其外延分子存在状态尚不能确定的概念。与此相对的是，我们可以将实概念定义为内涵比较清楚确定，其外延分子存在且数量范围相对确定的概念；而对虚概念则可定义为具有特殊或特定的内涵，但其外延分子已被确定目前不存在或永远不存在、当前不可能在现实中找到其反映对象的概念。

虽说悬概念的内涵是模糊不定的，但不能由此将其称为"模糊概念"，因为人们实际上是将外延分子存在但数量不清的概念叫作模糊概念的，如"高""胖"等。模糊逻辑、模糊集合都是处理数量不明确的事件的逻辑理论。另外，也不能因悬概念的外延存在状态是不确定的而将此概念命名为"不定概念"，因为"不定"的基本属性是主观选择的不确定，如"举棋不定"，它不能明确表示如上所述的客观存在的不能确定状况。还有，虽然悬概念反映的对象是可能存在也可能不存在的，但由此把它叫作"可能概念"也是不恰当的，因为"可能"体现的是存在的趋势，"不可能"自然体现的是不存在的趋势，它们是各有倾向的，不是"中立"的。

二、悬概念的显著特征

悬概念的上述基本性质决定了这种非同寻常的特殊概念，其有着以下明显的特征。

（一）双向动态性

悬概念的首要特征就是双向动态性。因为悬概念是认识发展过程中产生的外延存在状态暂不能确定的概念，而认识必然是不断发展的，暂不确定就意味着将来要走向确定，这就从根本上决定了悬概念是处于变动之中的概念。然而，它的变动并不像认识大体上是不断向上提高的单向变动，而是双向变动：或者通过确证度的不断提高并经最后证明发展为实概念，或者通过证伪度的不断提高并经最后反驳发展为虚概念。

1. 悬概念向实概念的转化

中国古代有金木水火土的"五行"说法,表明古代人认为太阳系有五大行星。近现代社会,人们有了较好的科学基础,但在19世纪中叶以前,人们还是错误地以为太阳系有七大行星。但后来法国青年天文学家勒威耶发现,实际的天文观测与根据天体物理学万有引力的理论计算出的结果总是存在误差,于是他提出了"太阳系第八颗行星"这个悬概念。他认为这个误差正是由于这颗行星的引力造成的。这个概念的提出是有较为充分的理论根据的,但毕竟在当时还是停留在理论层面,其外延存在与否,对许多持有怀疑态度的人来说是"悬"着的。后来,经过天文学家的不懈努力,人们果然观测到了后来被命名为海王星的太阳系行星家族的第八个成员。于是,"太阳系第八颗行星"这个悬概念就变成了实概念。根据大致相同的情形,有人认为太阳系的这个家族还应有新的成员,所以就提出了"太阳系第九颗行星"的悬概念。1930年1月,美国天文学家经过精密观测,终于发现了冥王星,又使一个悬概念转变成了实概念(后来,由于科学家们重新严格确定太阳系行星概念的内涵,又将冥王星从太阳系行星中"开除"了,那就是另外一个问题了)。没过多久,就有人提出太阳系有没有第十颗行星的问题,又一个悬概念产生了。一位当时正在法国勤工俭学的中国人刘子华依据太阳系的各星体与八卦的卦位存在某种对应关系,大胆预测第十颗行星的平均轨道运行速度为每秒2000米,密度为每立方厘米0.424克,离太阳的平均距离为74亿千米。从逻辑角度来说,刘子华对这个悬概念的内涵给予了多方面的揭示(尽管这些揭示也是悬着的)。直至1999年9月29日,恰逢刘子华百年诞辰之际,英美科学家发现了"一个新的天体正围绕着太阳运行",其各种参数与刘子华当初的推算竟然惊人地相似。喜讯接踵而至,2003年10月,美国加州理工学院行星科学教授麦克·布朗等人,第一次拍到了这颗行星;2005年7月29日下午,美国天文学家宣布,他们发现了太阳系内的第十大行星,并将其暂命名为"2003-UB313"。① 虽然美国人的这个宣布尚未得到世界的公认,这个悬概念还不能说已经转化为实概念,但起码说明这个悬概念是不断地处于转化变动之中的。

100年前,爱因斯坦创立了相对论,并于1916年前后在广义相对论中推测出宇宙中存在"引力波"。他认为,聚集成团的物质或能量的形状抑或速度突然改变时,会改变附近的时空状态,效应就像涟漪一样以光速在宇宙中传播,这个"涟漪"就是引力波。然而,由于引力波产生的时空扭曲非常微小,以地球和

---

① 〔苏〕П. А. 拉契科夫. 科学学:问题·结构·基本原理[M]. 北京:科学出版社,1984:184.

4.3 光年之外的半人马座 α 为例,被引力波扭曲的太空可能只有一根头发般的变化,所以很难被成功观测到。过去数十年来许多跨国科学团队都致力于找寻引力波存在的证据,但都未获得成功。"引力波"这个概念还只能是一个悬概念。终于,大约 13 亿年前两个黑洞碰撞时所产生的引力波,于 2015 年 9 月 14 日抵达地球,被地球上的精密仪器侦测到,这就是美国科研人员利用激光干涉引力波天文台(LIGO)首次探测到的来自宇宙深处的扰动。科学家花费数个月的时间验证数据并通过严格的审查程序,于 2016 年 2 月 11 日宣布了这个激动人心的、具有里程碑意义的消息。"引力波"这个悬概念至此转化成了一个实概念。

在社会实践领域,此类例子随时都会出现。比如,一个女人坠楼而亡,公安干警接到报案后展开侦查,死者丈夫说她是因天要下雨匆忙去收晾晒的衣服时不小心坠楼的(即意外死亡)。但一位心细的侦查员在勘察中发现空中碧绿的梧桐叶上有一处血迹,怀疑是有人将死者从楼上推下来的(即死于谋杀),便在头脑中形成"推下死者的人"这个暂不能确定对象有无的悬概念。后来,经过一系列缜密的侦察,最后证实凶手就是死者的丈夫,悬概念也就变成了实概念。①

2. 悬概念向虚概念的转化

物体为什么会燃烧的问题,早就引起了人们的研究兴趣。从古代社会开始,就有不少人猜测燃烧的物体中存在"燃素"。多少年来,许多人坚信"燃素"的存在。甚至当一些化学研究者发现某些金属在焙烧后会增加重量,而不是因燃素在焙烧后失去而减少重量时,有的人还提出诸如负重量、火粒子的设想来继续相信"燃素"的存在。到了 1777 年,法国化学家拉瓦锡做了一系列燃烧增重的实验,最终证实燃烧物和"活空气"(即氧气)的总重量与燃烧后产生的新物质的重量刚好一样,说明燃烧是氧气参与的结果,从而否定了"燃素"的存在。这样,这个悬概念最终转化成了错误反映现实的虚概念。②

再接着上例来说,勒威耶在发现海王星之后,又有了新发现:水星运动的理论值总是小于观测值。他又用同样的方法,推想在水星的那一边有一颗更靠近太阳的行星(后人称"火神星")在牵制着水星的运动。他仔细计算出这颗新行星的轨道,并预告了它下次"凌日"(经过太阳表面上空)的时间。然而,世界各地天文台搜索了几十年,还是未捕捉到它的踪影。直到 1915 年,爱因斯坦相对论问世,人们才弄明白:勒威耶是按照低速运动下才正确的牛顿力学原理计算出它的轨道值,但越接近太阳,物体的运动速度就越高,因而勒威耶计算的准确性自然就越差。这样,"火神星"这一推测出来的悬概念,被确定转化成了一个虚

---

① 汪海燕,岳占新. 破案的逻辑艺术 [M]. 北京:中国法制出版社,2009:18 – 20.
② 姜念涛. 科学家的思维方法 [M]. 昆明:云南人民出版社,1984:32 – 33,190.

概念。①

20世纪七八十年代,我国曾刮起一股"人体特异功能"热。有人声称能用"耳朵识字"(写上字的纸揉成团,放在耳朵边,"听"出写的是什么字),有人声称能用"眼睛透视"(隔着地皮能看清地下的管道走向),当时还拍摄了一部纪录片《信不信由你》。于是,媒体上充斥着"人体特异功能"的概念。于光远先生始终认为这是一个假概念,但不少人对此半信半疑,将其作为悬概念。后来经过严密的科学理论分析和严格的实验,那些"特异功能"穿帮了、失效了,在科学面前,此概念被证实的确是一个虚概念。

总之,悬概念存在的可能度或不存在的可能度,都会随着科学的不断进步、社会的不断发展及人们认识的不断提高而处于变动之中。因此,它一定是一个动态概念。一旦有一天它不再变动了,那它也就不再是悬概念了。

还有一点需要说明,悬概念的动态性与辩证逻辑所说的概念的发展(其实是实概念的发展)当然不是一回事。

(二)反复探索性

悬概念的突出特征是反复探索性。悬概念是在探索未知世界、探讨未明问题中产生的;反过来,悬概念产生后也必然引起人们对它进行新的探求。所以,悬概念总是处于反复的探索之中。

我们先看大家熟悉的一个例子。1934年4月,詹姆斯·希尔顿的小说《消失的地平线》在英国伦敦麦克米出版公司出版。书中记述了康韦等四位西方人士,在战时从南亚次大陆巴司库(虚构城市)乘机转移去白沙瓦时,被一个神秘的东方劫机者劫往香格里拉蓝月山谷的神奇经历。小说所描写的香格里拉是一个什么样子呢?那是一个令人向往的神奇地方:在那里,各种信仰和平共存,人们奉行适度原则,没有打打杀杀、尔虞我诈,自然景色也非常秀美,令人陶醉。这里的"香格里拉"是文学作品虚构的地名,当然是一个虚概念,但"香格里拉原型"是否存在呢?现在是众说纷纭,争相推测。国内有说原型在云南、西藏、四川的,国外有说原型在印度、尼泊尔的,各有各的根据,各有各的道理。"逼得"人们只能将它作为悬概念去进一步探索了。

伴随着人们探索未知世界的过程,悬概念大量产生着。"外星人"是否存在?外星人的"宇宙飞行器"("飞碟")是否存在?火星上是否存在或过去是否存在"火星生物"?百慕大是否有不为人知的"神秘磁场"?② 问题层出不穷,悬概念也纷纷出笼。

在现实社会生活中,人们同样地在探求千千万万个疑问,在提出一个接一个

---

① 姜念涛. 科学家的思维方法 [M]. 昆明:云南人民出版社,1984:32-33,190.
② 汪建川. 古今神秘现象全记录(科学篇)[M]. 呼和浩特:内蒙古大学出版社,2005.

的悬概念：一次公众场合的爆炸发生了，是不是存在"故意破坏者"？一场骚乱突如其来，是否存在"造谣生事者"？这些悬概念也一定会相生而伴。

在司法实践中，面对千奇百怪的悬案、疑案，司法工作者的头脑中时刻会涌出疑问，而他们对出现的悬概念更有义不容辞的探索责任，以弄清真相、惩治犯罪。我们随便举一个例子来看：四川泸州古蔺县一户彭姓人家遇到了"怪事"，自1997年7月老三妻子忽然患"怪病"死后，三年中共有25人的家中竟有10人先后都莫名其妙地死去。"怪病""特别死因"等悬概念摆在了当地警方面前，警方责无旁贷地开始了对这些悬概念的苦苦探索。历经艰辛，真相大白，原来是彭家的笑面媳妇孙明珍因忌妒、报复等，悄悄投毒害死自家人，"怪病""特别死因"等均不存在。①

既然悬概念是外延存在状态不确定的概念，天生好奇的人类就肯定要对它进行探索。当悬概念遇到科学家、社会学家和成千上万的有韧劲的学者，就会激励着他们不辞劳苦甚至付出毕生心血而孜孜不倦地进行探索；当悬概念遭遇到有责任、有良心的司法人员，他们同样一丝不苟地努力探求甚至付出生命的代价。

可以这样说，悬概念就是探索性概念，就要求人们对其进行探索。

（三）现实根据性

悬概念的基本特征就是它的现实根据性。悬概念不是虚概念，更不是假概念，它的形成或是根据一定的现实世界事实，或是根据一定的现实公认的科学理论，不是主观臆断的、虚幻的。所以，悬概念的现实根据性，实际上是它区别于虚假概念的一个重要特征。多数虚概念也是有根据的，比如理想概念、预真概念，明显根据已有的科学理论；但虚假概念往往是没有根据或根据很不充分的。而且，虚概念的这些根据常常是被纯粹化（理想概念）、超前化（预真概念）的，不是很现实。

在科学探索中生成的悬概念的现实根据性应当是不说自明的，它们都是根据科学家在科学研究中发现的理论或实验问题提出来的。从集合意义上说，科学家是严谨的，在没有任何根据的情况下，他们是不会贸然提出一个新的悬概念的。法律实践中形成并提出的悬概念正常情况下也是有现实根据的，正是有了实实在在的案件发生，正是在初步勘察或调查过程中发现了蛛丝马迹，才会确立一个悬概念。就拿轰动一时的"佘祥林冤案"来说，案件中提出的"杀害佘祥林妻子的凶手"是个悬概念（因为其妻只是失踪，不知道是否被杀），11年后随着妻子的回来，悬概念转化成了假概念，但提出时也至少根据了一具与佘祥林妻子某些特征吻合的女尸及佘祥林妻子的失踪事实。美国遭受"9·11"恐怖袭击后，逐渐形成了"伊拉克大规模杀伤性武器"这个悬概念（现在我们知道它已转化

---

① 内容选自2000年11月15日的《羊城晚报》。

为虚概念），它提出时也还是有根据的：因为伊拉克侵占过科威特，美国卫星又拍到了一些所谓的"神秘工厂"的照片。

现实根据性作为悬概念的特征之一，也是判定一个概念能否被确立为悬概念的根据。比如，有的人忽然在天空中看到自己没见过的飞行物，就要构造"天外来客"的悬概念；在地上偶然发现自己不熟悉的脚印，就要构造"怪兽"的悬概念。这种没有充分根据就提出悬概念的做法，是极不负责任的，也是不科学的。再如，"文化大革命"时期，江青到青岛某军事基地视察，恰遇开山炸石，一块小石头落在了她乘坐的小车跟前，于是她提出了"有谋害她的人"的概念并让人展开调查。这个概念同样是缺乏充分根据的，只是一个假概念。

悬概念的以上三个特征应当是同时并存的，一切悬概念都至少有这三个特征。

第四节　悬概念的类别

对实概念的划分，我们选取了六个标准，分出了六个种类；对虚概念的分类，我们也分出了六类。那么，悬概念有多少种类呢？

一、悬概念的逻辑类别

在类别前边冠以"逻辑"二字，强调的是从最基本的层面进行类别区分。所谓概念的逻辑种类，就是从概念的最基本构成方面对概念进行划分，其结果适合一切概念。悬概念的逻辑种类也不例外，也是从基本构成出发，将一切悬概念归结到划分出的种类中去。

从最基本的构成角度进行考察，形成悬概念有两种原始情形，根据这两种不同的情形，可以将悬概念区分为推测概念与置疑概念。

（一）推测概念

悬概念形成的第一种基本情形是，人们在认识世界、改造世界的过程中，遇到了原来从未遇到的事物或情况，发现了用现有知识或技术不能解释、不能处理的问题，从而推测一个新事物的存在但目前又无法进行证实，于是人们就用一个悬概念来反映它。由此形成的悬概念，我们将其称作"推测概念"。

上述的"神农架野人"反映的是人们根据某些人的描述和勘测到的、不好用现有生物现象解释的迹象而推测存在的一个生物体。"外星人""地外文明""尼斯湖水怪"等，都属于这类概念。再举一个具体的例子说明一下：物理学家在研究"反粒子"现象时，认为反粒子所产生的电磁场与普通粒子恰好相反，对应起来考虑，普通粒子有引力场，反粒子就应该具有相反的引力场，那么两个反粒子也会像两个普通粒子一样以引力相互吸引。然而，由于引力场十分微弱，目前只能从大质量的普通粒子中大致测出引力场的存在，却不能将足够多的反粒子搜罗到一起而证实反引力场的存在。据此，我们可以将"反引力场"归类为推测概念。① 科学研究中的"超光速""快子""第五种力""多维空间"等一系列概念都是推测概念。

不止在科学探索中才会形成推测概念，在日常生活中也存在许多使用推测概念的情况。比如，某人在某公司自认为表现得很优秀，但还是被老板"炒鱿鱼"了。这时，他用自己掌握的不完全信息猜想是有人诬陷了自己，于是此人就在头脑中形成"诬陷我的人"这个推测概念。类似的情形到处可见，所以，这种推测概念随时随地都会产生，其外延分子存在状态也是暂时不能确定的。

（二）置疑概念

悬概念形成的第二种基本情形是，根据我们自己的理论知识或实践经验，对一些原本是实概念或虚概念的概念进行大胆而合理的质疑，从而将其转化为悬概念。这样的悬概念就称其为"置疑概念"。

1979年前后，上海一位作者顾涵森在《自然杂志》上连篇报道，称自己测出了"外气"的物质基础是"微粒流""红外辐射""电磁波""静电增量信号""低频磁信号"等。于是，具有发"外气"能力的超人大师突然间一个个地冒了出来。由于顾涵森描绘得有鼻子有眼，许多人相信"外气"是一个实概念，神乎其神的"气功超人"似乎有了存在的"科学依据"。然而，负责任的、严肃的科学家对此产生了质疑。经过调查实验，发现除了红外辐射等个别指标外，"外气"物质基础的实验研究表明其他结果均是顾氏一人用自己改装的仪器测出来的，并没有其他人重复测出。这是违背科学的可重复性和可检验性原理的。②因而，这些科学家将这个所谓的实概念置于怀疑状态，也就是将其转化成了悬概念（由于驳倒论据并不等于驳倒对方的论题，所以这里并未将其转化为虚概念）。

在社会现实中，形成置疑概念的频率就更高了。比如，化学染发剂中都含有对苯二胺等物质，这些成分对人体血液是有损害的有毒物质。但不时有某个生产厂家声称自己生产出了"无毒染发剂"，结果许多专家和消费者并不相信，将"无毒染发剂"看成是置疑概念。不少消费者听信商家的"科学介绍"，将其当成实概念，但众多的消费者和专业人士则在思维中将其当成悬概念，不会轻易地确定概念所反映的对象真实存在。再如，在案件侦破中，也需要大量运用置疑概念。前面讲的警察在接受报案时很快将"麻怪阴阳人"看作置疑概念，在侦察阶段刑侦人员或侦探，更要善于置疑。一个犯罪嫌疑人不承认自己是某个案件的主谋，而说自己听命于"疤老大"，侦察人员当然不能轻信此言。试想，侦察人

---

① 汪建川. 古今神秘现象全记录（科学篇）[M]. 呼和浩特：内蒙古大学出版社，2005：40.
② 何祚庥. 伪科学曝光[M]. 北京：中国社会科学出版社，1996：252.

员如果将讯问或询问对象的叙述中使用的概念都当作实概念，极有可能被这些别有用心的人所欺骗；而如果将这些概念直接当作虚概念，那也可能漏掉重要线索。法庭调查中，法官也不会将证人证言中的概念都当成实概念或虚概念的，也需要将其中的关键概念作为置疑概念。行军打仗中也有类似的情况，当我们截获敌方一份情报，声称"A部队从后山包抄"。有经验的指挥员就会想"A部队"真的存在吗？这是不是假情报？

以上两类概念是从基本层面划分的，推测概念是原本没有的概念而新产生的悬概念，置疑概念是原本有的概念而转化来的悬概念。因此，一切悬概念都可归为这两类中的一类，即不是推测概念就是置疑概念。

二、悬概念的应用种类

悬概念是基于认知的，在认知实践中产生的，它也必将应用到实践领域中去。这里的分类依据就是看悬概念主要应用在哪个领域。人类的实践领域细分起来多如牛毛，本书简约地将所有领域划分为自然科学和社会科学两大领域。

（一）科学探索概念

所谓科学探索概念，是指自然科学学者和科学技术人士在科学领域中，在对未知世界、未知事物进行探索过程中，提出的外延存在状态尚不确定的悬概念。

在上面的阐述中提及的"超光速""快子""第五种力""多维空间"等概念，就是天文学、物理学领域中的科学探索概念；而"神农架野人""尼斯湖水怪"等，应归类为生物学领域的科学探索概念。这些概念富有想象力，蕴含着重大科学发现的可能性，具有重要的创新意义。

而一些企业和技术开发部门声称制造出的新产品"无毒染发剂""纳米服装""无副作用药品"等，以及它们声称拥有的"无毒香烟制造技术""××养殖高产技术"等，在没有经过严格的科学鉴定之前，我们当然不要轻易地将其当作实概念，还是先把它"悬"起来为好，将其作为技术发明领域中的科学探索概念进一步对其内涵进行验证，看它是不是有名无实，外延究竟是1还是0。如果这些悬概念转化成了实概念，则意味着人类的科学技术又取得了进步；如果这些概念转化成了虚概念，则说明这些厂家在夸大宣传，甚至是欺骗消费者，危害社会。

翻阅科技史可知，许多科学技术的重大进步，都是伴随着悬概念的提出以及对悬概念的探索而实现的。

（二）社会探讨概念（法律探求概念）

所谓社会探讨概念，是指社会科学（包括哲学、思维科学）工作者在从事研究以及进行社会生活实践中，对发现的新问题进行探讨时提出的悬概念。比如，黑格尔在哲学研究中提出了"客观精神"的概念，许多唯心主义哲学家认为这是一个实概念，许多唯物主义哲学家认为这是一个虚概念，还有一些哲学家认为这是一个需要探讨的概念（即悬概念）。与此类似的概念有波普尔的"第三世界"（客观意义上的观念世界）、一些思维科学家提出的"动物思维"等，对这些概念的外延分子是否存在，学者们争论不休，莫衷一是。再如，在国际关系研究领域有人提出"伊朗核武器制造能力""朝鲜核武器制造能力""日本核武器制造能力"等概念，作为普通人对这些概念的外延分子状态难以确定，也只能将它们看成社会探讨概念。现实生活中的社会探讨概念随时都会出现，除了已经提及的"诬陷我的人"外，还可以有"仇恨你的人""崇拜他的人"等。社会在动荡中前进，在创造中发展，也在社会探讨概念的热议中不断取得进步。

　　法律领域本来隶属于社会科学生活领域，但其在悬概念的应用上频率较高、变化较快，有着特殊的重要意义，因此我们在社会领域另外特设一个附属性的"法律探求概念"。这种概念是指在法律理论研究和司法实践中，法律人遇到的外延分子存在状态一时不能确定的悬概念。在司法实践过程中，尤其是在案件侦察阶段，悬概念几乎是必不可少的。警察要对报案者所报案件是否真实存在进行预判，将报案者使用的主要概念先当作悬概念来探求其外延分子是否真实存在。在前面少女父母前来报案的例子中，他们报称少女遇到了"麻怪阴阳人"，刑侦人员并没有马上立案侦查，而是进行了预判，先将"麻怪阴阳人"当作法律探求概念，再运用"暗引矛盾"的逻辑艺术，使少女的叙述出现秋景与春景的矛盾（深秋报案，描述春天景色）、清晰与模糊的矛盾（迷糊行走，准确说出路过的地方），从而断定其报假案，将悬概念转化成了假概念。需要强调的是，法律探求概念的转化是一件慎之又慎的事情，甚至是人命关天的事情。比如，在"佘祥林冤案"中，本来"杀害佘祥林妻子的凶手"是一个应该探求的悬概念（因为发现的女尸是不是佘祥林的妻子没有得到确证），但办案人员草率地将此概念转化成了实概念，并与"佘祥林"确定为具有同一关系的概念。这样做就是非常不负责任的，结果造成了一起轰动全国的特大冤案，11年后"被杀害"的妻子回来了。因此，在司法实践中，对悬概念的定性以及对悬概念的转化，必须在探索中求得非常充分的确证。

三、悬概念的时态种类

　　这是从时间指向上对悬概念进行的分类。大家知道，时态一般分为过去、现在和将来三种，那么以时间指向为标准对概念进行分类，是否应该分为历史、现在和未来三类呢？但在这里，必须考虑情况的特殊性。假如一个概念反映的对象只有在未来才可能存在，那它实际上就是虚概念中的预真概念，它的外延分子根本就没有存在过，如前面说的"共产主义社会"，还有"登上火星的人"等。这些概念所反映的对象只是将来有可能存在，目前肯定不存在。虽然，时间指向过去的历史概念现在可能没有现实的分子，外延数量似乎也为0（如"唐朝社会""蛮荒时代"等），但这与预真概念没有现实分子不同。因为，尽管历史概念现在没有外延分子，但毕竟曾经存在过，人们还是把它们当作实概念来看待。所以，悬概念的时态类别只有历史、现在两个种类，不存在未来悬概念。

（一）历史曾疑概念

我们将历史悬概念叫作"历史曾疑概念"，或简称为"曾疑概念"。其概念是指人们在研究历史事件中，根据一定的材料提出的、有一定内涵而外延曾经存在状态不能确定的概念。通俗地讲，这种概念所反映的历史事物可能在历史上出现过，也可能不曾出现过，它只是一个"传说"，现有的材料还不能最后确定。

据《史记》记载，秦陵地宫"令匠作机弩矢，有所穿进者辄射之"。这其中的"机弩矢"指的是这里安装着一套自动发射的暗弩，一旦盗墓者进入，这种装置就会击发，射穿入侵者。如果这段记载属实，那么这将是中国古代最早的自动防盗器。但考古工作者直到目前，并未在已发掘的秦陵中找到这种装置，今后能不能找到这些装置或找到这些装置确实存在过的证据，谁也不敢肯定或否定，于是"秦陵自动发射暗弩"或"机弩矢"就成了一个历史曾疑概念。

历史悬概念有这么一个特征，即随着时间的推移，也许越来越难以将其转化为实概念或虚概念，它可能会成为永远的悬概念。

（二）现在存疑概念

我们可以把现在悬概念称为"现在存疑概念"，也可以简称为"存疑概念"，是指在研究现在种种问题时遇到或形成的有一定内涵根据而外延分子现在存在与否尚未确定的概念。

除了历史曾疑概念以外，前面所列举的悬概念大多都属于现在存疑概念，如"神农架野人""尼斯湖水怪"等，还有"无毒染发剂""陷害我的人"等。对于这些概念，前面已经进行了详尽的讨论，这里就不再赘述了。

现在，存疑概念始终吸引我们关注、潜心研究现实中存在的各种问题，推动我们在各方面不断地发展和进步。

以上依据三个标准对悬概念进行的分类是平行的。也就是说，对同一个悬概念可以分别从这三个角度对其进行分类。比如，"火星生命"是一个推测概念，同时也是科学探索概念、现在存疑概念；而"香格里拉社会制度"则是一个置疑概念、社会探讨概念和历史曾疑概念。

四、认知基础上的完善的概念类别逻辑体系

论阈不同，问题的性质就会发生变化。在传统逻辑框架下建立实概念的逻辑体系，进行六个标准的划分，具有它的完善性；在本体论层面建立虚实两类概念类别体系，进行各位六种的分类，那才是完善的；而在认知基础上，它们就不是完善的了，只有建立实、悬、虚三大类概念体系，才会使概念的逻辑体系得到完善。而且，这种完善不仅有理论价值，还有非同寻常的实践意义（见下节内容）。

从认知实际出发，我们需要在实概念、虚概念的逻辑分类中扩充一个悬概念，这样，一个可以涵盖一切概念的新的逻辑意义的概念体系就科学而完善地建立起来了（见图2.1）。

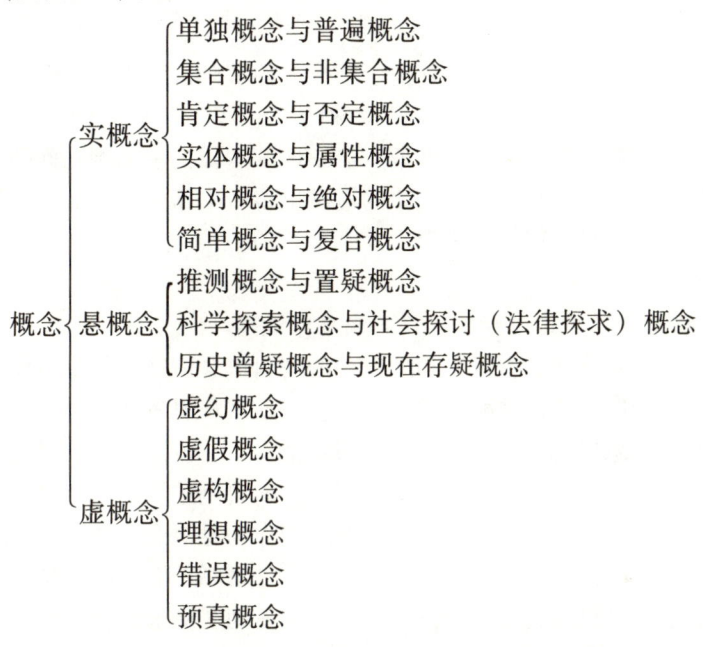

```
       ┌ 实概念 ┬ 单独概念与普遍概念
       │        ├ 集合概念与非集合概念
       │        ├ 肯定概念与否定概念
       │        ├ 实体概念与属性概念
       │        ├ 相对概念与绝对概念
       │        └ 简单概念与复合概念
       │
概念 ──┤ 悬概念 ┬ 推测概念与置疑概念
       │        ├ 科学探索概念与社会探讨（法律探求）概念
       │        └ 历史曾疑概念与现在存疑概念
       │
       │        ┌ 虚幻概念
       │        ├ 虚假概念
       └ 虚概念 ┼ 虚构概念
                ├ 理想概念
                ├ 错误概念
                └ 预真概念
```

图2.1 "悬逻辑"的概念

建立这样的概念体系，逻辑学的基础性质就完全彰显出来了，它就能对所有概念进行归类，"一网打尽"天下的概念。"神农架野人""火星生命"等概念就不会无家可归，逻辑就不会在一些概念面前束手无策。

第五节　悬概念的意义

发现悬概念，承认悬概念，确立悬概念的逻辑地位，绝对是件有意义的事情。

一、悬概念的理论价值

创设悬概念首先要理论上站得住脚（前几节尤其是第二节的内容已经阐明），其次是有理论上的必要性，还要有理论价值。这里，我们从创设悬概念对逻辑理论的价值、对各种科学理论的创新作用及对人的悬概念意识的形成三个角度，阐述其理论价值。

（一）完善概念的逻辑类别，奠定"悬逻辑"的体系基础

悬概念对逻辑学的理论意义首先体现在完善了概念的逻辑类别，构架了完整的包含悬概念的概念逻辑体系。因为有了悬概念，我们得以从逻辑意义上将概念分为实概念、悬概念和虚概念三大类别，使得逻辑学没有不能归类的概念（详见上节内容）。

由于概念是思维的细胞，是其他思维形式的基础，所以悬概念的创设将促进逻辑学科向纵深发展，并为构筑新型特殊的"悬逻辑"体系奠定基础。悬概念作为词项构成判断，再进而构成推理，会使传统逻辑揭示的判断间的关系及推理形式发生改变，原有的逻辑基本规律的性质也将产生新的变化。吸收现代逻辑的相关成果，加强对假说解决"悬疑"问题的研究，一个新型的特殊逻辑体系就构建起来了。

（二）促进科学理论创新，提高正确思维效率

有了完整的实概念、虚概念和悬概念的逻辑概念体系，能够总体把握好它们之间的关系，必将促进各种科学的理论创新。在常规思考的基础上，超越常规思维，善于提出"悬概念"，经心预防"假概念"，用心探索"实概念"，必将促进各种科学理论的创新。下面从三个方面进行简要阐述。

第一，善于将科学研究中遇到的新概念先作为悬概念，而不是盲目地把它当作实概念，以避免将虚概念当作研究的前提，这样就可大大节省思维支出。比如，有一个家喻户晓的故事：一位年轻人声称发明了能够融化一切物质的万能溶液，爱因斯坦没有轻易将"万能溶液"当成实概念，而是先当作悬概念，质问年轻人："你用什么东西盛它呢？"这一问，问出了"万能溶液"的内在矛盾，也使其迅速转化成虚概念，不用再费劲去论证或反驳了。爱因斯坦是聪明的，一句问话解决问题，避免了将其当作实概念带来的一系列麻烦。韩国首尔大学著名教授黄禹锡干细胞造假案等许多打着科学旗号捞取名声和钱财的案件警示我们，不要轻信权威，要敢于将权威们提出的新概念也当成悬概念进行审视，时刻警惕伪科学，少走弯路，大力促进真科学的发展。

第二，提出悬概念要确保有一定的科学根据，使各种理论创新在健康、正确的道路上进行，促使悬概念正常地向实概念或虚概念转化。我们不能为了沽名钓誉、赚取眼球而随意靠道听途说、突发奇想来确立悬概念，避免自己所从事的探索创新研究误入歧途。无论是法国天文学家勒威耶大胆提出"海王星"这一悬概念，还是伟大的俄国化学家门捷列夫依据已知的63种元素大胆建立"镓""钪""锗"等推测概念，都是有科学根据的。正因为有可靠的科学理论根据，所以众多的科学家才投入探索这些悬概念之中，而且精力没有白费，最终使它们

转化成了实概念，取得了重大的科学发现，带来了科学进步。与此相反，有些人仅凭离奇的传闻，不顾有没有科学根据，就投入大量精力去探索悬概念，最终毫无建树。更有甚者，有的人搜列虚无缥缈的灵魂传说，突发奇想地构造一个悬概念去研究，白白浪费了许多心血好资源。比如，20世纪30年代，所谓的"超心理学"诞生，并将"灵魂""心灵运动"（用精神直接移动物体）等当作悬概念进行研究。曾经担任过心灵学研究会主席的查尔斯·塔特（Charles Tart）据说还做过神乎其神的实验，让一个妇女的灵魂脱离肉体漂浮起来去阅读离她身高5英尺半高台上的五位随机产生的数。这个实验曾被超心理学家认为是确定传心术（Telepathy）事实的一个重要"证据"。然而，许多严肃的科学家根本不认可这种实验，指出其存在的多项问题和漏洞。后来，塔特被迫发表了两万多字的实验报告，只得承认"实验控制的是如此的松散，对靶子数目字的读出，不能认为是对超心理学效应提出了决定性证据"。[①]我国在20世纪80年代，也有许多人迷上这种不伦不类的研究。除了扰乱人的正常思维、耗费社会资源外，这种研究不会取得任何进展。

第三，有科学根据的悬概念确立下来以后，就应把握其动态性特征，积极进行各方面的探索，鼓励创新，孵化创新成果，不畏艰难地去刻苦攻关，促使悬概念向实概念或虚概念转化。进行初步鉴别后，将具有一定可靠根据性的新概念确立为悬概念，各行各业的专家学者以及各类具有探索精神的人士，不辞辛劳地开展多方面的探索研究。尽管对悬概念的探索是存在风险的：也许经过辛苦努力可以将悬概念转化成实概念，也许最终证实它只是个虚概念，而更让人遗憾的是，虽然付出很多，悬概念依然是悬概念。科学发展史表明，正是有了悬概念，才有了许许多多研究者的艰难探索，才有了探索者的煎熬和乐趣，才有了科学在崎岖道路上的曲折前进，才催生了众多的科学创新成果的问世。失败是成功之母，失败中也蕴含着创新的因素，不怕失败，勇于探索，即便是悬概念转化成了虚概念，那也是一种成果。我们只是反对无根据的盲目探索，绝不能打击正常的失败者。我们有理由相信，悬概念的正式提出，会大大地促进科学创新理论的涌现。

（三）树立悬概念意识，让认识客观全面

我们将悬概念的理论价值最终归结为它的认识论价值。

认识是对客观的反映，而逻辑是对人的认识过程的客观总结。在认知过程中，客观地存在人类认识清楚的东西，也客观地存在人类暂时没有认识清楚的、处于不定状态的东西。前文已经阐明正是基于认知的这个过程，悬概念才"被"发现。反过来，我们认清了悬概念的实质和特征，就可以树立悬概念意识，让我们的认识更加客观、全面。

---

① 何祚庥. 伪科学曝光 [M]. 北京：中国社会科学出版社，1996：328-333.

不知道是不是受二值逻辑的影响，人们的日常思维总是习惯于非此即彼的两极模式。一件事情要么好，要么坏，泾渭分明；一个事物要么确定它存在，要么确定它不存在，不能模棱两可。现在提出了悬概念，问题就不能那样简单粗暴地处理了。不好不坏可以存在，存在不存在也可暂时不定。这样，我们的头脑就灵活多变了。将不能确定的东西"悬"起来，思维更加周密，更有利于创新思维的发展，更有利于错误思维的避免，更有利于提高思维效率。

假如以后悬概念的知识得到普及，更多的人自觉树立起悬概念意识，整个人类的认识就必将得到提高和发展。

二、悬概念的实践意义

认识源于实践，又反过来指导实践。悬概念基于认知实际，一旦树立悬概念意识，对人类的实践又有很好的指导意义。

(一) 规避决策失误

当我们在现实社会遇到新的问题需要做出新的决策时，就应该看新问题里面是否含有悬概念、其悬概念是否具有科学根据。比如，汽油是重要的能源，某人声称自己发明了"水变油新型能源剂"，可以迅速让清水变成汽油，因而他要投资建一个水变油的新型能源剂生产企业。这时，如果你要做出投资决策，就要考虑"水变油新型能源剂"是实概念还是虚概念，如果你不能确定，那它起码是个悬概念。悬概念作为研究型决策的依据问题不大，但要作为生产型决策的依据，风险就很大。事实上，的确有人对此进行投资，结果后来证实那只是个假概念，最后遭受了重大的经济损失。

美国遭受"9·11"恐怖袭击后，根据情报部门提供的情报，认为伊拉克拥有大规模的杀伤性武器，并以此为由，做出了对伊拉克发动战争的重大决策。可实际上，"伊拉克大规模杀伤性武器"在当时充其量只是一个猜测性的没有较为充分证据证实的社会探讨概念（现在已经证实是个虚概念），结果战争给伊拉克人民和美国人民都造成了严重灾难。当然，美国发动这场战争如果另有所图，这只是个借口，那就另当别论了。但从现象上看，这是一个将悬概念作为决策依据的惨痛案例。从这个意义上讲，悬概念与虚概念的作用一样，我们不能将虚概念（预真概念除外）、悬概念当作重大现实决策的依据。

以上例子说明，如果树立悬概念意识，明确悬概念不能作为现实决策依据的道理，就会避免失误，免遭损害。

(二) 指导科学实验

在实概念、虚概念的基础上增加了悬概念，就可以让我们认真对待实际遇到的暂不能确定对象存在与否的"悬问题"。从悬概念这个新的角度去思考问题，将促使我们自觉地去鉴别悬疑问题，展开各种科学实验，绝不盲从，避免轻信造成的不必要损失。比如，某人声称国外某制药厂生产的某种新药，对治疗白血病有特殊的疗效。这时，我们就要在大脑中生成"治疗白血病特效新药"的置疑概念，然后对其进行动物实验，而不是盲目轻信，避免遭受可能是极其严重的后果。

经常看到农民购买了某种夸大宣传的劣质种子、造成农作物大面积绝收的报道。如果这些农民兄弟能够具有悬概念意识，先进行小规模实验，损失也许就会避免。

（三）促进创新创造

悬概念的动态发展本性告诉我们，只有不断地运用新的手段、新的理论方法去探索创新，才能促使悬概念的最终转化；不管悬概念最终转化为实概念还是转化为虚概念，都将取得创新的理论成果。因此，悬概念对于科学理论创新乃至实践创新有着巨大的、不可或缺的作用。悬概念对理论创新的作用前面已经阐述，而理论创新必将促进实践创造的发展进步，尽管不太直接，但其深层促进作用还是不可小觑的。

前面谈到门捷列夫大胆地提出"镓""钪""锗"等推测概念，经众多科学家的不懈努力，最终使它们转化成了实概念，取得了重大的科学发现；随着这些元素和随后几十种元素的发现，再加上技术手段的不断提高，人类的创造力得到了极大的发挥，各种新产品、新技术井喷式地被创造出来，小到随身携带的火柴，大到半导体设备乃至核能技术等，人类进入了全新的创造时代。

另外，历史曾疑概念的逐渐被确证，也能证明历史上的一些伟大的创新创造，激发今人的创新创造活动。比如，所谓失传的冶炼术、烧制术等，是否真的存在不得而知，但如果能根据少量资料将其复活，悬概念转化成为实概念，就能使我们在今天制造出未曾谋面的古代的精品。

三、悬概念的法律功用

悬概念的法律功用本应属于社会实践领域，但同样因悬概念在法律领域有特殊的意义，所以专门进行探讨。法律工作是人命关天的事，是影响人生的事，是影响社会稳定的事，必须分清概念，谨慎行事。以下按照司法实践的环节顺序，阐述悬概念在法律实践各个方面的功能作用。

（一）促进侦查工作的有效展开

一般来说，侦查工作是司法活动的起点。在破案工作中，会面临许多悬疑是众所周知的事情，其中必然涉及众多的悬概念。假如从事侦查工作的警察树立了悬概念意识，而不是简单地将遇到的概念看成实概念或看成虚概念，这将对侦查工作产生非常有利的实际影响。

1. 用悬概念预判报案，避免浪费资源

接到报案，是侦查工作展开的一个前奏，也是是否展开侦查的一个关口。假如公安部门接到报案就出警，出警以后才知道什么案件也没发生，报案人或者报的是假案，或者夸大其词，没必要进行侦查，公共资源就被白白浪费了。因此，接案干警首先要对案件进行预判，而进行预判就要善于进行悬概念思考，即先将报案者使用的关键概念当作悬概念，然后再利用一些技巧迅速促其转化，判明案件真假，从而避免盲目动用国家资源展开侦查，浪费物力精力，这样就等于大大节省了侦查成本。

各地110接警台，经常会遇到这样的或类似的情况：有人报警称他那里有人被杀了，地点在解放路805号。这种"警情"可能根本就不存在，只是一些人的恶作剧。接警人应该首先将这里"被杀的人""解放路805号"等关键概念当作悬概念，然后想办法促使这些概念迅速转化。比如，通过详细询问"被杀的人"的状况断定是否存在"被杀的人"，查阅地址看有没有"解放路805号"这个地方。前述父母领着少女报称遇到"麻怪阴阳人"的案件，接警人员也没有将这里的关键概念"麻怪阴阳人"当作实概念，而是先将其作为悬概念，后经询问，发现破绽迅速将悬概念转化成了虚概念。

2. 分清三类概念，指明侦查方向

作为侦查人员，应当将概念分为实概念、悬概念和虚概念三类，在侦查活动前期弄清关键概念属于哪一类，就可以让侦查活动明确地沿着正确方向展开。关键概念是实概念（如确认了凶手、凶器及相关物证等），就应部署警力，迅速展开一系列的侦查活动；如果它是虚概念（如假案、伪证等），那就要立即停止侦查或予以排除，进行重新的部署；如果它是悬概念（如案件、凶手、凶器等不知是否真的存在），那就要设法进行简单的鉴别，促其转化，然后再布置下一步的行动。

由此可见，侦查活动不是盲目开展的，应该先综合各种信息，进行理性分析，再明确方向，把有限的警力用到该用的地方，以提高侦查工作的实际效率。否则方向不明，甚至被误导，浪费精力不说，还有可能造成冤假错案。

在询问、讯问、走访调查等各个侦查环节，都会涉及不同人的不同陈述，他们各有各的目的，甚至各有各的忧虑，我们同样要对其中的关键概念进行悬概念的思考和判别。

3. 防止随意转化，避免冤假错案

侦查过程中，对遇到的关键概念，一定要将其内涵、外延弄清，认真确认它的性质，明确它的类别，绝不能随意混淆。随意将悬概念转化成实概念，则可能酿成一起冤案，伤害无辜；而任意将悬概念转化成虚概念，则可能造成错案，让违法者蒙蔽你的双眼，逍遥法外，成为漏网之鱼，人民群众的利益也不能得到有效的保护。

在"佘祥林冤案"中,错将"杀害佘祥林妻子的凶手"这样一个悬概念转化为实概念,又草率地将此概念与"佘祥林"确定为具有同一关系的概念,从而造成了这起冤案。还有一起案件,一位山民报称山崖下发现一具遍体鳞伤的尸体。那么,此人的死亡情形本来不清楚,是死于意外(失足落崖)还是死于他杀(被人推下)呢?这是不能马上下结论的,即"杀害此人的凶手"应是个悬概念。但办案人员简单询问报案者有没见到其他人上山,死者没有仇人后,听到否定回答,就以"意外死亡"匆忙结案,即将"杀害此人的凶手"转化成虚概念。直到后来,凶手因另一起案件被捕交代出这一起杀人案后,才真相大白,错案就是这样造成的。

(二)确保监查行为严肃进行

检查、监察部门的工作性质或行为职能就是要对法律的执行进行监督,对法律执行存在的问题进行查办,对查证的违法乱纪行为进行起诉、反映等。检察官或监察人员在具体开展工作时,若能进行悬概念思考,将非常有利于工作的顺利而正确地展开。

1. 发现悬概念,纠正冤假错案

冤假错案之所以从古至今都没有灭绝,是因为它的发生具有复杂的社会原因以及技术原因。检查、监察部门的一项职责就是要复查案件,尽量避免冤假错案的发生。其实,冤假错案中往往含有悬概念。因而,悬概念在这里也可以发挥它的功用。监察人员如果有锐利的目光,能敏锐地发现所查案件中隐含的悬概念,将极大地提高督察力度和效率。

例如:吉林省农安县一位叫张威军的农民,曾在1984年以强奸罪被判了10年徒刑,但他是冤枉的,他根本没有强奸过任何人却蹲了十年冤狱,检察院在复查这个案件的过程中,走访了一些村民,这些村民居然说根本就没有判决书中所述的"女社员刘××"这个人。后来又询问了当年办理此案的检察员,他也说:"说实话,那个被强奸的女人我也没见过,……只有警察见过。"随后,检察官找到当年办案的警察,这位警察竟然说了一句令人啼笑皆非的话:"记不清了。"① 这就是说,在整个案件中的一个至关重要的概念"女社员刘××"竟然是个悬概念,不知此人究竟是否存在。被害人是个悬概念,加害人倒是个实概念,这种咄咄怪事的出现,不造成冤案才怪。

在怪事辈出的"文革"年代,冤假错案漫天飞,除了使用夸大其词、牵强附会等手法外,在捏造的冤案中肯定有不少悬概念或假概念,诸如"××反党组织""××秘密会议"等。

---

① 内容选自2006年1月6日的《新文化日报》。

设想，如果能把查找悬概念作为监查工作的一个切入点，工作目标明确，工作效率也会提高许多。

2. 慎用悬概念，准确揭露违法乱纪行为

既然乱用悬概念容易造成冤假错案，我们自己使用时就应当更加慎重。

不管是检察官向法庭起诉违法行为，还是监察员向上级报告乱纪行为，监察工作者一定要对自己所使用的关键概念进行审视，切不可将悬概念当作实概念使用。比如，南方某侨乡一位官员家中有一辆豪华轿车，某检察院在进行职务犯罪侦查后，未了解清楚事情的缘由，就说这位官员接受巨额贿赂，购置豪华轿车。这里实际上就暗含了一个"对这位官员行贿的人"的概念，但这个概念是否存在外延分子呢？如果未经查实，这就是一个悬概念。后经证实，这位官员的豪华车是其海外亲戚为报答小时候的养育之恩赠送给他的，与行贿无关。

监察工作是纠正冤假错案的，自己也要防止制造冤假错案，因此一定要弄清楚自己使用的关键概念的性质。

(三) 促进法庭判决严谨明确

法庭判决绝非儿戏，必须严谨明确，既要严惩违法行为，又不能冤枉人。从悬概念在这方面的功用考虑，在法庭最后的判决词中不能含有悬概念，而要捍卫"疑罪从无"的原则，尽量避免冤假错案的发生。

法律判决中，依据的必须是实概念而不能是虚概念，对这一点大家都有清醒的认识。但是，法律判决的依据中有没有悬概念呢？这一点却往往被人忽视了，冤假错案也由此悄然发生。可以这样说，冤案的判决词中往往含有虚概念或悬概念。岳飞以"莫须有"的罪名被判死刑，判决词中含有大量的虚概念、悬概念（这里暂不考虑奸臣迫害的因素），而"佘祥林冤案"中的悬概念就是"杀害佘祥林妻子的凶手"，还有吉林农安县农民张威军被强奸罪的冤案中的悬概念"女社员刘××"等，法律的历史一再证明着这一点。如果司法工作者都能绷紧悬概念这根弦，绝不让案件中的一个关键概念成为悬概念，绝不在判决词中误将悬概念看成实概念，很多类似的错误就能规避。

现在，我们在司法实践中确立了"疑罪从无"的原则，摒弃了"有罪推定"原则，应该说就是悬概念法律功用的一个体现。法院判决中如果暗含了悬概念，这个判决就染上了错误的病菌，病菌发作，冤案就发病了。所以，经过法庭审理，还有真假不定的悬概念存在，那就是有"疑"存在，法庭只能停止审理。这是防止错误判决、预防冤案发生的一个有效措施。

(四) 辅助服刑人员得到转化

服刑人员因为身陷囹圄，处在一个特殊的、几乎与外界隔绝的环境之中，心情受到压抑，心理问题也就相对较多。心理问题多种多样，其中有些是由于服刑者心中藏有解不开的疑问造成的。对此，管教人员如能巧妙地利用悬概念，引导服刑者走出心理阴影，矫治其心理疾病，就能有效帮助他们接受改造、完成向守法公民的转换。

比如，有个服刑者因贪污公款事发入狱，总是想其他人也贪污公款却没事，所以一定是有人故意在背后陷害自己。因此，他整日郁郁寡欢，咒骂陷害自己的人，埋怨自己命运不好。那么，"陷害自己的人"是否存在呢？后来，管教人员给他做了耐心细致的思想工作，帮助他正确认识自己的违法行为，并指出"陷害自己的人"不一定存在（即是个悬概念），重要的是自己违法就应承担法律责任。从那以后，他放下了思想包袱，在各方面的表现也比较积极了。在监管期间，服刑者还可能产生"背后打我小报告的人""讨厌我并故意找碴儿的管教"等悬概念。管教人员如能从悬概念入手，诚恳与之谈心或请心理医生对其进行心理矫正，消除悬概念的不良影响，就会对服刑人员的教育改造起到积极的作用。

第三章 判断的悬疑态

真假难定的判断：
老妇人的侄子没有作案吗？

夜晚9时左右，贝尔博士正在华盛顿郊区住宅的书房里看书，突然电灯熄灭了。过了一会儿，"轰"的一声巨响传来，接着是"哗啦"房子倒塌的声音。贝尔开窗一看，离他仅百米远的一座房子发生爆炸，贝尔立即打电话报告消防队。第二天，警察局的凯利警长前来感谢贝尔报警，并告诉他昨晚的火是由煤气爆炸引起的，一位老妇人在爆炸中不幸身亡。不过，警长还调查清楚煤气为什么会爆炸，房子里既没有像定时炸弹之类的东西，又正好遇到停电，不可能因漏电而起火。警长说，他曾怀疑被害人的侄子——老妇人遗产的继承人是作案嫌疑人，怀疑老妇人的侄子为了尽早继承被害人的大量宝石、股票及数量可观的人寿保险金，而预谋杀害了老妇人。但后来，他推翻了这个假设，因为房子爆炸时老妇人的侄子不在现场，而是在离现场10公里外的一家饭店里，饭店的侍应生已经证明了这一点。针对警长"老妇人的侄子不在现场，没有作案"的断定，贝尔表示怀疑。贝尔描述了老妇人的侄子可能作案的情形：他先在老妇人的电话机上安放一个能使电话线短路的装置，然后让被害人服下安眠药。等被害人入睡后，他便打开煤气灶的开关，让煤气跑出来，他也随即离开，到那家饭店去。当他估计被害人房内已充满煤气时，就在饭店里打电话到被害人家去。这时，电话机中有电流通过，却遇到电话线短路，就会迸出火花引起煤气爆炸。因为电灯线和电话线是两路的，即使电路停了电，电话线还是可以通电的。

显然，警长根据常规做出了一个否定性的判断，贝尔则根据自己掌握的知识将警长的判断置于悬疑状态。后来的破案结果也证明，贝尔是对的。

第一节 悬疑态判断的定性

判断有模态判断（真值模态判断、规范判断等）和非模态判断（性质判断、关系判断、选言判断等）多种逻辑类型，但就其逻辑存在的状态来说，大致分为断定符合实际的真状态和断定不符合实际的假状态两种。所以,传统的二值逻辑将判断的逻辑值定为非真即假的两个值。现代三值逻辑、多值逻辑则打破这一传统,将判断的取值多项化。但从认知角度切入,判断的存在状态将更为复杂。下面,我们借鉴三值逻辑、多值逻辑的核心内容,探讨判断存在的一种特殊状态——非真非假的悬疑状态。

一、没有悬判断,只有判断的悬疑态

为了说明问题,先看一些实例。2007年10月12日,陕西省林业厅对外宣布,镇坪县猎人周正龙在野外拍到了华南虎的照片。于是,陕西有野生华南虎生存的新闻迅速传遍全国。但很快,人们就开始怀疑这则新闻的真实性,认为几十张照片拍摄的不是活体华南虎,有的甚至认为周正龙拍到的只是一张年画而已。一时间,舆论哗然,众说纷纭。但周正龙拍着胸脯保证自己拍到的是一只真虎,某些官员也以不同方式力挺周正龙;而中国科学院植物所教授傅德志也拿脑袋担保,判定那是一只假虎。"挺虎派""打虎派",两军对垒,直到8个月后陕西省公安厅经缜密侦查,于2008年6月28日对外宣布,确认周正龙是以一张绘画为背景拍摄的"虎照"。那么,在"虎照"真假未确认之前,从逻辑认知的角度看,"周正龙拍到的是真华南虎"这个判断属于什么判断呢?"挺虎派"一定认为它是真判断,"打虎派"必定认为它是个假判断,而介于两者之间的公众难辨真假,只是对这个判断产生怀疑或质疑。也就是说,"中间派"认为"周正龙拍到的是真华南虎"这个判断是暂时无法确定其真假的存疑判断,即此判断的逻辑值目前既不能定为真,也不能定为假,处于"悬着"的状态。我们可以将这种状态称为"判断悬疑状态",或简称为"判断悬疑态";而将这种状态下的判断称为"悬疑态判断"。

处于悬疑态的判断在科学研究、社会实践,特别是案件侦察中大量地存在。如"恐龙灭绝于小行星撞击地球事件""月球由原始地球的抛洒物质构成"等科学假说中的判断,"陈水扁腹部伤痕不是枪伤造成的""戴安娜王妃死于正常车祸"等社会悬疑事件中的判断,"张三枪杀了李四""跳楼者是被人推下楼的""如果那时他不在现场,那他就没有作案"等尚处于侦察阶段的法律疑案中的众多判断等,都是悬疑态的。

我们几乎可以将一切种类的判断都置于悬疑态,所以与实概念及虚概念之间存在一个悬概念不同,不存在"悬判断"这样一个种类,只是存在这样一种状态。那么,能不能将悬疑态判断与可能判断等同呢?不能。这不仅因为可能判断本身可以分为可能肯定判断和可能否定判断,而且因为我们是可以将可能判断也置于悬疑态的。所以,在"悬逻辑"中,只有判断的悬疑态,而没有悬判断。为了叙述的方便,我们将处于悬疑状态的判断简称为"悬疑态判断",但不能将其误解为判断的一个种类。这与前面我们将悬概念列为概念的一个基本种类有着质的区别，悬疑态判断不是一般意义上的一种判断。

二、悬疑态判断的定性分析

从表面直观来看，判断悬疑态是将原有的一个或真或假的判断处于未定真假的存疑状态。无论是最初面对周正龙的虎照，还是没有彻底揭开神秘面纱的假说，更不要说面对那些充满悬念的案件，我们都需要以一种疑虑的目光看待其中的一些判断，即视它们为悬疑态判断。当然，这不是对悬疑态判断所下的科学定义，而只是一个简单说明。按逻辑分析的角度，究竟怎样定性悬疑态判断呢？

（一）悬疑态判断是特殊状态的判断，不是语句

普通逻辑将判断定义为对思维对象有所断定（有所肯定或有所否定）的思维形式，并将"对思维对象有所断定"和"有真假问题"作为判断的两个显著逻辑特征。一个判断是真的，就是其断定符合实际；是假的，就是其断定不符合实际。比如，对"这朵花是红的"这个判断进行真假检验，只要看一下它的颜色就行了。

但是，当我们还不具备检验条件的时候，就无法确定一个判断的断定内容是否符合实际，即不知道它的真假。在这种状态下，如果将这个语句看成是虽有初步断定，但无真假结论的语句，那么它就不是判断，而只是一个语句了。简单来说，我们对某个语句中的断定产生怀疑，暂时不能确定其真假，因而它不具备判断的逻辑特征，因此，它不是判断，而是尚未形成判断的语句。比如，"火星上有原始生命存在"这个语句，从表面上看它有所肯定，但人们又对这个肯定进行质疑，其真假目前无法检验。事实上，这个语句是一种假说中的经过一定论证得出的初步结论，因为假说还没有上升为理论，尚处于"假定"状态，所以这仍是一个猜测性的结论，严格来说，它就不是判断了。

但从另一方面来看，似乎也能将其作为判断来看待：它也有所断定，只不过这个断定还没有得到最后证明；它也有真假问题，只不过还没有到得出真假结论的时候。事实上，如果不将"火星上有原始生命存在"这类语句当判断看待，有点说不过去。我们不能只站在普通逻辑的视野里，将判断只看成非真即假的实然判断。有所断定、暂无结论的语句应当是一种特殊状态的判断，即悬疑态判断。

因此，悬疑态判断不是没有逻辑意义的语句（如许多感叹句、祈使句或毫无意义的重复句等），而是特殊形态的判断，是存有疑问、尚待验证的判断。

（二）悬疑态判断可以转换成问句，但不能作为问句处理

所有悬疑态判断都可以转化为相应的问句，如："周正龙拍到的真是华南虎吗？""恐龙真的灭绝于小行星撞击地球事件吗？""陈水扁腹部伤痕真的不是枪

伤造成的吗？"如此看来，悬疑态判断转化成问句之后，其所有逻辑问题是不是都可以用问题逻辑（也称问句逻辑）来分析处理呢？

早在1929年，Cohen F. S 就提出可以把问句当作命题函项的定理，即"没有不是问句的命题函项"。他不仅将"苏格拉底有死吗？"看成问句，而且将"x = 3 + 2"甚至将罗素和怀特海在《数学原理》中列示的"φx"形式也当成问句①。不过，Cohen 的观点未被逻辑界广泛认可，一些逻辑学家认为他的这种做法过于勉强。与此相反，有的逻辑学家试图将问句用陈述句进行表达。1948年，H. Jeffreys 在《概率论》中认为，"思密斯先生在家吗？"这个问句可以表达为三个陈述句："我不知道思密斯先生是否在家""我想知道思密斯先生是否在家""我相信你知道思密斯先生是否在家"②，这一观点同样遭到反对。1953年，Ludwig Wittgenstein 反问道："什么是问句？""难道问句是我不知道这和那的陈述吗？""或者是我希望别人告诉我什么吗？""或者是我不确定的思想状态的描述吗？"③ 可见，问句和判断间的等值转换是不被认可的。

事实上，问题逻辑是不把问题当成判断的。杨百顺主编的《现代逻辑启蒙》在介绍问题逻辑时明确指出："问题不是以断定事物情况为目的的，因此问题不是判断，二者逻辑性质不同。"④ 当然，问题和判断的关系十分密切，问题中包含有预设判断，问题都希望得到某个判断作为回答。

因此，尽管当一个判断处于悬疑状态时一定可以将其转换成问句（这一点还不像陈述句转换成问句那样勉强），但两者的逻辑性质毕竟不同，因而悬疑态判断是不能当成问句处理的，而是要将它当成特殊状态的判断进行处理。

（三）悬疑态判断属于认识模态，不是事物模态

悬疑态判断不是无逻辑意义的语句，也不是本身无真假的问句，但也不是一般的性质判断。那么，这种特殊状态的判断归属于哪一类判断较为合适呢？笔者觉得，应当将其纳入模态判断的研究领域，因为它具有特殊的样式、处于特殊的状态。

进一步讲，悬疑态判断是否大致相当于事物（真值）模态的一种形式呢？具体来说，悬疑态判断与可能否定判断似乎是等值的。比如，我们可以将上述判断用可能否定判断表达："周正龙拍到的可能不是真的华南虎""恐龙可能不是真的灭绝于小行星撞击地球事件""陈水扁腹部伤痕可能是（对'不是'的否定）枪伤造成的"等。然而，"可能"模态词是事物模态算子，事物模态是一种

---

① Cohen F. S. Whate's a Question? [J]. Monist, 1929 (39).
② H. Jeffreys. Theory of Probility [M]. Oxford Press. 1948：378.
③ Ludwig Wittgenstein. Philosophical Investigation [M]. Oxford Press. 1953：12.
④ 杨百顺. 现代逻辑启蒙 [M]. 北京：中国青年出版社，1989：215.

客观模态，是事物本身具有的某种必然性或可能性。我们说"今天可能下雨（不下雨）"，是因为今天天气本身蕴含了这种可能性。但从上面的描述可以看出，我们之所以将某个判断置于悬疑态是由我们的认识决定的。假定周正龙拍到的老虎是真的，那么他自己做出的判断是一个性质判断，而我们没有亲历，只能根据自己的知识背景否定它或质疑它。因而，简单地将悬疑态判断当成可能否定判断是不合适的。

诞生于20世纪五六十年代的认识论逻辑是不处理事实如何、可能如何、必然如何等问题的，而处理认知者对事实知道、相信、断定、疑问等问题。其中的处理"疑问"问题，与这里所讲的"悬疑"在本质上是一致的。我国现代逻辑学家指出："认识论逻辑涉及在像知识、信念、断定、怀疑、问题和回答等这样一些认识论概念范围内产生的逻辑问题。我们考察人们的认识过程时，会涉及像'知道''相信''怀疑''反驳''可证''可接受''可信'等概念。……我们可以把这些概念看作模态词。"[①] 悬疑态判断几乎可以看成含有"怀疑"模态词的判断，因此将它纳入认识模态的研究领域是非常合适的。

但必须明确指出的是，悬疑态判断是判断的一种状态，不是一种单独种类的或者纳入什么种类的判断；反过来说，任何判断都可以置于悬疑状态。性质判断自不必说，关系判断可以是悬疑态的（如质疑"张三和李四是同伙"），必然判断也能够是悬疑态的。西南民族大学学生王厚兰曾跌入江中，适逢上游泄洪，她抱着一个木头历经电站、桥墩和大坝三道"鬼门关"，11个小时，漂流了三州两县170多公里，奇迹生还。当援救人员眼睁睁地看着她从落差9米的坝顶被激流抛进水深10米的江中时，几乎所有的人都做出了"她一定完了""她必死无疑"的必然肯定判断（或者叫相信肯定判断吧）。可当时在场的一名公安局局长却将这些判断置于悬疑状态，认为仍有一线希望。他驱车到下游几公里处，果然发现王厚兰又冒了出来。后来，又历经艰险，终于将这个顽强的生命救起。所以，我们甚至可以将认识论逻辑中的模态判断也置于悬疑状态。当然，规范判断也能处于悬疑态（如暂时不定"我们应当指责灾难中不顾他人、独自逃生的人"这个判断的对错）。

综上所述，悬疑态判断是认知者在存有某种质疑的情况下暂时不对原判断的真假或对错做出结论的状态判断。对悬疑态判断可以用认识论逻辑的方法和"怀疑"模态词对其进行研究和描述，但更要对其特殊的性质进行深入的分析。

三、悬疑态判断的一般特性

对悬疑态判断有了初步的定性分析之后，我们再具体探讨一下悬疑态判断都

---

① 王雨田. 现代逻辑科学导引［M］. 北京：中国人民大学出版社，1988：290.

有哪些特殊的性质。

（一）基础层面的质疑性质

人们将一个判断置于悬疑状态的根本原因，在于人们对原来的判断产生了怀疑或质疑。所以，从形成基础的层面来看，悬疑态判断必定具有质疑的特性。如果作为政府部门的陕西省林业厅一发布陕西境内有华南虎的消息，一公布照片，我们就完全相信，不存疑问，那就不会有后来的轩然大波，当然也不会有关于这一事件的悬疑态判断产生。

在人类的科学发展史上，善于思考世界的大脑，常常敢于将看似"绝对真理"的判断置于悬疑态而重新对其进行思考，这是需要巨大勇气的。欧几里得几何阐述了平行线不会相交、三角形内角和等于180°的原理，其思考已经比较周密。但黎曼几何的创始者，仍然对此进行怀疑，进行更加周密的思考，并最终得出了欧几里得几何在球面流体事物中并不绝对成立的结论。牛顿力学更让几个世纪的人坚信，空间和时间是绝对不变的。而爱因斯坦这颗思考宇宙的头脑对此进行了大胆的质疑，在更为广阔的范围进行思考，创造了高速运动的物体空间缩短、时间变慢的相对论学说。

在社会实践中也是这样，人们因为怀疑，而将许多判断作悬疑态判断思考，大到社会发展（如"社会主义制度下一定不能搞市场经济吗？"），小到单位事件（如"这项决策真的能够为公司带来较好的效益吗？"），无不涉及。

在侦察实践中，怀疑的目光更是随时相伴，经验丰富的侦察人员善于对狡猾的犯罪嫌疑人的伪装进行质疑，对信誓旦旦的"真话"产生怀疑，从而破获被层层迷雾包围的案件。

悬疑态判断的质疑特性是非常明显的，这是毋庸置疑的。质疑是具有否定性质的（但不是最终形成否定），所以悬疑态判断往往可以转化成可能否定判断的表达形式。

这一点，与批判性思维的实质是一致的。

（二）不定状态的探索性质

悬疑态判断之所以"悬"，直接体现在它的真假或对错是暂时不定的，这种不定状态就必然使人们继续探索下去，去求得它到底是真还是假，是对还是错。"不定"是"悬"的根本，因而探索特性也就成了悬疑态判断的根本特性。

科学巨匠们艰苦探索，终于确定了原来悬疑的判断只是在一定范围内真，而在另外的范围却是假的；侦察人员探索下去，揭开谜底，水落石出，最终使真相大白于天下。因为有了悬疑态的思考，人们才积极去探索、求得真理；因为有了艰苦的探索，社会才不断发展进步。假定这个世界有一天没有悬疑态的判断了，人们就不用去探索了，那么这个世界就进入了"寂静的春天"而停顿下来。

（三）发展变化的动态性质

这一性质直接由上一性质决定。由于悬疑态判断的真假、对错状态是暂时不定的，那么它就肯定处于变化发展之中，发展的方向是双向的，即真或对、假或错两个方向。这就是悬疑态判断的动态性质。

这种动态性质是悬疑态判断本身所具有的，不是外加的，即它随时或一直有着向两个方向转化的趋向，但并不是说这种转化一定能完成。"虎照门"事件历经 8 个多月才落下帷幕，"周正龙拍到的是真华南虎"这个悬疑态判断也随即转化成一个假判断。然而，由历史留下的许多难解之谜形成的诸如"雍正篡改了康熙传位密诏""希特勒未在地堡自杀"等悬疑态判断，则可能会随着历史的推进更难向真或假转变而永远保持它的悬疑态。

质疑性、探索性和动态性是悬疑态判断的三个一般特性，我们必须注意。抓住这些特性，我们就将悬疑态判断与其他确定性的判断区别开来。在运用判断进行推理时，我们就要避免一些错误的发生。比如，我们不能将悬疑态判断当成大前提而得出确实可靠的结论，而只能进行推测，只能去构造假说。

人类已知的东西的确已经很多，根据已知的东西和逻辑推理，能够做出许多真判断，也可以斥责许多假判断。但是，人类未知的东西更多，人类的思维常常处于悬疑状态是毫不奇怪的。所以，将众多的判断置于悬疑状态，不是无知和怯懦的表现，极可能是勇敢和科学的体现。在权威结论做出之前，"打虎派"是对"挺虎派"的勇敢挑战，"中间派"也不是"和稀泥"，而是一种科学的态度。"中间派"就是先将原判断"悬"起来，等待着科学的探索和裁决。尤其在案件侦察中，轻易肯定和轻易否定都会带来工作失误，甚至造成严重的损失。侦破"悬案"，多运用"悬判断"，应该是有益处的。

第二节 悬疑态判断的逻辑属性

本节从纯逻辑角度来分析悬疑态判断的逻辑取值情况及悬疑态判断的逻辑判定。

一、悬疑态判断的取值

传统普通逻辑是一种二值逻辑，即判断或命题的逻辑值不是真的就是假的，是一种确定值。这种取值方法或结果，自然不适应悬疑态判断。悬疑态判断的逻辑取值应该从暂时不能确定其真假、对错的特点出发，取一个所谓的"悬疑值"。

前面叙述了悬疑态判断的动态发展性质，其转化为真判断与转化为假判断的可能性并存。前面也提到，悬疑态判断许多情况下可以用可能否定判断表达。可能判断是真值模态判断的一种，属于模态逻辑研究的范围。后来，由此发展出了多值逻辑。那么，悬疑态判断是否应该像可能判断那样进行多项取值呢？

早在2000多年以前，亚里士多德在《工具论》中已经对模态命题做过许多探讨；300年前，莱布尼茨又提出了"可能世界"的概念，并认为必然性在可能世界上都是真的，而可能性则在某个可能世界上是真的；直到20世纪初，美国逻辑学家路易斯（C. Lewis）才用数理逻辑的方法对模态逻辑进行了系统研究，从而奠定了现代模态逻辑的基础。路易斯用矛盾关系将可能命题定义为"并非必然非p"，并接着研究了必然性、实然性和可能性之间的相对强度，认为必然真则实然真，实然真则可能真。现代逻辑基于可能世界理论的模态语义学理论，对可能世界进行了深入研究，而且其可能世界不仅包括物理上可能的，甚至包括物理上不可能的（如神话世界），同时这里的实际世界也不仅指过去和现在的实际世界，也是许多可能世界中的一种。20世纪二三十年代诞生的多值逻辑是研究具有三个或三个以上值的命题之间的关系的逻辑体系，其中第三个或第三个以上的值就是不同的多个可能值。早在19世纪末20世纪初，苏格兰的马柯尔就认为命题不仅有传统逻辑的真假值，还有模态值，即确定（如2=2的值）、不可能（如3=2的值）和可变（如x=2的值）。美国的皮尔士另辟蹊径，设想了一个"中立值"，与亚里士多德在《解释篇》第九章中提出的将来可能思想相关。俄国的瓦西列夫也曾指出，命题取值情况可以是肯定、否定或中性的。多值逻辑的正式创始人之一、波兰逻辑学家卢卡西维茨系统地提出了三值逻辑，确立了可能值的概念并将其定为1/2，广泛讨论了可能值引起的联言、选言、假言以及等值命题取值的变化。在此基础上，他又展开讨论了可能值为1/3、1/4、1/5等的多值问题。巧合的是，多值逻辑的另一创始人、美国逻辑学家波斯特也独立地探讨了类似的问题。随后，许多逻辑学家在更广的范围内讨论了多值逻辑的其他问题。

悬疑态判断当然可以借鉴上述取值方法，用分数或百分比表达程度。比如某个知情人说："我当时在点火抽烟，没有看到拿血刀的人在我面前走过。"询问者可以将这一陈述视为悬疑态，并根据掌握的其他情况确认其"悬疑度"为70%等，即70%的可能这是假话。但应注意的是，不管悬疑度是多少，其或真或假的悬状态并未改变。

再来看看问题逻辑的取值情况。问句不是判断，按道理说就不存在逻辑取值问题。但现代问题逻辑的创始人美国逻辑学家凯茨认为，问题都是由已知成分和未知成分两部分构成的。也就是说，虽然整个问句不是判断，却可以将其中包含的成分看作两个判断。举例来说，在"约翰是运动员吗？"这个简单的问句中，就包含"有人是运动员"（已知）和"约翰是运动员"（未知）两个判断。已知成分的逻辑值当然是真的，可以取值为"1"；未知成分的逻辑值则肯定是不明的，取值应当是"1∨0"。这两个取值是并存于问句之中的，所以，问句整体的逻辑取值可以表示为：1∧（1∨0）。

问句中的未知成分与悬疑状态的判断具有实质上的一致性，照此看来，悬疑态判断的逻辑取值用1∨0就够了。

将以上两种论述结合起来，就知道悬疑态判断该怎样取其逻辑值了。从问题逻辑角度来讲，悬疑态判断的逻辑取值就是简单的1∨0。而这里的1表示存在，实际意义是≥1；但从可能判断的角度来说，又能够继续分解为不同程度的悬疑度（即 $0<X\leq 1$）。那么，从总体上看悬疑态判断的逻辑值就复杂了点，可以表示为：$1/X\vee 0$（$0<X\leq 1$）。这里表达的意思是：悬疑态判断断定对象存有一定程度的真或者它就是假的。

二、悬疑态判断的判定

任何判断都可将其置于悬疑状态，即所有判断都可以转化为悬疑态判断。那么，这就产生了一个问题：我们怎么知道一个判断是不是悬疑态的呢？根据以上分析，可用以下几个方法判定一个判断是否处于悬疑状态。

(一) 质疑判断（问句）转换法

语言学上将问句分为一般疑问句、设问句和反问句三种，没有质疑问句这一说法。问句逻辑只研究一般疑问句，不研究设问句和反问句，因为设问句是有回答的，反问句是陈述句的否定形式表达。

笔者设想，能否增添质问句这种问句种类呢？因为它与一般疑问句有着质的不同。比如，我们问："镇坪县有老虎吗？"这是一般疑问句，它只表示我不知道镇坪县有没有老虎，没有任何断定的成分。但是，如果我们问："镇坪县真的会有老虎吗？"这就是在质问了，是对"镇平县有老虎"这一判断的怀疑，是将判断带入悬疑状态，既不断定这个判断假，也未断定这个判断真，却带有断定其假的倾向。

当然，质问句改变了一般问句不是判断的基础，它是有断定倾向的。

如果一个判断能够合理地、轻易地等值转换成质问句，那就可以判定它是悬疑态判断。除了前面的例句外，在特殊情况下，我们甚至可以将"这朵花是红的"这样简单的判断转变成悬疑态，质问"这朵花真的是红的吗？（是不是染成了红的）"在侦察案件中，我们常认为"如果他不在现场就不可能作案"。其实，这个复合判断也可以是悬疑态的。本章开篇例举的贝尔分析电话引爆案就是如此，凶手可以通过电话短路设置做到不在现场而引爆煤气，那么上述判断也就能轻易转换成质疑问句："如果他不在现场，真的不能作案吗？"

(二) 可能否定判断转化法

这种方法是说，一个看似正常的判断，如果善于思考，能够有根据地、合乎情理地将其转化为可能否定判断，同样可以判定它已经是悬疑态判断了。

还拿"虎照门"事件来说，网友们仔细观察了周正龙的"虎照"，觉得有些地方不对，于是就将"周正龙拍到的是真华南虎"这个判断变成了"周正龙拍到的可能不是真华南虎"。再举一例，神探狄仁杰有一次看到两个大汉抬着病妇赶路，累得满头大汗，而且一会儿就与旁边另两个大汉交换抬人。在常人看来没什么问题，但是他却将"大汉抬着病妇"这个事实判断转化成"大汉抬的可能不是病妇"的可能否定判断。他的根据是，一个病妇没有重到这种程度。果然，狄仁杰上前盘查，原来被子里藏的是盗来的金银财宝，他们假装抬病妇赶路，实际是在转移赃物。

这种方法应该是受到限制的，不能普遍应用。转化性质判断可以，转化模态判断尤其是可能判断，就不是那么简单了。

（三）试取"悬疑值"法

根据论证逻辑的观点，在证明过程中一般人都将论点判断看成是真的，而在反驳过程中人们又将被反驳的判断看成是假的。在这种常态下，论点判断的取值分别是非常明确的 1 和 0。但如果试着将其取悬疑值，并且能够得到某种合理解释，即可判定它是悬疑态的。

将"大汉抬着病妇"取悬疑值，意思就是大汉可能抬的是病妇或抬病妇是假的。根据狄仁杰的想法，这样解释是合理的。当人们看到一个女孩从较大落差的坝顶被激流抛进 10 米深的水中时，自然做出了"这孩子一定完了"的必然肯定判断。但那个公安局局长，仍然将此判断取悬疑值，认为还有一线希望，即可能真的完了或许能幸存，并最终救起女孩。

（四）"悬概念"成分法

如果一个判断中的主要概念是一个对象分子有无是暂时不能确定的悬概念，则这个判断一定是悬疑态判断。这种方法判定起来比较简单，但判断成分中必须有悬概念，否则就没那么简单了。

像"神农架有野人出没""倒脚仙在云南边区咬死过人"这些判断中，就含有"野人""倒脚仙"这些悬概念的构成成分，自然都属于悬疑态判断。这一点是比较容易理解的，在此不多叙述。

第三节　简单判断的悬疑态

简单判断包括断定事物特性的性质判断和断定事物之间关系的关系判断。将它们置于悬疑状态会出现怎样的变化呢？

一、性质判断的悬疑态

性质判断又称为直言判断，它是断定对象具有或不具有某种特性的判断。例如：

所有的学生都有校服。

有些犯罪行为不是故意犯罪行为。

这个榔头是杀人的凶器。

前一判断断定了对象"学生"拥有"校服"的性质；中间判断断定了对象"犯罪行为"不具有"故意犯罪"的性质；后一判断则断定了"榔头"具有"杀人的凶器"的性质。这种判断一般用"是"或"不是"将对象和性质直接联系，故性质判断一般也被称为直言判断。

下面，我们通过对性质判断结构特征的分析，看将其置于悬疑态后的情形及其性质。

（一）性质判断的结构特征和类型

首先，性质判断由主项、谓项、量项和联项四部分组成。主项是表示判断对象的概念，如例中的"学生""犯罪行为"和"榔头"。谓项是表示对象特有性质的概念，如例中的"有校服""故意犯罪行为"和"杀人的凶器"。量项是指表示主项数量的概念，分为三种：一是全称量项，即对主项的全部外延做出了断定，一般用"所有""一切""凡"等语词表示；二是特称量项，即没有对主项的全部外延做出断定，又称其为存在量项，一般用"有些""有的"等语词表示；三是单称量项，即对只有一个外延的主项做出断定，一般用"这个""那个"等语词或直接用表示单独概念的语词表示。联项是联结主项和谓项的概念，分为肯定联项和否定联项，肯定联项用"是"表示，有时可省略；否定联项用"不是"表示。

其次，性质判断有质量问题。性质判断的"质"就是联结词的性质（肯定性质和否定性质），而"量"就是不同特征的量项（全部的、存在的和单个的三种情况）。

最后，依据性质判断的"质量"特征，进行性质判断的分类。按照联项所使用的联结词的不同进行划分，性质判断可分为肯定判断和否定判断。按照使用的量项的不同进行划分，性质判断可分为单称判断、特称判断和全称判断。按照质和量的结合进行划分，性质判断又可分为全称肯定判断、全称否定判断、特称肯定判断、特称否定判断、单称肯定判断、单称否定判断。

1. 全称肯定判断

断定某类中每一对象都具有某种性质的判断。例如：

所有椅子都是竹子做的。

凡服刑罪犯都是受到刑罚处罚的犯人。

全称肯定判断的结构形式为：所有 S 都是 P。

2. 全称否定判断

断定某类中每一对象都不具有某种性质的判断。例如：

所有罪犯都不是能够违反监规纪律的。

凡贪污罪犯都不是非国家工作人员。

全称否定判断的结构形式是：所有 S 都不是 P。

3. 特称肯定判断

断定某类中有对象具有某种性质的判断。例如：

有的犯罪是故意犯罪。

有些罪犯是认罪伏法的。

特称肯定判断的结构形式是：有的 S 是 P。

4. 特称否定判断

断定某类中有对象不具有某种性质的判断。例如：

有些犯罪不是过失犯罪。

有些罪犯不是认罪伏法的。

特称否定判断的结构形式是：有的 S 不是 P。

5. 单称肯定判断

断定某一个别对象具有某种性质的判断。例如：

这个人是恐怖分子。

那杯水是有毒的。

单称肯定判断的结构形式是：这个 S 是 P。

6. 单称否定判断

断定某一个别对象不具有某种性质的判断。例如：

这把刀不是杀人凶器。

他没有参与抢劫。

单称否定判断的结构形式是：这个 S 不是 P。

由于单称判断是对某一个别对象的断定，它的主项概念是单独概念，其全部外延分子是 1 个，断定了这一个就等于断定了它的全部。因此，从逻辑性质上看，很多情况下单称判断也可以被看作全称判断。这样，性质判断就可以归结为以下四种基本形式：

全称肯定判断，符号表达式为"SAP"，有时简写为"A"；

全称否定判断，符号表达式为"SEP"，有时简写为"E"；

特称肯定判断，符号表达式为"SIP"，有时简写为"I"；

特称否定判断，符号表达式为"SOP"，有时简写为"O"。

(二) 同素材性质判断之间的真假制约关系

如果以上四种性质判断的主项、谓项使用的是相同的概念，就被称为同素材的性质判断。比如，"所有生命体都是有血液的""所有生命体都不是有血液的""有的生命体是有血液的""有的生命体不是有血液的"这四个判断就是同素材的 A、E、I、O 四种性质判断。

同素材的性质判断间存在以下的真假制约关系：一是不能同真、可以同假的反对关系（A 判断与 E 判断之间的关系），具体来说，A 与 E 之间的真假关系是：A 真 E 必假，A 假 E 不定（即可能真也可能假）；E 真 A 必假，E 假 A 不定（即可能真也可能假）。二是不能同假、可以同真的不反对关系（I 判断与 O 判断之间的关系），具体来说，I 与 O 之间的真假关系表现为：I 假 O 必真，I 真 O 不定（可能真也可能假）；O 假 I 必真，O 真 I 不定（可能真也可能假）。三是可以同真、可以同假的差等关系（判断 A 与 I、E 与 O 之间的关系），具体来说，就是全称判断 A 或 E 真，则特称判断 I 或 O 必真，特称判断 I 或 O 假，则全称判断 A 或 E 必假；但全称判断 A 或 E 假，则特称判断 I 或 O 可以真也可以假，特称判断 I 或 O 真，则全称判断 A 或 E 可以真也可以假。四是不能同真、不能同假的矛盾关系（判断 A 与 O、E 与 I 之间的关系），具体来说，A 与 O 之间的关系体现为：A 真 O 必假，A 假 O 必真；O 真 A 必假，O 假 A 必真；E 与 I 之间也是这种关系，真假关系类同。

上述四种关系，一般教材用一个正方形图形表示，即传统逻辑所谓的"逻辑方阵"。这个逻辑方阵所表示出来的 A、E、I、O 四种判断间的各种真假制约关系被称为对当关系。我们这里改用一种表格的形式，根据这里的需要将这种对当关系部分地（下一章再呈现全部）但更清楚地呈现出来，如表 3.1 所示。

表 3.1 同素材性质判断之间的真假判定简表

设以下判断真	可判定同素材其他判断的真假情况			
	A	E	I	O
A	真	假	真	假
E	假	真	假	真
I	不定	假	真	不定
O	假	不定	不定	真

(三) 性质判断悬疑态的特点

以上分析中最重要的是第二点，即性质判断有"质量"问题。

性质判断的悬疑态也是从"质"和"量"上产生的。

"质"就是肯定或否定，性质判断由"质"的不同分为肯定判断和否定判断两种。既然只有两种，将其中的任意一种置于悬疑态后就肯定带有相反倾向的疑问。比如，"这是特效抗癌保健品"与"这不是特效抗癌保健品"。将"这是特效抗癌保健品"置于悬疑态，就有了"这不是特效抗癌保健品"的倾向；将"这不是特效抗癌保健品"置于悬疑态，就有了"这是特效抗癌保健品"的倾向。这有点类似反问句的特点，却有着质的区别，因为这只是倾向，实质上并没有断定什么。

"量"分为全称、特称和单称三种，问题就复杂了。比如，"那里所有人都是河南人"，将其置于悬疑态（不考虑肯定否定的倾向，只思考数量的悬疑），就有了"只有一些人"或"只有一个人"是河南人的怀疑。

其实，根据表3.1，性质判断悬疑态的情形就非常容易把握。

（四）悬疑态性质判断的逻辑含义列举

以上6种性质判断一旦进入悬疑态，其具体的逻辑含义就十分复杂了。

1. 悬疑态全称肯定判断

某人从一个沙漠小城回来，向人介绍说："小城里所有椅子都是当地竹子做的。"有位听者对此表示怀疑，将这个判断进行悬疑化转换，即"小城里所有椅子真的都是当地竹子做的呀？"

根据悬疑态判断的逻辑值 $1/X \vee 0$ （$0 < X \leqslant 1$），对这个悬疑态全称肯定判断的逻辑含义可以做出以下的分析：可能小城里所有椅子真的都是当地竹子做的（假设听者知道那里是沙漠绿洲，相信此人的话），或者可能小城里有的（90%或60%等）椅子不是当地竹子做的（根据听者对沙漠绿洲盛产竹子且竹子用来做椅子的相信程度），或者小城里所有椅子都不是当地竹子做的（假设听者认为沙漠中竹子不能生存）。

2. 悬疑态全称否定判断

某人从一个沙漠小城回来，向人介绍那里是沙漠绿洲，也有竹子生长，并说："不过，小城里所有椅子都不是当地竹子做的。"有位听者对此表示怀疑，将这个判断进行悬疑化转换："小城里所有椅子真的都不是当地竹子做的呀？"

对这个悬疑态全称否定判断的逻辑含义可以做出以下的分析：可能小城里所有椅子真的都不是当地竹子做的（假设听者知道那里虽是沙漠绿洲，但竹子很少或者没有），或者可能小城里有的（90%或60%等）椅子真的不是当地竹子做的（根据听者对沙漠绿洲盛产竹子且竹子用来做椅子的估计），或者小城里所有椅子都是当地竹子做的（假设听者认为那个小城的主打产品就是竹椅）。

3. 悬疑态特称肯定判断

某人从一个沙漠小城回来，向人介绍说："小城里有的椅子是竹子做的。"有位听者对此表示怀疑，将这个判断进行悬疑化转换："小城里仅仅有的椅子是竹子做的呀？"

对这个悬疑态特称肯定判断的逻辑含义可以做出以下的分析：可能小城里所有椅子真的都是竹子做的（假设听者知道那里是沙漠绿洲，竹椅是其特色产品），或者可能小城里有的（90%或60%等）椅子真的是竹子做的（根据听者对沙漠绿洲盛产竹子且竹子用来做椅子的相信程度），或者小城里所有椅子都不是竹子做的（假设听者认为沙漠中竹子不能生存）。

4. 悬疑态特称否定判断

某人从一个沙漠小城回来，向人介绍那里有好多竹子，当地人也喜欢竹子，并说："小城里有的椅子不是竹子做的。"有位听者对此表示怀疑，将这个判断进行悬疑化转换："小城里有的椅子真的不是竹子做的呀？"

对这个悬疑态特称否定判断的逻辑含义可以做出以下的分析：可能小城里有的（90%或60%等）椅子真的不是竹子做的（假设听者知道那里是沙漠绿洲，相信此人的话），或者可能小城里所有椅子都是竹子做的（假设听者认为那里的主打产品就是竹椅）。

5. 悬疑态单称肯定判断

某人从一个沙漠小城回来，向人介绍说："小城里居然有一把椅子是竹子做的。"有位听者对此表示怀疑，将这个判断进行悬疑化转换："小城里真有一把椅子是竹子做的呀？"

对这个悬疑态全称肯定判断的逻辑含义可以做出如下的分析：可能小城里真的有一把椅子是竹子做的（假设听者非常信任此人），或者可能小城里不止一把而是有（90%或60%等）椅子真的是竹子做的（根据听者对沙漠绿洲盛产竹子且竹子用来做椅子的相信程度），或者小城里所有椅子都不是（没有一把是）竹子做的（假设听者认为沙漠中竹子不能生存）。

6. 悬疑态单称否定判断

某人从一个沙漠小城回来，向人介绍那里是沙漠绿洲，盛产竹子，并说："小城里有一把椅子不是竹子做的。"有位听者对此表示怀疑，将这个判断进行悬疑化转换："小城里真有一把椅子不是竹子做的呀？"

对这个悬疑态全称肯定判断的逻辑含义可以做出以下的分析：可能小城里真有一把椅子不是竹子做的（假设听者相信此人的话），或者可能小城里不止一把（30%或60%等）椅子不是竹子做的（根据听者对沙漠绿洲盛产竹子且竹子用来做椅子的相信程度），或者小城里所有椅子都是竹子做的（假设听者认为这座沙漠小城打的就是竹椅品牌）。

二、关系判断的悬疑态

关系判断是另一种形式的简单判断，它不是断定一个对象具有什么属性的判断，而是断定两个以上对象之间存在什么关系的判断。例如：

张三会打少林拳。

张三、李四和王五是同案犯。

第一个判断是性质判断，断定张三这一个对象具有会打少林拳的属性；第二个判断是关系判断，断定的不是对象的性质，而是三个对象间的"同案犯"关系。

(一) 关系判断的结构特征和类型

关系判断由关系者项、关系项和量项三个部分构成。

关系者项，是表示一定关系的承担者的概念，也就是关系判断的主项。如上例中的"张三""李四""王五"。关系者项至少有两个，也可以有三个或者更多个。

关系项，是表示关系者项之间存在的某种关系的概念，也就是关系判断的谓项。如上例中的"同案犯"。关系项也可以分为肯定和否定两种形式，如果将上例改为："张三、李四和王五不是同案犯"，那就是这三者之间不存在"同案犯"这种关系。

量项，是表示关系者项数量的概念。关系判断的量项与性质判断一样，也可以分为全称量项、特称量项和单称量项。比如在"马家全家人与李家一些人之间互殴"中就出现了全称量项"全家"与特称量项"一些"。

客观事物间的关系是复杂的，关系的种类也非常繁多，但从基本的逻辑性质角度区分关系，就没那么复杂了。常见的逻辑基本关系主要分为对称性关系和传递性关系两种，据此常见的关系判断分为以下6个种类。

1. 对称关系判断

在对象 a 与对象 b 之间，如果对象 a 对对象 b 有某种关系，而对象 b 对对象 a 也有这种关系，则 a 与 b 之间的关系就是对称关系，运用这一关系的判断就是对称关系判断。例如：

张三和李四一样高。

某甲与某乙同监服刑。

这里，"一样高""同监服刑"表示的都是对称关系。"相等""邻居""兄弟"等，也都是对称关系。

2. 反对称关系判断

在对象 a 与对象 b 之间，如果 a 与 b 有某种关系，而 b 对 a 必然无此种关系，则 a 与 b 之间就是反对称关系，运用这种关系形成的判断就是反对称关系判断。例如：

李犯年龄大于王犯。

公鸡比母鸡漂亮。

这里的"大于""比……漂亮"等表示的都是反对称关系。"小于""高于"

等也是反对称关系。

3. 非对称关系判断

在对象 a 与对象 b 之间，如果 a 对 b 有某种关系，而 b 对 a 既可以有此种关系，也可以无此种关系，则 a 与 b 之间为非对称关系。以非对称关系为关系项的关系判断，就是非对称关系判断。例如：

宋某认识被害人李四。

有的服刑人员非常佩服赵管教。

这里，"认识""佩服"等都表示非对称关系。此外，诸如"喜欢""信任""帮助"等也是非对称关系。

4. 传递关系判断

如果对象 a 与对象 b 有某种关系，对象 b 与对象 c 也有这种关系，而此时对象 a 与 c 必然也有这种关系，则这种关系就是传递关系。将此关系作为关系项的判断就是传递关系判断。例如：

张犯改造表现好于李犯，李犯改造表现好于王犯。

高某没有张某高，张某没有李某高。

这个例子中的"好于""高于"就是一种传递关系，传递关系还有"小于""重于""相等"等。

5. 反传递关系判断

如果对象 a 与对象 b 有某种关系，对象 b 与对象 c 也有这种关系，但对象 a 与对象 c 之间必然没有此种关系，则 a 与 c 之间的关系就是反传递关系。由此关系构成的关系判断就是反传递关系判断。例如：

甲与乙是父子关系，而乙与丙也是父子关系。

甲犯刑期比乙犯刑期长两年，乙犯刑期比丙犯刑期长两年。

这里的"父子关系"就是一种反传递关系，而"长于"（高于、大于等也一样）是传递关系，但带上量项或具体数量后就立刻转变成反传递关系了。

6. 非传递关系判断

如果对象 a 与对象 b 有某种关系，对象 b 与对象 c 也有这种关系，但对象 a 与对象 c 可以有也可以无此种关系，则 a 与 c 之间的关系就是非传递关系。由这种关系构成的判断，就是非传递关系判断。例如：

甲和乙是同学关系，乙和丙也是同学关系。

孙某教唆钱某犯罪，钱某教唆王某犯罪。

这里，"同学""教唆"就是一种非传递关系。

（二）关系判断悬疑态的特点

对称性和传递性是两种性质很不相同的关系判断，将它们转换为悬疑态判断后，表现出的特征也有着明显的区别。

1. 对称性关系判断悬疑态特点

无论是对称关系判断，还是反对称关系判断，或者非对称关系判断，所有对称性关系判断实际上只涉及两个关系者项。而它们两者之间的关系是其本身已经确定好的，比如"同学"关系一定是对称的，"批评"关系一定是非对称的。既然这是确定好的关系，就不存在悬疑化的问题。根据结构特点，这种类型的判断的悬疑态实际上只能对两个对象是否存在某种关系进行怀疑。比如，将"张三与李四一样高"置于悬疑态，逻辑意义就是"可能两人真的一样高，或者两人看起来一样高实际上并不是一样高（角度不同造成，张三穿了垫高鞋等）"。而"一样高"属于不对称关系是不能质疑的。

因此，对称性关系判断悬疑态特点就是直接抓住判断的"质"进行质疑。

2. 传递性关系判断悬疑态的特点

传递性关系判断涉及的关系者项达到了三个，虽然只比对称性关系多了一个，但复杂程度提高了很多。比如，将"高某没有张某高，张某没有李某高"置于悬疑态，既可质疑"高某没有张某高"吗？也可质疑"张某没有李某高"吗？还可质疑"高某没有李某高"吗？

所以，传递性关系判断悬疑态的特点就是在主要抓住"质"的方面进行质疑的同时，可以进行多方面的质疑。

（三）悬疑态关系判断的逻辑含义列举

关系判断也有"质量"问题，"量"的区分不是很明显，"质"的区分是很清楚的，但传统上对关系判断分类只是从关系的两个基本逻辑性质来划分，没有从质上划分，而置于悬疑态后，恰恰有质上的含义。

1. 悬疑态对称关系判断

甲同学骂了乙同学，乙同学向老师告状，老师问甲同学怎么回事，甲同学说："我和乙同学是亲戚关系，骂一两句很正常。"老师问："你们俩真的是亲戚关系啊？"

老师的问话就是一个悬疑态对称关系判断，从逻辑含义上分析，其意义就是：甲乙可能沾点亲，或者甲乙根本就不是亲戚关系。

2. 悬疑态反对称关系判断

抓住了两个俘虏，连长问："你们谁是长官，谁是士兵？"胖一点的答道："我是长官，他是我的兵。"连长接着问："你说的是真的吗？"

连长后边的问话就是一个悬疑态反对称关系判断，其逻辑意义是：可能胖一点的是瘦一点的上级，或者相反，瘦一点的是胖一点的上级，还可能两者根本就不是上下级关系（都是士兵，其长官在另外的俘虏之中）。

3. 悬疑态非对称关系判断

一名公安人员在查看街头录像，只见一名男子从后边走来，经过一名女子身旁，两人好像攀谈了什么，后来两人就又分开了。看了这个镜头后，这名公安人员忽然问自己："这个男子认识这个女子吗？他们互相认识吗？"

"认识"是非对称关系，公安人员的自问就是将一个非对称关系判断置于悬疑态，其逻辑含义可以这样分析：可能两人互相认识，也可能两人根本就不认识，还可能男子认识女子但女子不认识男子，或女子认识男子但男子不认识女子。

4. 悬疑态传递关系判断

小张向老婆诉苦道："我的收入没有小宋高，小宋的收入没有小曾高，我好可怜。"小张的老婆微笑着问："你说的都是真的呀？"

小张老婆的问话实际上表达了一个悬疑态传递关系判断，其逻辑含义十分复杂：小张的收入可能真的没有小宋、小曾高，或者小张的收入只是没有小宋高但比小曾高，或者小张的收入只是没有小曾高但比小宋高，或者小张的收入实际上比其他两人都高。严格来说，还有一种可能是小曾的收入实际上比小宋高。

5. 悬疑态反传递关系判断

一个盗窃团伙在一次分赃后，外号"黑影"的对另一位没有参与这次分赃的同伙说："这次'老旦'分得比我多500，'老臣'分得比'老旦'多500，没办法。"那位同伙说："不会吧，是真的吗？"

那位同伙的话传达了一个悬疑态反传递关系判断，其逻辑含义更加复杂：可能"老臣"分得真的比"黑影"不止多500，也可能三人分得一样多，甚至可能"黑影"只是比"老旦"少而比"老臣"多或比"老臣"少而比"老旦"多，还可能不是"老臣"比"老旦"多500，其实还有一种可能性就是多的钱数不是500，而是5000或其他的数。

6. 悬疑态非传递关系判断

在处理借款纠纷时，张三说："我和李四是朋友，李四和王五是朋友，大家都是朋友嘛。"在场的一位长者说："你说得有点道理，但也不一定对。"

长者是将非传递关系悬疑化了，其逻辑意义简单地理解可以是：张三和王五可能也是朋友，但也可能他们之间并不是朋友；但若复杂理解，还可在上面的基础上增加：张三和李四可能本来就不是朋友，或者李四与王五并非朋友。

以上对简单判断的悬疑态进行了较为详细的分析，这种分析在实践中是非常有作用的。例如，2015年10月17日中央电视台播出的《今日说法》介绍了这样一个案例：刘彦华向朋友借车拉货，超过约定时间未回。后来在附近发现了一起车祸，正是刘彦华借的那辆车撞上了一棵树，树和车都呈现出烧焦的状态，驾驶室里还有一具已经碳化的尸体。于是，办案人员根据现场勘察得出了结论：刘彦华在车祸中被烧死。然而，一位细心的侦察员看到副驾驶的车门是敞开的，即将这个结论置于悬疑态：刘彦华真的在车祸中被烧死了吗？后来证实，那具尸体不是刘彦华,而是一个流浪汉,刘彦华与情人合伙制造了这起伪装的车祸(实际上是车子轻微撞上树,然后倒上汽油焚烧)。一个悬疑引导公安人员破获了一起杀人骗保大案。

类似的例子还有很多,请读者思考。

第四节 复合判断的悬疑态

简单判断是判断的最基本的种类,将简单判断用不同的形式组合起来就构成了复合判断。简单判断的悬疑态理解起来并非很简单,那么复合判断的悬疑态情境又是怎样的呢?

复合判断是多个判断合在一起的判断,是自身包含其他判断的判断。它通常由两个或两个以上的简单判断并借助于逻辑联结词而构成。例如:

①死者或者是服砒中毒死亡,或者是死后尸体被含砒的土壤感染。

②只有懂得法律,才能搞好公安工作。

例①由"死者是服砒中毒死亡"和"死者死后尸体被含砒土壤感染"这两个简单判断,并借助了联结词"或者……或者……"结合而成;例②由"懂得法律"和"搞好公安工作"这两个简单判断与联结词"只有……才……"组合而成。

我们把复合判断的构成判断称为复合判断的肢判断,而复合判断的逻辑性质(也可以理解为肢判断之间的逻辑关系)由将肢判断串联起来的联结词决定。根据联结词的不同,复合判断一般可分为联言判断、选言判断、假言判断和负判断。下面,我们就探讨一下这四种复合判断的悬疑态情形。

一、联言判断的悬疑态

联言判断就是反映若干事物情况同时存在的复合判断。例如:

小李是一名刑警,并且还是一名神枪手。

这个联言判断反映了"小李是一名刑警"和"小李是一名神枪手"这两种情况同时存在。

(一)联言判断的逻辑特征

构成联言判断的肢判断叫作联言肢。一个联言判断至少包含两个联言肢,多则不定。

为了研究方便,我们仅看包含两个联言肢的联言判断。一个两肢的联言判断的逻辑形式可以表达为:

p 并且 q

其中,"p"和"q"表示肢判断,"并且"是联结词。

联言判断还可用符号公式表达为：

p∧q（"∧"读作"合取"）

在自然语言里表达联言判断联结词的还有："既……又……""不仅……而且……""虽然……但是……""一方面……另一方面……"等。

在日常思维中，如果联言肢的主项或谓项是共同的，那么，就可以采用省略式，省略一个主项或谓项。例如，"李某犯了强奸罪并且李某犯了杀人罪"可简约表达为："李某犯了强奸罪和杀人罪"。又如，"领导干部要遵纪守法，普通市民也要遵纪守法"可以省略表达为："领导干部和普通市民都要遵纪守法"。

在自然语言里，我们还常常省略联言判断的联结词。例如："水涨船高""事出有因，查无实据"等。

联言判断的逻辑特征可以这样分析：因为联言判断是反映若干事物情况同时存在的判断，所以只有在所有联言肢都真时，构成的联言判断才是真的，其他情况下联言判断均为假。比如，针对上述"李某犯了强奸罪和杀人罪"这个联言判断而言，如果"李某犯了强奸罪"是真的，"李某犯了杀人罪"也是真的，那么这个联言判断就是真的；而其中只要有一个肢判断为假，或者两个肢判断都假（即李某既没有强奸，也没有杀人），那么，该联言判断就是假的。简单概括这个特征，就是：一假即假，全真才真。

联言判断的逻辑值（真假值）与其联言肢的逻辑值之间的关系，可用下列真值表（见表3.2）来表示，这也更简洁地表示出联言判断的逻辑特征。

表3.2 逻辑真值表（一）

p	q	p∧q
真	真	真
真	假	假
假	真	假
假	假	假

（二）联言判断悬疑态的特征

观察联言判断真值表可知，联言判断真必须各个肢判断都真，联言判断假只要含有假的肢判断就行。悬疑态是不确定真假的状态，因而联言判断的悬疑态特征就是或者肢判断都真，或者肢判断至少一个是假的。

（三）悬疑态联言判断的逻辑含义列举

某人推销农作物种子，声称这个种子种出来的庄稼既可提高产量，又不需要浇太多的水。有头脑的农民不禁要问：种这种庄稼真的可以在提高产量的同时又不用常去浇水吗？

这个问句就是联言判断的悬疑态，其逻辑含义是：也许真的有这种既高产又耐旱的庄稼，也许它高产、不耐旱，也许它耐旱、不高产，还有可能是它既不高产也不耐旱。

这是一个二肢联言判断的悬疑态情形，有四种可能。假如是一个三肢联言判断的悬疑态，其可能状态就有 8 个之多了。依次类推，一个悬疑态联言判断表达的可能状态是随着联言肢的增加而呈几何性增长的。

二、选言判断的悬疑态

选言判断是反映若干事物情况至少有一种情况必定存在的复合判断。当人们对事物有了一定的认识但又尚未确定之时，通常对事物情况的可能性作出估计。例如：

①他或者是歌唱演员，或者是舞蹈演员。

②这起盗窃案，要么是内盗，要么是外盗，要么是内外勾结盗窃。

例①反映了"他是歌唱演员"和"他是舞蹈演员"这两种可能情况，其中至少有一种情况是存在的，当然也可以同时并存；例②反映了"这起案件是内盗""这起案件是外盗""这起案件是内外勾结盗窃"这三种可能情况中至少有一种情况存在，而且也只能有一种情况存在，不能并存。

构成选言判断的简单判断称为选言肢，选言肢也是至少有两个，多则不限。选言判断有两种性质不同的联结词，根据这两种联结词反映的选言肢之间关系的不同，选言判断又细分为相容选言判断和不相容选言判断。相应地，我们这里也要研究这两种选言判断的悬疑态情形。

（一）相容选言判断的悬疑态

1. 相容选言判断的逻辑特征

相容选言判断是反映选言肢至少有一个为真并且所有选言肢可以同时为真的选言判断。例如：

这篇文章不好，或是因为观点不正确，或是因为论据不充分，或是因为论证方式不合逻辑。

在这个选言判断中，至少有一个肢是存在的，或者是两个肢存在，或者三个肢都是存在的。这种判断就是相容的选言判断。

一个两肢的相容选言判断的逻辑形式是：

p 或者 q

其中，"p"和"q"表示肢判断，"或者"是联结词。

相容选言判断还可以用符号公式表示为：

p∨q（"∨"读作"析取"）

在自然语言中，表达相容选言判断的联结词除了"或者……或者……"以外，还有"可能……也可能……""也许……也许……"等。

由于相容选言判断反映选言肢中至少有一个是真的，并且可以都是真的，因此，只有它的选言肢全假时，该相容选言判断才是假的。相容选言判断的这个逻辑特征可以简要概括为：一真即真，全假才假。相容选言判断的逻辑值可用下列真值表（见表3.3）来表示。

表3.3 逻辑真值表（二）

p	q	p∨q
真	真	真
真	假	真
假	真	真
假	假	假

2. 相容选言判断悬疑态的特征

由表3.3可以看出，相容选言判断为假的情况只有一种，即所有的肢判断都是假的，而相容选言判断为真又相对容易，只要有一个肢判断是真的就可以了。不能确定真假的悬疑状态，其特征就是可能有一个肢判断是真的，也可能所有肢判断都是假的。

3. 悬疑态相容选言判断的逻辑含义列举

福尔摩斯侦探所来了一位客人，刚走到门口，福尔摩斯就小声地对华生说：他可能是位军人，可能是从印度来的。"是吗？"华生用怀疑的目光看了看福尔摩斯，心想人家还没开口说话你怎么就知道呢？

福尔摩斯做了一个相容选言判断，而华生的疑问将其置于了悬疑状态。对华生的悬疑可以这样理解：也许福尔摩斯说得对，也许此人根本就不是军人而且也不是从印度来的。

悬疑态相容选言判断的含义倒不是很复杂。

（二）不相容选言判断的悬疑态

1. 不相容选言判断的逻辑特征

不相容选言判断是选言肢有且只有一个为真的选言判断。例如：

某人要么死于自杀，要么死于他杀，要么属于自然死亡，要么属于意外死亡。

在这个选言判断中，"自杀""他杀""自然死亡""意外死亡"这四个选言肢有且只有一个是某人死亡的原因，一般不可能几个原因并存。这种判断就是不相容选言判断。

一个两肢的不相容选言判断的逻辑形式是：

要么 p，要么 q

其中，"p"和"q"表示肢判断，"要么……要么……"是联结词。

　　不相容选言判断还可用符号公式表示为：

　　p V̇ q（"V̇"读作"不相容析取"）

　　在自然语言中表达不相容选言判断的联结词除了"要么……要么……"以外，还有"不是……就是……"，有时也用"或者……或者……"等表达。

　　由于不相容选言判断的选言肢不仅有且只能有一个是真的，因此，仅当选言肢中只有一个为真时，该选言判断才为真，其余情况下，都是假的。对不相容选言判断的这个逻辑特征进行简单概括，就可表述为：有真有假才为真，全真全假均为假。这个特征用逻辑真值表描述，如表3.4所示。

表3.4　逻辑真值表（三）

p	q	p V̇ q
真	真	假
真	假	真
假	真	真
假	假	假

　　2. 不相容选言判断的悬疑态特征

　　由表3.4可知，不相容选言判断真假情况各半，不相容选言判断悬疑态的逻辑特征就是要对这各半的情况进行综合描述，即或许真的是只能有一种情况存在，或许所有情况并存也可以，还有可能所列情况均不可能存在。

　　3. 悬疑态不相容选言判断的逻辑含义列举

　　一辆卡车，满载木材，即将通过云南边境的一所哨卡。忽然，接到一位线人的报告：这辆卡车上带有毒品，毒品要么藏在木材里，要么藏在备用轮胎里。一位有着多年反毒经验的干警接到报告后，并不完全相信线人的报告，说了一句："不一定。"

　　线人用了一个不相容选言判断，干警则将其置于悬疑态，干警"不一定"的逻辑含义应当这样分析：也许线人说的是真的（不在木材中找到毒品就在备胎中找到毒品），但可能这两个地方都找不到毒品，还可能这两个地方分装了毒品。

三、假言判断的悬疑态

　　假言判断是反映某一事物情况的存在（或不存在）是另一事物情况存在（或不存在）的条件的判断。例如：

①如果新型建筑材料投入使用，那么建筑成本就会下降。
②只有核对上指纹，才能打开这扇门。

例①反映了"新型建筑材料投入使用"是"建筑成本下降"的条件；例②反映了"核对指纹"是"打开这扇门"的条件。

假言判断一般由两个肢判断构成。表示条件的肢判断叫前件，依赖条件而成立的判断叫后件，联结前件和后件的联结词称为假言联结词。根据假言判断前后件所反映的条件关系不同，假言联结词分为三种，相应地，假言判断也分为三种：充分条件假言判断、必要条件假言判断和充分必要条件假言判断。那么，这三种假言判断的悬疑态具体的情形如何呢？

（一）充分条件假言判断的悬疑态

1. 充分条件假言判断的逻辑特征

充分条件假言判断是反映前件是后件足够条件的假言判断。所谓足够条件，是指当前件存在时，后件一定出现；但当前件不存在时，后件不一定不出现。例如：

如果物体摩擦，则物体会生热。

这个判断反映了只要对物体进行摩擦，"物体生热"就会出现；而不对物体进行摩擦，则"物体生热"可以不出现也可以出现（由其他原因引起生热）。

充分条件假言判断的逻辑形式是：

如果 p，那么 q

其中，"p"表示前件，"q"表示后件，"如果……那么……"是联结词。

充分条件假言判断还可用符号公式表示为：

p→q（"→"读作"蕴含"）

在日常用语中，表达充分条件假言判断联结词的还有"假使……就……""倘若……则……""只要……就……""当……就……""当……便……"等。

一个充分条件假言判断的逻辑值，取决于该判断前件和后件的真假组合情况。当前件存在（p 真），后件也存在（q 真）时，该判断就是真的。当前件不存在（p 假）时，后件无论是否存在该判断也都为真。只有当前件存在（p 真），后件却不存在（q 假）时，该判断才为假。这就是充分条件假言判断的逻辑特征，简单表述就是：前真后假肯定假，其余组合均为真。充分条件假言判断的逻辑值可用表 3.5 来表示。

表 3.5　逻辑真值表（四）

p	q	p→q
真	真	真
真	假	假
假	真	真
假	假	真

2. 充分条件假言判断悬疑态的特征

根据充分条件假言判断的真值表，整个判断只在前件真、后件假的一种情况下才是假的，其余情况均是真的，因而将其置于悬疑态后质疑的方向比较明确，那就是前件真、后件假的情况有可能出现。准确描述充分条件假言判断悬疑态特征就是：可能一般情况下前件存在后件就出现，但也可能前件存在后件不出现的情况，而前件不存在后件是否出现都是可以的。

3. 悬疑态充分条件假言判断的逻辑含义列举

某日，天气阴沉，一幅山雨欲来风满楼的景象。准备伏击敌人的一位连长说："如果下起大雨，敌人就不会来了。"听了这话，指挥员马上说："谁说的？可不能掉以轻心。"

指挥员将连长做出的充分条件假言判断置于了悬疑态，其意思主要是：真的下了大雨敌人可能真的不来了，但也有可能敌人冒着大雨还是来了；指挥员附带的意思还有：没下大雨敌人来的可能性很大，可也不排除没下大雨因其他原因敌人不来了。

（二）必要条件假言判断的悬疑态

1. 必要条件假言判断的逻辑特征

必要条件假言判断是反映前件是后件的不可缺少条件的假言判断，所谓不可缺少是当前件不存在时，后件一定不出现；但当前件存在时，后件不一定出现。例如：

只有明确学习目的，才能提高学习效率。

这个判断反映了"明确学习目的"是"提高学习效率"的必要条件，因为"学习目的"不明确，就不可能"提高学习效率"；而明确了"学习目的"不一定就能"提高学习效率"（还有其他影响要素）。

必要条件假言判断的逻辑形式是：

只有 p，才 q

其中，"p"表示前件，"q"表示后件，"只有……才……"是联结词。

必要条件假言判断还可用符号公式表示为：

p←q（"←"读作"逆蕴含"或"反蕴含"）

在日常用语中，表示必要条件假言判断联项的语词还有"除非……不……""没有……就没有……""除非……才……"等。

一个必要条件假言判断的逻辑值取决于该判断的前件和后件的真假组合情况。当前件不存在（p假），后件也不存在（q假）时，该判断就是真的；当前件存在（p真）时，后件无论是否存在，该判断都为真；只有当前件不存在（p假），而后件却存在（q真）时，该判断才为假。这就是必要条件假言判断的逻辑特征，简单表述就是：前假后真肯定假，其余组合均为真。必要条件假言判断的逻辑值可用表3.6来表示。

表3.6 逻辑真值表（五）

p	q	p←q
真	真	真
真	假	真
假	真	假
假	假	真

2. 必要条件假言判断悬疑态的特征

根据必要条件假言判断的真值表，整个判断只在前件假、后件真的一种情况下才是假的，其余情况均是真的，因而将其置于悬疑态后质疑的方向比较明确，那就是前件假、后件真的情况有可能出现。准确描述必要条件假言判断悬疑态特征就是：可能一般情况下前件不存在后件就不出现，但也可能存在前件不存在后件出现的情况，而前件存在后件是否出现都是可以的。

3. 悬疑态必要条件假言判断的逻辑含义列举

小说《林海雪原》、戏剧及电影《智取威虎山》都描述了土匪头子座山雕盘踞在威虎山顶峰的情景，要想捣毁座山雕的老巢非常困难。在了解上山之路时，当地老百姓说："只有顺着一条易守难攻的山道，才能到达威虎山顶峰。"担负着剿匪任务的少剑波与侦察排长杨子荣等在想："真的只能是这样吗？"

少剑波等人，将一个必要条件假言判断（我们将其简化为"只有通过这条险道，才能到达威虎山"）置于了悬疑状态，其逻辑含义是：可能真的是不走此险道就不能到达威虎山，但也许能不通过此险道也能到达威虎山，当然通过此险道也许能到也许不能到威虎山（因为土匪严密把守）。后来，通过侦察发现可以通过从后山攀爬来到达威虎山，这样，他们最后制定了假扮土匪、里应外合智取威虎山的作战方案。

(三) 充分必要条件假言判断的悬疑态

1. 充分必要条件假言判断的逻辑特征

充分必要条件假言判断是反映前件既是后件的充分条件，又是后件的必要条件的假言判断。这种条件是说，前件存在，后件一定存在；前件不存在，后件一定不存在。反映这种条件关系的判断就是充分必要条件假言判断。例如：

只要，而且只有社会分裂为阶级时，国家才会出现。

在这个判断中，"社会分裂为阶级"存在，"国家"也就"出现"；"社会分裂为阶级"不存在，"国家"也就不会"出现"。

充分必要条件假言判断的逻辑形式是：

如果 p 则 q，并且，只有 p 才 q

也可表示为：

当且仅当 p，才 q

其中，"p"表示前件，"q"表示后件，"当且仅当……才……"是联结词。

充分必要条件假言判断还可以用符号公式表示为：

p$\longleftrightarrow$q（"$\longleftrightarrow$"读作"等值"或"互蕴含"）

在日常用语中表达这一假言判断的联结词还有"当且仅当……才……""如果……那么……并且只有……才……""如果……那么……并且如果不……就不……"等。

一个充分必要条件假言判断的逻辑值取决于该充分必要条件假言判断前件和后件的真假组合情况。当前件存在（p 真）后件也存在（q 真），或当前件不存在（p 假）后件也不存在（q 假）时，该判断是真的；而当前件存在（p 真）后件却不存在（q 假），或前件不存在（p 假）后件却存在（q 真）时，该判断就是假的。充分必要条件假言判断的特征就是充分与必要条件假言判断两个逻辑特征的综合，简单说就是：前后都真都假可以，前后一真一假不行。其逻辑值可用表 3.7 来表示。

表 3.7 逻辑真值表（六）

p	q	p$\longleftrightarrow$q
真	真	真
真	假	假
假	真	假
假	假	真

2. 充分必要条件假言判断悬疑态的特征

根据充分必要条件假言判断的真值表，整个判断在前件、后件真假情况不同时是假的,而在前件、后件真假情况相同时是真的,因而将其置于悬疑态后的特征就是:可能一般情况下前件、后件都真都假可以,但也可能存在前件、后件真假不同的情况。

3. 悬疑态充分必要条件假言判断的逻辑含义列举

一个山区小村不通公路,非常贫困。在"要想富,先修路"理念的指导下,一些干部说要解决这个山村的贫困问题就得修路:要是修了路,村民就能富;要是不修路,村民就不能走上富裕之路。然而,一位非常理性的领导却疑惑地说:真的是这样吗?不能这么肯定吧。

这位理性的领导将一些干部做出的充分必要条件假言判断置于了悬疑状态,其逻辑含义应当是:也许修路就能富、不修路就不能富,但也许修了路并不能致富(比如当地并没有经济作物或值钱的产品),也许不修路也可以致富(比如整体搬迁、精准扶贫)。

以上是对假言判断及其悬疑态进行的分析。人们之所以形成某种假言判断,往往是基于经验的,而对各种假言判断进行质疑就是想突破这种经验。当然,根据悬疑态的本性,能突破和不能突破是共存的,但一旦突破那就是创新。所以,假言判断悬疑态思维对创新思维起着潜在的、巨大的作用。

四、负判断的悬疑态

负判断是非常特殊的判断,既简单又复杂,不过研究其悬疑态状况并不是十分复杂的事情。

(一)负判断的逻辑特征

负判断是对某个判断进行否定而形成的判断,简单来说,是否定原判断的判断。这是一种特殊的复合判断。例如:

①并非所有的违法行为都是犯罪行为。
②并非如果某人年满18岁,那么就有选举权。

上述两例都是负判断。例①是否定"所有的违法行为都是犯罪行为"这个简单判断而形成的一个负判断;例②是对"并非如果某人年满18岁,那么就有选举权"这一充分条件假言判断进行否定而形成的负判断。

负判断由原判断和否定联结词(否定词)两部分构成。负判断中被否定的原判断就是负判断的肢判断,它可以是简单判断,也可以是复合判断。如例①中的肢判断是简单判断,而例②中的肢判断就是一个复合判断。上述两例中的"并非"就是负判断的否定联项,它是负判断的逻辑常项。

在现代汉语中,常用作否定联项的语词有:"并非""并不""并不是""不是""……是假的""不可能"等。

逻辑学中常用逻辑变项"p"表示负判断的原判断,用逻辑常项"并非"表示否定联结词。因此，负判断的逻辑形式可表示为：

并非 p……

也可用符号公式表示为：

¬p 或 p̄

负判断有着特殊的结构形式，因为其他的复合判断都至少包含两个肢判断，而复合判断只有一个肢判断（即原判断）。这样看来它似乎比较简单，然而，它的肢判断本身可以是一个复合判断，这样问题就复杂了。

负判断和性质判断（直言判断）中的否定判断不同。负判断是对原判断的整体的否定，而性质判断的否定判断是否定某一判断中主项具有谓项的性质。

由于负判断是对原判断的否定，因此负判断与其原判断之间永远是矛盾关系，即两者既不能同真，也不能同假，其真假值正好相反。这就是负判断简单而明确的逻辑特征。如"凡犯罪行为都是对社会有危害性的行为"为真，则它的负判断"并非凡犯罪行为都是对社会有危害性的行为"一定为假；"张三和李四一起盗走了文物"为真，则它的负判断"并非张三和李四共同盗走了文物"为假；"张三或者李四盗走了文物"为假，则它的负判断"并非张三或者李四盗走了文物"为真。负判断的逻辑值用真值表如表3.8所示。

表3.8 逻辑真值表（七）

p	¬p
真	假
假	真

（二）悬疑态负判断的特征

负判断的真值表如此简单，一假一真就摆在那里，将其置于悬疑态也相对非常"刚性"：原判断也许是真的，也许是假的。所以，负判断悬疑态的逻辑特征就是可以承认它对原判断的否定，也可以肯定原判断的断定。

（三）悬疑态负判断的逻辑含义列举

按照常理，人群总是分为上、中、下三种。某个地方的领导向巡视组汇报廉政建设情况时说：我们这里也有腐败现象，但并非所有的班子成员都不廉洁。巡视组听了汇报后，组长则说：也许不说的是对的，一般来说是这样，但也有特例。

巡视组组长将一个负全称否定判断转化为悬疑态，其逻辑含义是：可能这里有的班子成员是廉洁的（与汇报者的判断逻辑上等值），也可能这里真的是所有的班子成员都不廉洁（肯定原判断，怀疑这里是塌方式腐败）。

第五节　模态判断的悬疑态

模态判断是在基本的判断中加上一些模态词（"必然""可能""必须""允许""禁止"等）而形成的某种特定状态的判断。例如：

①人类必然要揭开生命的秘密。
②可能工程师的意见是对的。
③旅游圣地，禁止涂鸦。
④侵犯他人成果是不允许的。

上述四例中分别含有"必然""可能""禁止""允许"等模态词，除去这些模态词就是一些基本的判断。前两例将基本判断带入一种必然性、可能性的状态，后两例则将基本判断带入一种规范状态。

很明显，模态判断由模态词和它所制约的基本判断两部分构成。由于模态词是"加进"来的，因而其位置可以在整个判断中间（如例①③），也可以放在整个判断的后面（如例④），还可以放在整个判断之首（如例②）。

虽然模态判断也是某种状态，但与我们要探讨的悬疑状态不是一回事，因为悬疑态是可以将一切判断，包括模态判断，置于真假暂时不定的状态，而不是放在某一种仍然可以确定它的真假对错的状态下。

常见的模态有两种，据此模态判断也分为两个种类，模态判断的悬疑态也分别关注这两个种类。

一、真值模态判断的悬疑态

（一）真值模态判断的特性和种类

真值模态判断，就是断定事物情况的必然性或可能性的判断，其中含有的模态词就是"必然""可能"。由于这种模态判断可以描述客观事物是否真的具有这种状态，即能够确定其真或假的逻辑值，故称为真值模态判断，通常也简称为模态判断。

真值模态判断按所包含的模态词的不同，可以分为必然判断与或然判断两类。如果再像性质判断那样加上或肯定或否定的"质"，就可以分为如下4类。

1. 必然肯定判断

必然肯定判断是断定事物某种情况必然存在的模态判断。表达必然模态词的词语有"必然""一定""总是""必定"等。例如：

①这件事情一定能查个水落石出。
②嫌疑人抢劫后必然逃跑。

必然肯定判断的逻辑形式是：

必然 p；p 是必然的。

若用符号表示，必然肯定判断的公式可写为：

□p（读作："必然 p"）。

2. 必然否定判断

必然否定判断是断定事物某种情况必然不存在的模态判断。例如：

①这样闹下去必然不利于问题的解决。

②生命必然不能离开水。

必然否定判断的逻辑形式是：

必然非 p；非 p 是必然的。

若用符号表示，必然否定判断的公式可写为：

□¬p（读作"必然非 p"）。

3. 可能肯定判断

可能肯定判断是断定事物某种情况可能存在的模态判断。表达可能模态词的词语有"或许""也许""大概"等。例如：

①张三也许会揭发李四的犯罪事实。

②避免双方再次发生大规模的冲突是可能的。

可能肯定判断的逻辑形式是：

可能 p；p 是可能的。

若用符号表示，则可能肯定判断的公式可写为：

◇p（读作"可能 p"）

4. 可能否定判断

可能否定判断是断定事物某种情况可能不存在的模态判断。例如：

①宣判后，被告人可能不上诉。

②死者可能不是当地人。

可能否定判断的逻辑形式是：

可能非 p；非 p 是可能的。

若用符号表示，则可能否定判断的公式可写为：

◇¬p（读作"可能非 p"）

（二）同素材真值模态判断之间的真假制约关系

同素材的真值模态判断之间的真假制约关系，与前面介绍的同素材的性质判断之间的对当关系一样，也有以下四种情况：一是反对关系（"必然 p"与"必然非 p"之间的关系），两者不能同真，但可同假。即其中一个判断真，另一判断必假；一个判断假，另一判断真假不定。二是下反对关系（"可能 p"与"可能非 p"之间的关系），两者不能同假，但可以同真。即其中一个判断假，另一个判断必真；其中一个判断真，另一个判断真假不定。三是矛盾关系（"必然 p"

与"可能非 p","必然非 p"与"可能 p"之间的关系),两者既不能同真,也不能同假。即其中一个判断真,另一判断必假;其中一个判断假,另一个判断必真。四是差等关系("必然 p"与"可能 p","必然非 p"与"可能非 p"之间的关系),两者可以同真,也可以同假。即当必然判断("必然 p""必然非 p")为真时,可能判断("可能 p""可能非 p")必真;当必然判断为假时,可能判断真假不定。当可能判断为假时,必然判断必假;当可能判断为真时,必然判断真假不定。

同样,我们也可以构造一个真值模态逻辑方阵反映真值模态判断之间的对当关系,也可以用表 3.9 反映在假设一个判断为真的情况下,对其余真值模态判断真假情况的判定。

表 3.9 同素材真值模态判断之间的真假判定简表

设以下判断真	可判定同素材其他判断的真假情况			
	必然 p	必然非 p	可能 p	可能非 p
必然 p	真	假	真	假
必然非 p	假	真	假	真
可能 p	不定	假	真	不定
可能非 p	假	不定	不定	真

例如,假设"今天一定降温"为真,就可以判定"今天一定不降温"为假,"今天可能降温"为真,"今天可能不降温"为假。

(三)真值模态判断悬疑态的特点

性质判断悬疑态的特点是关注判断的"质"和"量"。真值模态判断不存在"量"上的区别,因而简单些,只须考虑"质"上的问题。

"质"就是肯定、否定两种,既然只有两种,将其中的任意一种置于悬疑态后就会在肯定原判断时,又指向肯定原判断否定的判断。比如,将"说这样的话必然能促成他觉醒"(必然 p)置于悬疑态,就先肯定必然促成他觉醒的可能,同时又肯定不必然促成他觉醒的可能或必然不能促成他觉醒(必然非 p)的可能。而不必然促成他觉醒,就相当于可能不能促成他觉醒(可能非 p)。

仔细观察表 3.9,发现"可能 p"与"可能非 p"两列总是有真有假("不定"含有假的成分)。悬疑态就是对真假的不确定,因而真值模态判断悬疑态的一个突出特点就是都首先可以做出可能 p 与可能非 p 的理解,然后再从深层次上考虑必然 p 与必然非 p。

真值模态判断悬疑态的特点就是如此简单,参看表 3.9 可以更简单地将真的情况承认,将假的、不定的情况概括进来即可。

（四）悬疑态真值模态判断的逻辑含义列举

1. 必然肯定判断的悬疑态

上述西南民族大学学生王厚兰被救一事，就是非常典型的例子。当她跌入江中，只靠抱着一个木头而历经电站、桥墩和大坝三道"鬼门关"时，当援救人员眼睁睁地看着她从落差9米的坝顶被激流抛进水深10米的江中时，几乎所有的人都做出了"她一定完了""她必死无疑"的必然肯定判断。可当时在场的一名公安局局长却说："未必，她仍有一线生机。"

这位公安局局长将众人的判断置于悬疑状态，心中想的是：她真的必死无疑吗？其逻辑含义应当先是：这姑娘可能已经死了，但也可能她并没有死；再深层理解就是承认有必死的趋势，但也不尽然，也有必然没死、必然生还的可能。所以，他驱车到下游几公里处，果然发现王厚兰又冒了出来，并最终将这个顽强的生命救起。

2. 必然否定判断的悬疑态

有一个案例：母女刚出门就被人开车撞死了。撞人的是一名女司机，而这名女司机是受人指使才制造这起"车祸"的。受谁指使呢？尽管被害的女人与丈夫的关系不好，但人们还是做出了"必然不是死者的丈夫指使的"判断，因为他还是女孩的父亲，而且他是知道母女一起出门的，"虎毒不食子"嘛。负责侦办此案的警察，则必须将此判断悬疑化：真的必然不是死者的丈夫指使的吗？

办案警察的意思是：可能真的不是女孩的父亲指使的，但也可能是女孩的父亲指使的，女孩父亲指使的必然性也可以存在。后来证实，那名女司机是女孩父亲的情人，她看到母女俩一块儿走出来就犹豫要不要实施车祸杀人计划，于是她将情况编发短信给女孩的父亲，但女孩的父亲还是丧心病狂地指令她："下手"！

中央电视台第一套节目从2015年暑期开始，每周日晚上播出一档节目，叫作"挑战不可能"。"不可能"的意思就是必然做不到（必然否定判断），而"挑战"的意思就是要质疑，"挑战不可能"就是将必然否定判断置于悬疑态：真的是必然做不到吗？其意思就是有可能做不到（可能否定判断），也有可能做得到（可能肯定判断）；深层的意思是可能有必然做不到的因素，也可能有必然能做到的因素。于是，从30名身高、体态相差无几的女模特中辨认出留下脚印的那个模特，李昌钰都认为无法做到，女警官董艳珍几经周折做到了；在直升机的起落架前绑上起子，开着直升机在5分钟内起开绑在架子上的5瓶啤酒瓶瓶盖，赵阳做到了；还有：孩子对小狗、兔子、青蛙、母鸡催眠，小狗对人催眠，让射出的箭穿过4台旋转的风扇而刺中靶心等看起来必然做不到的事情，最终被我们的挑战者成功做到了。尽管经过精心准备和竭尽全力的努力，但也有最终还是没有做到的事（如直升飞机在开着的皮卡车上降落）。

3. 可能肯定判断的悬疑态

"拣钱私分"的骗局，曾经频繁上演。一个人正走着或骑着自行车，忽然从口袋中掉下一包东西，假如你正好看到这一幕，没等你开口，后边马上跟来一个人拣起这包东西，打开一看，是一沓钞票。拣包的人说："可能是那人不小心掉了钱，我们找个地方把它私分了吧。"如果你信了他的话，跑到角落和他私分这笔钱，必定遭到讹诈。如果你能多个心眼，将此人的话进行悬疑态转换："真的可能是那个人不小心掉了钱吗？"

你的悬疑态可能肯定判断包含的逻辑意思是：可能真的是那个人不小心掉了钱，也可能不是不小心掉的钱，还存在一定不是不小心掉钱的可能（而是精心策划好的骗局）。

此例说明，能够进行悬疑态思考，有利于思维周密、周全，不会轻易上当。

4. 可能否定判断的悬疑态

一个销售人员来到市场，看到冷冷清清的，就灰心丧气，认为这里可能没有兴旺的市场，可能销售不了什么商品。然而，另一个销售人员来到这里，看到相同的景象，听了刚才那位销售员垂头丧气的话却不甘心，心想：这里真的可能没有市场，可能不好销售产品吗？

后来这位销售员做出了悬疑态的可能否定判断，其应该含有这样的意思：可能真的是不好销售，也可能很好销售（只是这一时段显得冷清），甚至存在必定好销售的可能（比如，外地商人的定点采购地，顾客虽少，但销量很大）。

二、规范模态判断的悬疑态

人的行为总是要受到社会规范约束的，而指导和约束人们行为的规则和标准就称为行为规范，如道德规范、法律规范、纪律规范等。所以，行为规范是针对一定的人或人群的一定行为而确立的。对人的行为规范进行表述离不开规范模态词。在逻辑上，含有规范模态词的判断就是所谓的规范模态判断，可简称为规范判断。逻辑学对规范判断及其之间的关系进行了研究，这里对规范判断的悬疑态进行深入探讨。

（一）规范模态判断的特性和种类

规范模态判断的最大特性就是，它仅仅是在对人的行为进行规范时形成的判断，对动植物不起任何作用，它规定着人们必须做什么、禁止做什么以及可以做什么。例如：

进出厂门，必须向厂门看守人员出示证件。

严禁刑讯逼供。

允许外国企业依法在中国建立生产基地。

对不同的人群（公司职员、政府官员、服刑人员、服役人员等），对不同的行为（就餐、旅游、工作、学习、娱乐、就诊等），会有不同的规范，从而形成不同性质、不同类别的规范判断。而从最广泛的逻辑意义上划分，规范模态词只分为可以的（允许的）、必须的或禁止的三类即可。依据这三类模态词，加上肯定、否定两种不同质的判定，规范模态判断分为以下 6 种类型：

1. 必须肯定判断

它是规定某种行为必须履行的判断。例如：

党的干部必须遵守党纪国法。

检查妇女的身体，应当在相对封闭的场合由女性工作人员或医师进行。

夫妻有相互扶养的义务。

表达此类模态词的语词有"必须""应当""有……的义务"等。

必须肯定判断的逻辑形式为：

s 必须 p

简化为：必须 p

而其符号表达式是：Op

2. 必须否定判断

它是规定某种行为必须不履行的判断。例如：

执行死刑应当公布，不应示众。

不许虐待俘虏。

课堂上不准交头接耳。

表达此类模态词的常用语词有"不准""不得""不许"等。

必须否定判断的逻辑形式为：

s 必须非 p

简化为：必须非 p

而其符号表达式是：$O\neg p$ 或 $O\bar{p}$

3. 可以肯定判断

它是规定某种行为允许实施的判断。例如：

犯罪后自首的，可以从轻处罚。

被告人允许为自己的行为进行辩护。

所有公民都会有言论自由。

经考试，成绩合格者，准予获得驾驶证。

表达此类模态词的语词有"可以""允许""准予""有……的权利""有……的自由"等。

可以肯定判断的逻辑形式为：

s 可以 p

简化为：可以 p

而其符号表达式是：Pp

4. 可以否定判断

它是规定某种行为可以不实施的判断。例如：

身体不适者可以不参加这次活动。

遇到恶劣天气时允许学生不到校上课。

表达此类模态词的常用语词有"可以不""容许不""允许不"等。

可以否定判断的逻辑形式为：

s 可以非 p

简化为：可以 p

而其符号表达式是：P¬ p 或 P p̄

5. 禁止肯定判断

它是规定某种行为不得实施的判断。例如：

禁止体罚教育对象。

严禁携带危险品乘坐公共交通工具。

结婚年龄男子不得早于 22 周岁，女子不得早于 20 周岁。

表达这类模态词的常用词语有"禁止""严禁""不得""不准""不许""不能"等。

禁止肯定判断的逻辑形式为：

s 禁止 p

简化为：禁止 p

而其符号表达式是：Fp

6. 禁止否定判断

它是规定某种行为不得不实施的判断。例如：

禁止非军事人员进入军事管制区。

严禁不戴安全帽进入施工工地。

表达这类模态词的常用词语有"禁止不""严禁不"等。

禁止否定判断的逻辑形式为：

s 禁止非 p

简化为：禁止非 p

而其符号表达式是：F¬ P

进一步研究后很容易发现，在上述 6 种规范判断中，禁止肯定判断与必须否定判断是等值的（比如，要求"必须遵守宪法"就等于说"禁止不遵守宪法"），禁止否定判断与必须肯定判断是等值的（比如，要求"必须不赌博"就是"禁止赌博"的意思）。这样，我们就可以用必须肯定判断表示禁止否定判断，用必须否定判断表示禁止肯定判断，上述 6 种判断也就缩减为 4 种。

(二) 同素材规范判断之间的逻辑关系

同素材的 4 种规范模态判断之间的关系，刚好也类似于 4 种性质判断 A, E, I, O 之间的对当关系。不过，有一点需要特别注意，这也是规范判断的一个特性，那就是由于规范是人为规定的，所以规范判断不存在真假问题，只能相应地存在合理不合理或妥当不妥当的问题。为了表述简洁，我们将"合理""妥当"简称为"对"，将"不妥当""不合理"简称为"错"，因此性质判断对当关系中"同真""同假"的表述就变成了"同对""用错"的表述。

同样地，我们将同素材规范判断之间的逻辑关系，也可以分为反对关系、下反对关系和矛盾关系、差等关系。"必须 p"与"必须非 p"之间是"不能同对，可以同错"的反对关系，即若其中一个判断妥当，则另一个判断必然不妥当；若其中一个判断不妥当，则另一个判断可能妥当，也可能不妥当。"可以 p"与"可以非 p"之间是"可以同对，不能同错"的下反对关系，即若其中一个判断妥当，则另一个判断可能妥当，也可能不妥当；但若其中一个判断不妥当，则另一个判断必然妥当。"必须 p"与"可以非 p""必须非 p"与"可以 p"之间是"不能同对，不能同错"的矛盾关系，即若其中一个判断妥当，则另一个判断必然不妥当；若其中一个判断不妥当，则另一个判断必然妥当。"必须 p"与"可以 p""必须非 p"与"可以非 p"之间是"可以同对，可以同错"的差等关系，即若必须判断妥当，则可以判断也妥当；但若必须判断不妥当，则可以判断可能妥当，也可能不妥当；若可以判断妥当，则必须判断未必妥当，但若可以判断不妥当，则必须判断必然不妥当。

这些关系，可以构造规范判断逻辑方阵来表达，也可以用表 3.10 清晰表达假设规范判断"对"（合理、妥当）时，对同素材其他判断的断定情况。

表 3.10 同素材规范模态判断之间的相互判定简表

设以下判断对	可判定同素材其他判断的对错情况			
	必须 p	必须非 p	可以 p	可以非 p
必须 p	对	错	对	错
必须非 p	错	对	错	对
可以 p	不定	错	对	不定
可以非 p	错	不定	不定	对

例如，假设提出"今天必须完成作业"的要求是对的（合理、妥当的），则可判定"今天必须不要完成作业"就是错的（不合理、不妥当的），"今天可以完成作业"是对的，"今天可以不完成作业"是错的。

(三) 规范模态判断悬疑态的特点

规范模态判断悬疑态的最大特点是它不是对事物情况断定真假不定的表达，而是对人的某种行为规范合理与否暂不表态状况的表达，这与其他种类的判断的悬疑态情况有着本质上的区别。

规范判断与真值模态判断一样，不存在"量"上的区别，因而也只需简单地从"质"上考虑其悬疑态的特点问题。

"质"仍然是肯定、否定两种，如前所述，既然只有两种，将其中的任意一种置于悬疑态后就会在肯定原判断时，又指向肯定原判断否定的判断（错的判断）。比如，将"减肥者必须不吃早餐"（必须非p）置于悬疑态，就先肯定减肥者必须不吃早餐的规定可能是对的，同时又产生了怀疑，即"否定必须不吃早餐的规定"可能才是对的，那就是"减肥者必须吃早餐"（必须p）的可能与"减肥者可以吃早餐"（可以p）的可能也同时存在。

仔细纵向观察表3.10，发现"可以p"与"可以非p"两列总是有对有错（其中的"不定"含有错的成分）。悬疑态就是对错不定状态，因而规范判断悬疑态的一个突出特点就是首先可以做出可以p与可以非p的理解，然后再从深层次考虑必须p与必须非p。

规范模态判断悬疑态的特点基本如此，参看表3.10可以更简单地将对的情况承认，将错的、不定的情况概括进来即可。

(四) 悬疑态真值模态判断的逻辑含义列举

1. 必须肯定判断

一台先进的进口机器设备出了故障，公司没有这方面的专业维修人员。一位生产科科长向经理汇报了情况，并说："必须请国外专家来排除故障。"经理查看了公司技术人员的资料，随即说："真的是这样啊？能不能先要我们顶尖的技术员郭某试试。"

经理的回答就是将一个必须肯定判断置于了悬疑态，包含的意思有：可能是必须请外国专家，也许不必请外国专家，即可以先不请外国专家（而让我们自己的人试试）。

2. 必须否定判断

一支部队要穿插到敌人后方活动，经初步侦察，通往敌人后方的一条路布满岗哨，盘查较严。一名侦查员向首长汇报说："部队应当不选择这条道路穿插。"而要选择其他道路，要耽误更多的时间。首长自言自语地说："真的应当放弃这条穿插的道路吗？"

首长将这个必须否定判断置于悬疑态，其思考是：也许真的应该不选择这条道路而另选他路，也许还是可以从这条道路穿插的（如利用内线或进行伪装），可能还是应当选择这条道路穿插的。

3. 可以肯定判断

一位受到刑法处罚的技术人员刑满释放，回归社会。曾经工作过的单位尚缺技术人员，正在招聘。一位朋友鼓励他说："你再加把劲努力吧，我想原单位还是允许你回去工作的。"然而，他的父亲还是有些担心，问那位朋友："会吗，原单位真的会允许在那儿犯过罪的人再回去工作吗？"

这位父亲将一个可以肯定判断悬疑化了，其问话的主要意思是：也许儿子还可以回原来的单位工作，也许原单位不准儿子再回去工作了（禁止肯定判断，等值于必须否定判断）。

4. 可以否定判断

一批水果要进口到国内，一位海关检疫人员悄悄地对另一位检疫人员说："这批水果有来头，是出口国知名公司经营的，说不定可以不经检疫就进关了。"另一位检疫人员一脸疑惑地问："真的吗？"

这三个字的问话，将"这批水果可以不检疫入关"置于悬疑态，其意思是：有可能这批水果可以不检疫入关，也可能这批水果必须经过检疫（必须肯定判断），甚至还可能禁止对这批水果进行检疫（相当于必须否定判断）。

第六节　含有悬概念的判断

尽管悬概念是外延分子存在与否不能确定的概念，但人们在头脑中一旦形成悬概念，就会使用它构成一个个判断。那么，这些含有悬概念的判断具有什么样的逻辑性质，这些判断之间的真假制约关系又会发生哪些变化呢？

一、悬概念判断的逻辑性质

我们将含有悬概念的判断简称为悬概念判断。悬概念判断不是均由悬概念组成的判断，也不是对悬概念进行判断，而是在某个判断中使用了悬概念而构成的判断。那么，这样的判断该怎样为其定性，它又具有哪些逻辑特点呢？

（一）悬概念判断的定性

由于悬概念是介于虚实之间的外延分子存在状况不明的概念，因而含有悬概念的判断也就成了难定真假的判断，而这样的判断的逻辑属性与处于悬疑状态的判断的逻辑属性大致相当，所以悬概念判断天生就是悬疑态判断。例如：

神农架野人身材高大。

因为神农架野人存在与否谁都不知道，其身材是否高大自然是无法断定的，所以这个判断与悬疑态的全称肯定判断一样可能是真的（或者百分之多少是真的），但也存在是假的可能性。

根据以上分析，我们将悬概念判断定性为判断悬疑态的一种特殊形式，其真假情况不确定，至少是目前不能确定，目前的实践手段尚不能检验其真假。

（二）悬概念判断的逻辑特征

一般来讲，判断的两个逻辑特征是有所断定、有真假问题。应该说，悬概念判断是符合这两个特征的。

首先，悬概念判断也是有所断定的，上例就对"神农架野人"所具有的身材体貌情况进行了肯定性断定。

其次，悬概念判断的断定也是有真假问题的。虽然，一个悬概念判断是处于真假暂时不定的悬疑状态，但从长远上看还是能断定其真假，起码，它具备可断定真假的性质。如果一个悬概念判断根本就不具备可断定真假的性质（如说"神农架野人是上天创造人类时犯下的一个错误"，这就不存在断定真假的可能性），那它实际上就不是悬概念判断（例句中实际上含有了虚概念）。再说，本来"有真假问题"就不是要求断定出真假的结果，因为任何一个判断的真假最终只能由实践给出结果，逻辑本身是不能解决真假问题的。

基于上述理由，我们可以说悬概念判断与一般判断的逻辑特征相同。

二、悬概念性质判断间的关系

传统逻辑研究了四种基本性质判断之间的真假制约关系，即对当关系。而对于由悬概念构成的性质判断来说，那些关系就不能完全适用了，就要受悬概念的影响而发生改变。原因是，传统逻辑是以主项存在为前提条件的，如果主项是悬概念，那么主项就处于不定存在状态，所以其逻辑关系就发生了变化。

（一）反对关系依然成立

全称肯定判断与全称否定判断之间是反对关系，在传统逻辑中这个关系是不能同真、可以同假的。

下边，我们构造两个含有悬概念的同素材的全称肯定判断、全称否定判断：

尼斯湖水怪都是体长在3米以上的生物。

尼斯湖水怪都不是体长在3米以上的生物。

首先，这两个判断依然是不能同真的。不管尼斯湖水怪外延存在状态怎样，总体上体长在3米以上与不在3米以上是矛盾的，是不可能同时并存的，即便这个悬概念将来转化成实概念，这两个判断也只能有一个是真的。

其次，这两个判断同假是可以的，是绝对没问题的。假设将来"尼斯湖水怪"转变为实概念，但如果出现有的水怪在3米以上，有的水怪不足3米，上述两个判断仍然可以同时都是假判断；假设将来"尼斯湖水怪"转化成虚概念，那不用说两个判断就都是假的了。

因此，含有悬概念的全称肯定判断与全称否定判断之间原有的反对关系保持不变，仍是不能同真，可以同假。

（二）下反对关系必须改变

特称肯定判断与特称否定判断之间是下反对关系，在传统逻辑中这个关系是可以同真、不能同假的。

下面，我们构造两个含有悬概念的同素材的特称肯定判断、特称否定判断：

有的尼斯湖水怪是体长在3米以上的生物。

有的尼斯湖水怪都不是体长在3米以上的生物。

首先，可以同真的可能性存在。假如"尼斯湖水怪"以后转化成了实概念，以上两种状况并存完全可能，大的水怪在3米以上，小的水怪在3米以下，不足为奇。

其次，不能同假必须修正为可以同假。既然是悬概念，就有可能转化为虚概念，一旦转化为虚概念，这两个判断就都是假的了。从另一个角度考虑，主项概念存在状况都不能确定，依附主项概念的属性概念当然也是不能确定的，同假就非常有可能。

所以，含有悬概念的特称肯定判断与特称否定判断之间的下反对关系应改变原有的表达，变为可以同真，也可以同假。

（三）矛盾关系必须修正

全称肯定判断与特称否定判断、全称否定判断与特称肯定判断之间是矛盾关系，在传统逻辑中这个关系是不能同真、不能同假的。

矛盾关系不能同真、不能同假就意味着必然是一真一假，你真我就假，你假我就真。但判断中含有了不知道外延是否存在的悬概念，问题性质就完全变了。

首先，不能同真还是对的。如果"尼斯湖水怪"转化成了实概念，那就要遵守传统逻辑的观点，不能同时肯定两个相互矛盾的判断，即不能同真；如果它转化成了虚概念，所有含有"尼斯湖水怪"概念的判断就都是假的了，当然也不能同真。

其次，不能同假必须修正为可以同假。道理如前所述，悬概念转化为虚概念了，相关的判断都是假的了，怎么会不能同假呢？

因而，全称肯定判断与特称否定判断、全称否定判断与特称肯定判断之间的关系描述，应当改为不能同真、可以同假。实际上，这里的矛盾关系已经不复存在了。

（四）差等关系不受影响

全称肯定判断与特称肯定判断、全称否定判断与特称否定判断之间是差等关系，在传统逻辑的表述中，它们是可以同真、可以同假的。

这种关系是不受悬概念变化发展影响的。一旦"尼斯湖水怪"转化成了实概念，传统的关系保持不变；一旦转化成了虚概念，它们当然就可以同假了。

总结以上情况可知：第一，任何关系中都是包含可以同假的内容的；第二，原来的四种关系实际上变成了两种,那就是"不能同真,可以同假"与"可以同真、可以同假"。

三、悬概念复合判断的逻辑值

复合判断的逻辑值由自身包含的其他判断(肢判断)的真假组合情况和联结词的逻辑性质所决定。在传统普通逻辑框架内,肢判断只有真假二值。但包含悬概念的判断,其逻辑值却是真假不定(1∨0)。这样,肢判断的真假情况变成了三种。

复合判断除特殊的负判断以外,都至少有两个肢判断。我们这里探讨的是其中一个肢判断为悬概念判断的情况,因为如果肢判断都是悬概念判断,那它一定是悬概念判断或处于判断悬疑态之中。

(一)悬概念联言判断的逻辑值

联言判断的逻辑值由联言判断真值表反映,其基本的特点就是当所有联言肢都真时,联言判断才是真的。那么,当其肢判断有一个是悬概念判断时,整个悬概念联言判断的真假情况如何呢?例如:

"雪人"生活在雪线以上的环境中,而雪线以上生存的动物都有冬眠现象。

这是第一个联言肢为悬概念判断,第二个联言肢是全称肯定判断的悬概念联言判断。由于只有当所有联言肢都真时,联言判断才是真的,而第一个联言肢的取值只能是1∨0,不可能是1,所以无论第二个联言肢取1还是0,都无法满足所有联言肢都真的条件,因此这个联言判断最多只能得到1∨0的值,得不到1。其真值表如表3.11所示(悬概念判断前边加x,下同)。

表3.11 逻辑真值表(八)

xp	q	x(p∧q)
1∨0	1	1∨0
1∨0	0	0

(二)悬概念选言判断的逻辑值

1. 悬概念相容选言判断

相容选言判断真值表表明,只要有一个选言肢为真,整个选言判断就是真的,只有在选言肢都假时,整个选言判断才是假的。那么,当其肢判断有一个是悬概念判断时,整个悬概念选言判断的真假情况如何呢?例如:

这个用树枝搭建的窝棚或者住过"野人",或者住过迷路的人。

这里的第一个选言肢是悬概念判断,第二个选言肢是一般判断。第一个选言肢的取值是1∨0,第二个选言肢取值就有1和0两种情况。相应地,在第二个选言肢取值为 1 时，整个选言判断就是真的；当第二个选言肢取值为 0 时，整个选言判断就是真假不定状态。其真值表如表 3.12 所示。

表 3.12　逻辑真值表（九）

xp	q	x（p∨q）
1∨0	1	1
1∨0	0	1∨0

2. 悬概念不相容选言判断

不相容选言判断真值表表明，只要而且只有一个选言肢为真，整个选言判断就是真的；在选言肢有真有假时，整个选言判断就是假的。那么，当其肢判断有一个是悬概念判断时，整个悬概念不相容选言判断的真假情况如何呢？例如：

这只兔子要么是被"野人"吃掉的，要么是被饥饿的人吃掉的。

这里的第一个选言肢是悬概念判断，第二个选言肢是一般判断。第一个选言肢的取值是 1∨0，第二个选言肢取值就有 1 和 0 两种情况。无论第二个选言肢取值是 1 还是 0，都会出现两个选言肢都取 1 或都取 0 的情况，因而整个选言判断只能是真假不定状态。其真值表如表 3.13 所示。

表 3.13　逻辑真值表（十）

xp	q	x（p∨q）
1∨0	1	1∨0
1∨0	0	1∨0

（三）悬概念假言判断的逻辑值

1. 悬概念充分条件假言判断

充分条件假言判断真值表表明，只有在前件真、后件假的组合情况下，一个充分条件假言判断才是假的，其余情况都是真的。但是，要注意，联言判断、选言判断的肢判断前后位置进行交换，不影响整个判断的真值情况（既高又大与既大又高，学习好或身体棒与身体棒或学习好，逻辑意义无差别），但假言判断前后件的位置是不能变的，一变逻辑意义就不同了。因此，在讨论悬概念假言判断时，就要考虑前件是悬概念判断还是后件是悬概念判断两种情况。

前件是悬概念判断的充分条件假言判断，其逻辑值的状况是：当后件真时，一个悬概念充分条件假言判断一定是真的，因为前件无论真假，只要后件真整个判断就是真的；当后件假时，这个悬概念充分条件假言判断就真假不定了。例如：

拨开迷雾的思维工具:"悬逻辑"

如果张三用所谓的"粉末迷魂剂"(悬概念)作案,他就会窃取他人财物。

假设这个判断的后件是真的,这个悬概念充分条件假言判断就一定是真的,不管那个悬概念转化为实概念还是虚概念;但如果后件是假的,整个判断就难定真假了。

后件是悬概念判断的充分条件假言判断,其逻辑值的状况是:当前件假时,一个悬概念充分条件假言判断一定是真的,因为后件无论真假,只要前件假整个判断就是真的;当前件真时,这个悬概念充分条件假言判断就真假不定了。例如:

如果火星上有大量的液态水和空气,"火星生物"(悬概念)就会在那里繁衍。

假设这个判断的前件是假的,这个悬概念充分条件假言判断就一定是真的,不管那个悬概念转化为实概念还是虚概念;但如果前件是真的,整个判断就难定真假了。

悬概念充分条件假言判断的逻辑值可用表 3.14 所示。

表 3.14 悬概念充分条件假言判断的逻辑值

xp	q	x（p→q）
1∨0	1	1
1∨0	0	1∨0
p	xq	x（p→q）
1	1∨0	1∨0
0	1∨0	1

2. 悬概念必要条件假言判断

必要条件假言判断真值表表明,只有在前件假、后件真的组合情况下,一个必要条件假言判断才是假的,其余情况都是真的。同样,这里也要考虑前件是悬概念判断还是后件是悬概念判断这两种情况。

前件是悬概念判断的必要条件假言判断,其逻辑值的状况是:当后件真时,一个悬概念必要条件假言判断应处于真假不定状态,因为前件若假(悬概念转化成虚概念)整个判断就是假的了;当后件假时,这个悬概念必要条件假言判断就一定是真的,因为前件无论真假,只要后件假整个判断就是真的了。例如:

只有"百病治疗仪"(悬概念)研发成功并投产,我们公司才能大发展。

假设这个判断的后件是真的,这个悬概念必要条件假言判断就难定真假了;但如果后件是假的,整个判断就一定是真的,不管那个悬概念转化为实概念还是虚概念。

后件是悬概念判断的必要条件假言判断，其逻辑值的状况是：当前件真时，一个悬概念必要条件假言判断一定是真的，因为后件无论真假，只要前件真整个判断就是真的；当前件假时，这个悬概念必要条件假言判断就真假不定了。例如：

只有掌握了天文学的知识，我们才能与"地外文明"（悬概念）对话。

假设这个判断的前件是真的，这个悬概念必要条件假言判断就一定是真的，不管那个悬概念转化为实概念还是虚概念；但如果前件是假的，整个判断就难定真假了。

悬概念必要条件假言判断的逻辑值如表 3.15 所示。

表 3.15　悬概念必要条件假言判断的逻辑值

xp	q	x（p←q）
1∨0	1	1∨0
1∨0	0	1
p	xq	x（p←q）
1	1∨0	1
0	1∨0	1∨0

3. 悬概念充分必要条件假言判断

充分必要条件假言判断真值表表明，前后件都是真的，整个判断是真的，但前件真、后件假整个判断就是假的；同时，当前后件都是假的，整个判断是真的，但前件假、后件真，则整个判断就是假的。也就是说，不管前件是悬概念判断还是后件是悬概念判断，都意味着前后件真假不定，而对应后件真假两种情况时整个判断有真有假，对应前件真假两种情况也是如此。所以，充分必要条件假言判断的逻辑值始终是真假不定的，相当于将其置于悬疑态。因而我们不再深入探讨，仅将其真值表列出（见表 3.16）。

表 3.16　悬概念充分必要条件假言判断逻辑值

xp	q	x（p⟷q）
1∨0	1	1∨0
1∨0	0	1∨0
p	xq	x（p⟷q）
1	1∨0	1∨0
0	1∨0	1∨0

（四）悬概念负判断的情况

由于负判断的肢判断只有一个，因而当这个肢判断含有悬概念后它本身就是真假难定的判断，对真假难定的判断进行整体否定就没有任何意义。所以，悬概念负判断是个伪命题，不用再进行实际的探讨。

第四章 或效推测

慢慢拨开层层迷雾：理性的猜测

在风光秀丽的美国康州南部的特兰堡，发生了一起应招按摩女失踪案。按摩女郎安娜午饭后去一位名叫萨勒姆的阿拉伯商人那里服务后就失踪了。侦探们到萨勒姆家里询问，这位阿拉伯商人说，因为妻子和仆人有事回中东去了，一个人在家有点闷，就叫安娜上门来做按摩服务，做了一个小时，两点来钟她就回去了。但后来，警察调查得知，有人曾看到安娜的车子是被萨勒姆开走的，对萨勒姆的嫌疑陡然上升。于是，警察开始对萨勒姆的住宅进行合法搜查。然而，十几个小时过去了，他们一无所获。接着，萨勒姆硬了起来，说是受不了这十几个小时的干扰，声称要到法院去控告他们。困境中，警察局急忙请来了李昌钰。新一轮现场勘查开始了。在查看了楼下的客厅、起居室和餐厅的厨房后，又查看了楼上的几间卧室、书房和卫生间，最后，李昌钰带领助手们来到地下室。这间地下室不算高，但面积不小，地面上铺着整张的地毯，四面的墙边毫无规则地摆着自行车、儿童玩具等一些杂物。李昌钰环视一圈后，目光盯着相当清洁的地毯，低着头，慢慢向里走。忽然，他停下脚，跪下去，仔细地看了一会儿，之后，他竟然趴在地毯上，用脸颊轻轻地摩挲着地毯上的毛。正在警察们一脸疑惑的时候，李昌钰转身说："把这块地毯切开！"萨勒姆竭力阻拦，说这是很昂贵的地毯啊。李昌钰管不了那么多，坚持让人剪开了地毯。

地毯被慢慢揭开了，三滩血迹赫然呈现在人们面前。后经与安娜父母的DNA样本比对，初步表明这些血痕正是安娜的血留下的。经过进一步的侦查，真相大白。萨勒姆曾将安娜骗入地下室准备强奸，在遭到反抗后，他就残忍地将其杀害了。

李昌钰怎么知道地毯下会有血迹呢？李昌钰后来解释说：一般来说，地下室都不会那么干净，但这一间地下室的地毯非常干净，显然是最近清洗过的。萨勒姆太太和仆人都不在家，作为有身份的男主人却去清洗地下室的地毯，这就非常反常。据此可以推断，萨勒姆很可能是要清除地毯上的某种痕迹，如血迹。然而这是一整块地毯，他很难把地毯都揭起来清洗，因此通过地毯渗下去的血迹仍会在地面上留下痕迹，而且这血迹不会很快变干。我终于发现有一块地毯的颜色比旁边略深一点。我用脸颊去摩挲，感觉到了潮湿。于是我就做出了那下面一定有血迹的推断。①

李昌钰的推断过程是：如果地毯下有血迹，那么那里的颜色就略深且略显潮湿。这是充分条件假言推理的肯定后件式，在普通逻辑中被认定为无效式，结论并不可靠。因此，严格来说，这不是推理，而是推测。但就是这样的无效式推测，在案件侦破中屡屡奏效。这是为什么呢？

第一节 或效推测体系的建立

虽然以推理为核心内容的逻辑学早在1974年就被联合国教科文组织确定为基础学科，但人们在日常思维过程中大量应用的并不是逻辑学最重视的必然性推理，而是或然性推理；甚至我们可以进一步说，日常思维过程中大量应用的并不是推理，而是含有推理成分的推测。之所以推测应用的频率远远高于推理的应用，当然不是逻辑普及程度不够、好多人没学过逻辑的缘故，而是因为我们日常接触的五光十色的大千世界充满着悬疑性的问题。大到科学发现、理论创新、社会发展，小到你来我往、锅碗瓢盆、磕磕碰碰，人们几乎每天都生活在预测、猜想、探索、博弈之中，只有在极小的范围内、特定的情境中用严格的逻辑规则推定必然可靠的结论。既然我们将逻辑定性为思维的工具，那么这个工具为什么只注重解决少量的推理而不去面对更大量的推测呢？科学思维主要面对的是茫茫无际的未知世界，社会思维、经济思维大量面对的是盘根错节的社会经济问题，军事思维时刻面对的是瞬息万变的军事格局，医学思维需要面对的是疑难杂症，而法律思维整天面对的是扑朔迷离的悬疑问题。据此，深入探讨悬疑问题，建立一个有逻辑基础的推测体系应该是合情合理、非常必要的。

一、或效推测的逻辑定义

推测的应用肯定比推理的应用范围要广，推测的方式也肯定要比推理的形式多。因此，建立以推测为研究对象的逻辑当然是既必要又重要的，但同时也是既合理又复杂的。我们每天几乎都在进行争论，而且往往是不同的人对同一个问题争吵不休。为何是这样的呢？可以说，大家的思维过程基本正确，因为我们很少会与一个神经错乱的、非要说三七二十四不可的人进行争论，或者与思维尚不健全的儿童进行辩论。然而，每个人的立场、知识和社会背景甚至情感都是有差别的；另外，大家也都在运用推测的方式进行思维，因为如果大家都在应用完全有效的推理对同一事情进行逻辑的严密思维，往往是不会产生争论的（谁去争论

---

① 汪海燕，岳占新. 破案的逻辑艺术［M］. 北京：中国法制出版社，2009：38-40.

万有引力、乘法口诀表、太阳东升西落呢）。激烈的法庭论辩，进而法律实践中许许多多的争论，也是如此。

推测十分复杂，仅靠现有逻辑研究的或然性推理和一个回溯推理来解决推测的逻辑问题是远远不够的。为此，"悬逻辑"提出了"或效推测"的概念。我们要将或然推理扩张为或效推测，以满足逻辑推测形式多、内容广、过程杂的需要。

推理是依据严格的逻辑有效性而推导出结论的思维形式，推测则仅仅要求有一定的逻辑根据，然后"推想"出一个结论。"推测"是个高频词、常用词，一般解释为"根据已经知道的事情来想象不知道的事情"。① 这种解释在逻辑意义下使用是不太合适的。

在逻辑意义下，我们给出这样一个定义：推测是在遵守思维基本规律的前提下，吸收、运用一定的逻辑形式或非形式的方法，对未知的东西进行有逻辑根据的猜测。对此，我们可以这样理解：推测是在正确思维的过程中，运用包括所谓"不正确"的无效式在内的各种推论形式，得出具有可能正确结论的逻辑方式。

这个定义虽然将"推测"归属为"猜测"，但它不是无根据或根据极少的胡乱猜想（如根据乌鸦叫，猜测大事不妙），而是根据较为充分的、有一定理性的猜测。我们知道，"科学猜想"是很大胆的，甚至比瞎猜乱想还大胆。比如，在以宗教威严维护"地心说"的绝对情况下，哥白尼斗胆提出"日心说"；在牛顿绝对时空观的学术权威下，爱因斯坦超乎寻常、令人匪夷所思地指出高速运动下的时间可以变慢，空间可以缩短。所以，证伪主义的代表人物波普尔有句名言：科学发现就是大胆猜想。"尽管他的著作《科学发现的逻辑》主要讨论的是科学检验、评价和选择的逻辑，但他却敢于提出'科学发现没有逻辑，是非理性的，科学发现就是不断猜想与反驳。'他的著名口号是：'大胆猜想'。"② 虽说波普尔的话有点过分，科学猜想没有了逻辑基础，没有了理性根基，还怎么叫"科学"的猜想呢？我们将科学猜想概括为推测，就可以既"回归"它的逻辑理性，但又区别于非要强调有效论证不可的传统逻辑理性。其实，科学研究不仅仅需要大胆猜想，甚至还需要离奇"幻想"："科学家建立科学理论，做出科学发现，必须善于观察，长于思考，具有丰富的想象力。郭沫若同志在《科学的春天》一文中谈道：'科学需要创造，需要幻想，有幻想才能打破传统的约束，才能发展科学'。的确，没有想象，科学就难以张开翅膀，难以大步前进。大胆而又丰富的想象力是科学发现和发明所不可缺少的因素。所有伟大的科学家和发明家，

---

① 中国社会科学院语言研究所词典编辑室. 现代汉语词典 [M]. 5 版. 北京：商务印书馆，2005：1384.
② 王滨. 超越逻辑：创造性解决问题 [M]. 上海：上海科学普及出版社，2000：23–24.

都曾自由地运用他们的想象,创造出不逊于艺术珍品的科学成就。"① 科学猜想也好,科学幻想也罢,虽然表层上都染上了感性的色彩,但其内核的理性基础依然存在,绝对不能泯灭。

"推测"的"测",表明它是一种猜测,具有不确定性,具有大胆性或感性;而"推测"中的"推",表明它是具有逻辑根据性的,是具有谨慎性或理性的。也可以换一个角度理解,将"推测"看成是"推理"与"猜测"合二为一的词,即它的结论既是"推"出来的,又有"猜"的成分;是一种既大胆又谨慎、既有感性色彩又有理性基础的猜测,其结论正确可靠的可能性必然存在。基于这一点,再将所谓违背逻辑规则的有效式以外的推论形式一律称为无效式就是不合适的(当其他警察侦查了十几个小时未发现蛛丝马迹而李昌钰很快发现关键证据的时候,我们还说他在用无效式推出不可靠的结论,真的是不合适的),就抹杀了它们原本的逻辑性和实际有效性。所以,把它们纳入逻辑推测之中,不叫"无效式",而改称其为"或效式",那就恰如其分了。"或效"就是或者有效,很大程度上可靠的意思。相对于普通逻辑"有效推论"的说法,这里就应形成"或效推测"的说法。

从概念角度来讲,"或效推测"的外延远远大于"或然推理"的外延。

二、或效推测的种类

普通逻辑以推理为核心研究内容,"悬逻辑"则是以或效推测为核心研究内容的。在此,我们先将或效推测的种类梳理一下,以体现出或然推理向或效推测的扩张程度及扩张范围。

(一)或然性推测

这是现在的普通逻辑已经吸收进来的内容,所以将其作为或效推测的第一个种类。相对于必然推理的蕴含关系而言,或然性推理的前提和结论之间不具有蕴含关系,但一定具有可能性的关联。它无法得出必然可靠的结论,但得出的结论有一定的可靠性,即便是风险最大的简单枚举推理或个案推理,也有得出正确结论的可能性。那位物理学家仅见到一只爱尔兰的黑山羊就推测爱尔兰的山羊都是黑的,风险非常大,但这毕竟是在山羊之间进行推论,如果他猜想爱尔兰的兔子、牛马也是黑的,我们就会觉得没什么逻辑根据了,好像是思维尚不健全的儿童的天真思维。在特殊情况下,简单枚举归纳推理或个案推理还是很有用的。比如,警察在围捕一个犯罪团伙时,其中一个成员"嘭"地打了一枪,他们就会立即推测这伙人可能身上都有武器。这个推测对警察修改围捕方案,维护群众及自身安全等,是至关重要的。战场上,指挥员往往根据敌人的一点动向来断定敌

---

① 天津人民广播电台科技组. 科学创造的艺术 [M]. 北京:中国广播电视出版社,1987:130.

人的整体企图，如果从所谓严格的逻辑来看，这种断定肯定是不靠谱的，但许多驰骋疆场的指挥员就是凭着这种敏感性，采取机动灵活的战术，扭转战局，克敌制胜。你还敢说，这种推测是不可靠的、不正确的、无效的推理吗？

从培根的《新工具论》开始大张旗鼓地研究归纳推理、归纳方法，到现在形成归纳逻辑的庞大系统，或然性推理已经历了几百年的发展，已经产生出科学归纳、概率归纳以及探求因果联系的归纳方法、类比推理新形式等众多内容，再加上现代逻辑的多值逻辑、模态逻辑等，或然推理已经取得了相当的地位。在"悬逻辑"体系下，我们将或然性推理称为或然性推测。

（二）无效式推测

在现行逻辑教科书中，尤其是在法律逻辑的所有教材中，都讲到了回溯推理，它是假言推理的一个无效式，但其有用性、合理性得到大家的广泛认同。轰动一时的阿拉法特死于钋中毒的推测，也是应用回溯推理的一个典型例子，因为瑞士一个大学的实验室在阿拉法特衣物尤其是内衣中检测到了钋元素而引起的。不要说在衣服上检测到了钋，即便是在阿拉法特体内检测到了钋，也不能用必然性推理确定他死于钋中毒，只能用这个无效式来推测，但可能性大大增强是确定的。其实，笔者历来主张无效式不主张无用式，回溯推理是充分条件假言推理的肯定后件式，而另一个无效式就是否定前件式，它一样可以构造出十分有用的推测：如果犯罪嫌疑人熟悉这里的道路，他就会很快跑掉；但我们得知这个嫌疑人第一次来到此地，因而我们推测在这么短的时间内他还没有跑掉（应立即搜捕）。

无效式推测的种类有很多。在三段论推理中，一般有效式只有 11 个，无效式则有 53 个；在选言推理中，相容选言推理的肯定否定式是无效式；在假言推理中有 6 个无效式。这些所谓的无效式大多数是有用的，是可以用作逻辑推测的。

（三）不定式推测

根据同素材性质判断的真假制约关系进行的关系直接推理中，只有利用矛盾关系可以实现真假之间的必然性互推（确定一个判断的真或假，就可确定与之有矛盾关系的另一个判断的假或真），其他关系则不行。反对关系可以由一个判断的真必然确定另一个判断的假，但由一个判断的假确定另一个判断的情况就是真假不定的。比如，确定"他们都是阿拉伯人"为假，那么能否确定"他们都不是阿拉伯人"呢？不一定，只能是真假不定。这就是不定式。但此时，推测"他们都不是阿拉伯人"是可以的、有根据的。

所以，将不定式纳入逻辑推测之中也会有实际的应用。在性质判断对当关系直接推理中，不定式至少有 8 个，因为结论可真可假，由此构成的推测式就可以有 16 个。如果再扩展到真值模态推理和规范推理，推测式就更多了。

(四) 非形式推测

现实中，我们会遇到的悬疑问题千奇百怪，形形色色。对这些问题不是都能进行形式分析的，很多情况下要进行非形式的却是很有道理、很深刻的分析。一些专家早就提出了"超越逻辑"的观点。于是，学者们建立了多种多样的与逻辑思维相关但又是非形式的分析模式，如批判性思维、超常思维、预测思维、博弈思维、直觉思维等。运用这些思维方式所做出的推测，实用性、创造性都是很强的，其中的正确性、合理性也是必须得到认可的。

首先，由拉尔夫·约翰逊和安冬尼·布莱尔创立的、在北美20世纪70年代兴起的非形式逻辑已经形成一股潮流。非形式逻辑是"能够用于分析、评估和改进出现于人际交流、广告、政治辩论、法庭辩论以及报纸、电视、互联网等大众媒体之中的非形式推理和论证的逻辑理论"。"作为一种执行非形式逻辑所刻画的自然语言推理模式的尝试，在研究多主体系统中主体之间互动的计算模拟领域所取得的进展表明，非单调逻辑、概率论以及其他的非经典的形式框架很可能会有大的作为。"[①] 这些论述表明，人们已经普遍承认非形式逻辑是逻辑，已经将其纳入正确思维的框架之中，并且实践已经证实它们是大有用途的，但其结论具有可能的不定性（即属于推测）。

其次，关于批判性思维的研究方兴未艾，浪潮已经袭来。巧合的是，批判性思维实质上也是研究悬疑问题的思维工具，而且也是在理性基础上进行的正确思维："一个批判性思维者不仅仅是悬疑判断。质疑、批判是为了寻求理由或确保正当性，为我们的信念和行为进行理性奠基。"[②] 批判性思维所用到的推论也非常明显地具有推测的性质："辨识和把握得出合理结论所需要的因素：形成猜想和假说；考虑相关信息并从数据、陈述、原则、证据、判断、信念、意见、概念、描述、问题或其他表征形式导出逻辑判断。……阐明解决问题的多种选择，假定关于某一问题的一系列推测，设计关于事项的可选假说，发展达至目标的各种计划；描述预见并设计决策、立场、政策、理论或信念的可能后果的排序。"[③]

再次，预测学、未来学已经是一门科学，而且还可细分为自然预测学和社会预测学。预测学中的预测思维方法有演绎推理性质的不多，多的则是归纳性质的或非形式性质的，因为预测中的"测"本身就有"推测"之意。比如，以某类事物的已知部分所具有的属性推知该类事物未知部分也具有这个属性的预测归纳推理，就是或然性的不完全归纳推理。而概率论方法、综合分析方法等，都是在进行或效推测。预测学、未来学既然称为"学"，那就是科学的意思，就应当是正确的，但其中大量运用推测也有了不确定的含义。尤其是社会预测学，更是要

[①] 彭漪涟，马钦荣. 逻辑学大辞典 [M]. 上海：上海辞书出版社，2004：702-703.

[②③] 武宏志，刘春杰. 批判性思维：以论证逻辑为工具 [M]. 西安：陕西人民出版社，2005：2, 4.

运用大量的不能得出准确结论的推测形式。"社会预测的准确性必须依靠信息的完备性。信息的完备性包括信息的完整性和真实可靠性两个方面。这一点在相对单纯的自然领域中比较容易做到，但在纷繁复杂的社会领域就很难做到，甚至可以说根本无法完全地做到。"①

还有，现代社会十分重视创造性思维、超常思维，其实质就是要人们摒弃或超越常规性的保守思维和僵硬性的纵向演绎思维。"传统的人常以'打井'的思维方式想问题，沿着笔直的思路深钻下去，并且矢志不移。……现代社会要求人们不要沿着自己的思路单线思考，而要立体钻研，全方位思考。"② 这里说的全方位思考包括多种思维方法，如发散性思维、横向水平思维、超前思维等。在这些思维模型中，毫无疑问地在运用着不同形式的大批量的推测。

自20世纪20年代数学家冯·诺伊曼的博弈论中衍生出来的博弈思维，按其实质来说，也应该归属于以推测为主要内容的非形式的逻辑推测。"博弈思维是指这样一种思维方式，当我们与他人处于博弈之中时，为了实现我们人生各个阶段的目标，我们主动地运用策略实现我们的目标。……我们要使用我们的理性分析力，分析我们各种可能的备选策略以及他人的备选策略，分析这些策略组合下的各种可能后果以及实现这些后果的可能性（概率），从而选择使我们收益最大或者最能够实现我们目标的策略。……博弈思维是一种科学思维。它体现了人的理性精神。"③

最后，在科学研究中及在侦察实践中，人们还会经常用到直觉思维的方法，它其实不是完全感性的，而是一种介于自觉与不自觉之间的理性思维方法。当然，直觉思维的理性属性容易让人产生困惑，因而在这方面的研究比较混乱。不过，这种方法的创造性属性却是几乎无人怀疑的："在科学创造、科学研究中，在形式逻辑方法采用的同时，有意识地突破形式逻辑的框架而运用非逻辑的直觉方法，有时会带来新的突破。"④ 既然是"有意识地"，说明它还是有理性根据的。比如，先凭经验大致判断一下就进行的模糊估量法，善于从总体考虑的整体把握法，以及借用图形来阐述研究问题的笛卡尔连接法等，这些直觉思维的方法都透射着理性的光芒。当然，其猜测的成分肯定是存在的。

（五）非显性推测

前面所说的非形式推测尽管看不到抽象的符号形式概括，但毕竟还进行了分析阐述，但有些推测似乎是看不见、摸不着的，但在现实中也在很大的范围内应

---

① 阎耀军.社会预测学基本原理［M］.北京：社会科学文献出版社，2005：329.
② 凡禹.超常思维的修炼［M］.北京：民主与建设出版社，1999：42.
③ 潘天群.博弈思维：逻辑使你决策致胜［M］.北京：北京大学出版社，2005：7.
④ 周义澄.科学创造与直觉［M］.北京：人民出版社，1986：248.

用着。如一些人通过灵感思维居然做出了正确的推测，他们往往是苦思冥想得不出结论，却在突然的不经意间得到了想要的结论。还有人提出了情感推理，依据所谓的情感规律，人们可能在情感溢泄之际不知不觉地做出了某种推测。再就是潜规则推测，在职场、官场、情场，人们在不自觉地遵循某种潜规则，对他人或自身的行为进行不需言表的推测。这些推测的理性因素好像更少一些，但其正确度有时竟然是很高的，这说明其理性基础其实是不可或缺的。

尽管灵感是捉摸不定的，且灵感思维具有突发性、瞬息性、独创性的特点，很难搞清楚其内在机制，然而一些学者还坚持认为，"灵感思维就是这样一种长期被实践反复印证下来的人类的一种基本思维形式"。"灵感思维的确立是思维和存在的统一性在深层次上的实现。自然，由于灵感思维形式的确立，也进一步促进了理性思维与非理性思维交合、统一和协调发展，这将是无法回避的历史逻辑"①。当然，将灵感思维纳入逻辑范畴可能会引起非议，也会带来许多困难，但笔者觉得既然将其确立为基本思维形式，逻辑还是应该接纳它的。

关于情感推理的研究目前还很薄弱，由于人天生就是有感情的动物，因此人们关于情感推测的体验并不乏见。比如，一个年轻的男经理与女客户谈论业务，电话频繁。这本来很正常，但如果经理的恋人正好处在情感波动时期，就会推测自己的男朋友与这个女人关系暧昧，甚至断定更糟的结果。人们在情绪激动的情况下，常会因一句话、一个举动做出恶性推测，甚至发展为所谓的"激情犯罪"。这中间，有很多东西也是说不清的，但若能结合心理学进行深入研究，也应该能找出某些规律。与此相关（并非等同），法律上的合情推理（应该是推测）也已经有人研究，并得到一定的应用。"合情推理（plausible reasoning）是从不完善的前提得出有用结论的推理。"② 我们对劫持人质者往往使用亲情呼唤的手段、对犯罪嫌疑人讯问时使用真情打动的手段等，实际上就是在应用情感推测术。

近年来，社会流行起"潜规则"一词，各种报道和说法，让人眼花缭乱。尽管没有专家给出确切的定义，但大概可以这样理解：人们的许多行为或思考问题的根据不是在社会显规则下进行的，而是在大家意识到的但又不能明白说出的某种隐性规则下进行的。官场有升官就得有行贿的潜规则，演艺圈有成名就得有讨好"大牌"甚至"献身"的潜规则，就连学术界也有潜规则："正如所有的机构一样，学术界也有正式和非正式的运作规则。正式的规则在教师手册里有明文规定，可供每一个人参考。可是，那些支配着整个领域发展的不成文的规则却难

---

① 刘奎林. 灵感：创新的非逻辑思维艺术 [M]. 哈尔滨：黑龙江人民出版社，2003：78, 85.
② 徐明良，张传新. 审案的逻辑艺术 [M]. 北京：中国法制出版社，2009：181.

以发现。"① 在潜规则下人们形成了相对固定的思维模式，其中大量运用着推测是确定无疑的。

本章基于普通逻辑体系，主要讨论或然性推测、不定式推测和无效式推测。其他非形式推测的方法、技巧等，则专门列出一章探讨。

第二节 或然性推测

本节讲述的内容就是普通逻辑的或然性推理的内容，包括探求因果的逻辑方法。由于这些内容在现行的各种普通逻辑教材中都有介绍，因而这里只是选择性地、浓缩性地简介一下，不再详细展开。

或然性推理，简单来说，就是前提与结论之间不具有蕴含关系的推理，即前提真，结论不必然真的推理。在"悬逻辑"体系中，我们将"推理"二字改称为"推测"。

一、不完全归纳推测

普通逻辑将不完全归纳推理定义为：根据一类事物中的部分对象具有（或不具有）某种属性，从而推出该类事物的全部对象都具有（或不具有）某种属性的归纳推理。运用这一推理形式，进行探测性问题的解答，那就是不完全归纳推测。例如：

观察可知，触电死亡的人两臂肘部弯曲，大火烧死的人两臂肘部弯曲，雷电击死的人两臂肘部弯曲，因而推测：凡高温致死的人两臂肘部都是弯曲的。

这是一个不完全归纳推测，它只观察了部分高温致死的人两臂肘部弯曲的情况，就去大胆推测所有高温致死的人两臂肘部都是弯曲的这一结论。

不完全归纳推测的前提只是断定了某类事物中的部分对象具有某种属性，而结论却断定了该类事物的全部对象都具有这种属性，因此，其结论所断定的范围超出了前提所断定的范围，因而前提与结论之间的联系就不是必然蕴含的，只能是或然的。

不完全归纳推测有几种性质略有区别的种类，下面介绍两种最常用的形式。

（一）简单枚举归纳推测

这种推测是根据一类事物中部分对象具有某种属性，并且没有遇到与之相反的事例，从而推出该类所有事物都具有这种属性的不完全归纳推测。例如：

一位法医接触了几例被溺死的人，发现其尸体都有"颜面青紫、眼睑结膜

---

① 〔美〕约翰·达利，〔加〕马克·扎纳，〔美〕亨利·罗迪格. 规则与潜规则：学术界的生存智慧［M］. 2 版. 卢素珍，译. 北京：北京大学出版社，2008.

有出血斑点或水肿"现象，而且在以后又接触的同类事例中，没有发现不是这种现象的反例，于是推测："凡被溺死的人都有颜面青紫，眼睑结膜有出血斑点或水肿"的现象。

简单枚举归纳推测的形式是：

S_1 是 p；

S_2 是 p；

……

S_n 是 p；

(S_1, …, S_n 是 S 类的部分对象，并且没有遇到反例)

所以，所有 S 都是 p。

结合上例，推理形式中的"S"表示的是"所有被溺死的人"，"S_1, …, S_n"表示法医接触过的溺死尸体个例，"p"表示"颜面青紫，眼睑结膜有出血斑点或水肿现象"。

从上述简单枚举归纳推测的定义和形式可以看出，简单枚举归纳推测的特点是：前提只对结论提供一定程度的支持，其结论不是太可靠。因为：第一，根据一类事物中的部分对象所具有的某种属性，来推测该类事物中的全部对象都具有这种属性，即由"部分 S 是 p"推出"所有 S 是 p"，这本身不具有一定的风险。第二，根据考察部分对象时没有遇到反例，而由此假定考察全部对象时也不会遇到反例，这显然也不具有逻辑必然性。因为，没有发现反例，不等于反例不存在，也不等于今后不会出现反例，所以，一旦发现反例，由简单枚举归纳推测得出的结论就会被推翻。比如，根据"燕子、麻雀、鸽子、喜鹊、海鸥等鸟会飞"的现象且暂未遇到例外（不会飞的鸟），于是便得出结论：所有鸟都会飞。但后来相反事例出现了，鸵鸟不会飞。于是，原来的结论就被推翻了。

尽管这种推测结论不十分可靠，也随时有可能被推翻，但它在日常生活、工作以及科学发现中仍然广泛应用着。许多经验性的知识常常是运用简单枚举归纳推测方法得来的，如"瑞雪兆丰年""月晕而风，础润而雨"等谚语，甚至可以包括"失败是成功之母""路遥知马力，日久见人心"等格言。

怎样才能提高简单枚举归纳推测结论的可靠程度呢？为此，特提出以下两点逻辑要求。

一是要尽可能多地、尽可能广地进行事例枚举，即从数量上提高。枚举的数量越多范围越广时，漏掉反事例的可能性就越小，结论可靠度自然越高。刑事侦查中指纹识别技术是十分可靠的，因为采集了非常多的个体指纹没有发现相同的，现在这一技术得到广泛推广，甚至职员打卡、门禁都采用了这种技术，并由此引发出掌纹识别技术、"眼球身份证""脸相辨别系统"等。这里的简单枚举，实际在数量上已经是"复杂"枚举了，结论自然可靠。

二是有意识可能出现反面事例的场合搜集事例而仍未发现反例，这有点从质上提高的意味。比如，我们在双胞胎、多胞胎的人群中寻找指纹相同、脸相相同的事例，结果还是没有找到。有些看起来极为相同，但实际上仍有细微区别。

在运用简单枚举归纳推测时，不注意以上两点，可能会犯"轻率概括"或"以偏概全"的逻辑错误。例如，有人只是与某地区某个人或某几个人交往，发现他们比较蛮横，就推测出"该地区的人都很蛮横"的一般性结论。这就是"轻率概括""以偏概全"。

（二）科学归纳推测

科学归纳推测是根据一类事物中的部分对象具有某种属性，并且分析建立了这部分对象与某种属性之间的因果关系，进而得出该类事物都具有这种属性的归纳性推测。例如：

有人观察了向日葵，发现向日葵的花总是随着太阳的移动而转动，即葵花总是朝向太阳。经过进一步的研究发现，向日葵的茎部含有的植物生长素，既可以刺激生长，又具有背光的特性。这样，这种生长素常常在背着太阳的一面生长得非常快，超过了向阳一面的生长速度。于是开在顶端的花总是朝着太阳。据此可以推测：所有向日葵的花都会始终朝着太阳。

这个结论的得出，不仅是观察事例而做出的，而且加上了因果联系的分析研究，得到了科学的解释，故将这种不完全归纳推测的形式称作科学归纳推测。

科学归纳推测的形式可以表示为：

S_1 是 p；

S_2 是 p；

……

S_n 是 p；

（S_1，S_2…，S_n 是 S 类的部分对象，并且 S 与 p 之间有因果联系）

所以，所有 S 都是 p。

科学归纳推测不仅考察了一类事物中的部分对象具有某种属性，关键是对对象与属性之间的因果联系进行了科学的分析，从而使人们的认识又知其然进到知其所以然的深度。正因为有这种因果联系的建立，所以，其结论虽然也是或然的，比较可靠。

科学归纳推测在科学研究、科学发现和日常说理论证中被广泛应用着。

（三）统计归纳推测

统计归纳推测是通过对总体中抽取的样本的每一个对象的考察，得出样本某一属性出现的概率，然后由样本的概率推测总体这一属性出现的概率的归纳性推测。当一类事物的分子非常多，对其全部分子进行考察存在困难的时候，我们可随机抽取一些样本，通过对样本中的每一个分子进行考察，统计出一些准确的数据，然后将这一数据的结果推广到此类事物的总体。人口状况调查、经济状况调查以及健康状况调查等，常常就是靠统计归纳推测进行的。例如：

为了了解大学生用手机上网的具体情况，2012年，调查者对南航金城学院及附近大学城的高校在校生进行了调查，共发放有效问卷800份，其中男性占53%，理工科占57%。调查结果显示：超过98%的学生使用手机上网，超过80%的学生经常使用手机上网；超过90%的人每天使用手机上网，超过80%的人每天使用手机上网的时间在1小时以上且消耗流量在60～100兆。据此，得出结论：当今社会的大学生绝大多数每天手机上网时间在1～2小时，流量消耗在60～100兆。①

这里的样本仅仅为800人，得出的结果却用到了当年的2000多万大学生身上。

统计归纳推测的一般形式可以表示为：

S_1，…，S_n 中出现属性 P 的频率为 N%，

S_1，…，S_n 是 S 的随机样品。

所以，所有 S 出现 P 的频率为 N%。

在这个过程中，对样本的考察实际上是遵循完全归纳推理的，而对整体而言则是由部分推测全体，因而结论不是必然可靠的。影响统计归纳结论可靠性的因素有很多，有数据的采集程序及平均值的计算问题，也有调查者与被调查者（假设调查对象为人）心理因素干扰问题，还有非常重要的样本代表性问题。"所谓样本要具有代表性，就是选出的样本应该是能够代表总体的样本。……样本的代表性越大，结论的可靠性就越大；样本的代表性越小，结论的可靠性就越小。因此，在进行选样时，应加大样本的代表性。"② 当然，这里也应注意其他的因素，其他环节出了问题，结论的可靠性同样会受到很大影响。

为了提高统计归纳推测结论的可靠性，在此，对样本的代表性问题提出以下几方面的逻辑要求。

第一，确保样本是随机抽取的。一般情况下，选样不能是预定的，以便尽量排除抽样过程中主观因素的干扰，保证抽样的客观性。如果故意选取某富裕地区或贫困地区的大学生进行上述调查，结论自然就会出现偏差。

第二，样本尽量多。样本采集得越多，范围就越广，与完全归纳就越接近，算出的平均值就越客观，样本的代表性就越大、越强，结论当然也就更加可靠。上述调查仅选出了800个样本，如若样本的数量达到10000个，结论的可靠程度就会大大提高。

---

① 古贞等. 大学生手机上网现状调查及调查分析报告 [J]. 现代交际，2012 (5).
② 张大松，蒋新苗. 法律逻辑学教程 [M]. 第2版. 北京：高等教育出版社，2007：128.

第三，一定进行分类分层选样。总体中的各个个体之间会存在差别，如果我们将其分成若干类别、若干层次，确保每个层次、每种类别都有一定数量的样本，样本的代表性就比较全面，结论当然也就更加可靠。上述调查首先进行了男女之分，其次又有文理分别，如果再进行不同年级的区分，家庭经济状况的区分，那就更好了。

二、类比推测

根据一般逻辑教材对类比推理的定义，我们将类比推测这样定义：根据两个或两类对象在某些属性上相同或相似，从而推出它们在另一属性上也是相同的或然性推测。对象可以指现实存在的具体事物，也可以指人造的试验模型，还可以指将现实事物转化为大量数据而在计算机上生成的虚拟事物。由此，我们将类比推测分为以下三种类型。

（一）事物类比推测

依据事物之间客观存在的同一性或相似性，通过概括、比较，在事物之间进行的类比推测就是事物类比推测。例如：

17世纪，物理学家惠更斯发现声音有直线传播、反射、折射等现象，同时又有波动性；光也有直线传播、反射、折射等现象。于是惠更斯推测：光也有波动性。这就是著名的光波动说诞生的情景。几经周折，到了19世纪，英国的托马斯·扬，进一步将光和声音进行类比，在二者的类比中引进了波长概念，解释了光和声音的干涉现象，提出了横波概念，光的波动说得到最后确认。

事物类比推测的逻辑形式是：

A事物具有a、b、c、d属性；

B事物具有a、b、c属性；

所以，B事物也具有d属性。

这一公式中的A、B表示相比较的两个或两类事物；a、b、c表示A、B这两个或两类事物的相同或相似的属性；d就是推测出的B对象的新属性。

推测出的新属性（结论）不是必然可靠的，因为事物之间除了同一性、相似性外，还存在差异性。德国大诗人歌德说："世界上没有完全相同的两片树叶"，更何况是两个或两类事物。为了提高事物类比结论的可靠程度，特提出以下三条逻辑要求。

第一，从数量方面考虑，要尽量增加类比对象相同或相似属性的数量。两类事物间的相同或相似属性越多，说明它们在客观世界中越接近，由此推测它们在另一属性上也相同或相似的可能性就越大，结论自然也就越可靠。

第二，从关联上考虑，进行类比的相同或相似的属性与推出的属性之间应该是相关的，有本质联系的。如果已知的类比事物（本体）的属性abc与推出的属性 d 之间存在充分条件联系，即"如果 abc，则 d"，那么从 abc 都相同的另一事物（类比体）身上得出 d 的结论就不仅是可靠的，而且是必然的了。

第三，从本质上考虑，在进行类比时，要尽量将两个事物之间的本质特有属性进行比较，如果仅仅把两个或两类事物表面的、偶然的相同或相似的属性拿来类比，结论当然不靠谱。不注意这个要求就会犯"机械类比"的逻辑错误。例如，在基督教神学中，有的神学家将宇宙和钟表进行类比，认为宇宙和钟表都是由许多部分构成的一个和谐整体，而钟表有一个创造者，所以可以推测宇宙也应当有一个创造者，这个创造者就是上帝。其实，这些神学家在这里犯下了"机械类比"的逻辑错误。

（二）模型类比推测

随着技术的进步和社会的发展，人们需要制造诸如舰艇、飞机、火箭等工艺复杂、造价昂贵的产品，需要建造水利枢纽、核电设施、大型建筑等工程。在正式投产、施工之前，为避免损失过大，除了精心绘制图纸外，还要先制作仿真模型进行模拟试验。然后将试验模型所具有的特性推到制造的产品身上。如果说事物类比推测是在事物与事物之间进行，那么模型类比推测就是在模型与实物（研制原型）之间进行。这就是模型类比推测的过程。而且，伴随着现代工程技术科学和 20 世纪 60 年代仿生学的发展，人们开始双向运用这种类型的类比推测。

在研制宇宙飞船、水电工程等时，研制人员是从模型试验的性能出发来推断研制原型的性能，应用的是由模型向原型过渡的类比推测形式：

试验模型：a、b、c、d

研制原型：a、b、c

所以，研制原型也具有 d

在研制电子蛙眼、雷达等仿生产品时，研制人员是从自然生物某些器官的特性出发推断生物制品的特性，应用的是由自然原型向技术模型过渡的类比推测形式：

自然原型：a、b、c、d

技术模型：a、b、c

所以，技术模型也具有 d

（三）虚拟类比推测

当今社会，计算机已经成为各个领域离不开的基本工具。人们可以将现实世界的事物数字化、虚拟化，在所谓的"赛博空间"（计算机虚拟空间）建成虚拟实在事物，并能实现人机互动。这个"虚拟实在事物"与"现实物理实在事物"，在某种意义上是具有很高程度上的对等性的。比如，现实有架隐形飞机 A，网络上也可生成虚拟隐形飞机 A'，A 与 A' 在极其高的程度上对等。因此，在虚拟实在与相应的物理实在之间进行类比认识活动，我们既可以将对虚拟的东西进行动态的、深入的研究成果应用于现实事物，也可以将对现实事物的研究结果作用到虚拟事物身上以其得到某种验证。所以，虚拟类比推测也是可以双向进行的。

1. 从虚拟实在到现实存在的虚拟类推

这种类推的过程是，先将现实对象数字化，在再赛博空间生成与现实对象基本一致的虚拟实在，然后对虚拟实在进行试验研究，最后将研究结果推到现实对象身上。

广州军区总医院曾对一位下颌过于宽大的 30 岁女人进行整形。整形前，先为她拍摄了不同角度的数码相片，并将其头部的 CT 图像扫描到计算机中，由此生成这位女士的三维颅骨模型。然后，整形专家开始在计算机屏幕上对虚拟实在做"手术"。最后，再将"手术"取得的经验进行总结，为那位女士实施了真实的手术，将其打造成具有东方经典美貌的女人。以上过程可用逻辑推理表示为：

该女士头部 A 数字化为计算机图像 A'；

<u>对 A' 进行虚拟宽下颌切割手术得到虚拟"东方经典美"结果；</u>

所以，对该女士头部 A 实施这种手术也将会产生"东方经典美"结果。

再对这个结果进行抽象，就可得到从虚拟实在到现实存在的虚拟类推形式：

现实对象 A 数字化为虚拟对象 A'；

<u>对 A' 输入 a' 则输出 b'；</u>

所以，对 A 作用 a 也会产生 b。

2. 从现实存在到虚拟实在的虚拟类推

进行这种类比推测也需要先将现实对象数字化，生成赛博空间的虚拟实在；然后则根据对现实事物进行某种作用产生某种结果，推断对虚拟实在进行这种作用也会得到某种类似的结果，从而确证某个结论。

例如，美国密歇根州立大学组织计算机科学家、生物学家和哲学家研究细菌的变异。他们将 200 台计算机连在一起，制造出若干能在几分钟内复制自己的几万个副本的数字生物体。然后通过一款名叫"阿维达"（意为"渴望"）的软件，扫描计算机屏幕上如同瀑布一样倾泻的一行行数字，追踪一代代数字生物体的出生、生存和死亡，进行生物进化过程的模拟。微生物学家理查德·兰斯基曾对一个大肠杆菌进行繁殖试验观察，将它的后代创建成 12 个分别的菌落。后来，他用阿维达软件建立了这些细菌菌落的数字版本，通过敲击键盘快速进行试验、记录、研究，一个小时的成果等于几年的成果，并最终得到了预想的结论。

从现实存在到虚拟实在的虚拟类推形式是：

现实对象 A 数字化为虚拟对象 A'；

对 A 曾作用 a 得到 b；

所以，对 A'作用 a'也会产生 b'。

这个公式表明，现实事物的经验在计算机虚拟世界中得到了验证。①

（四）类比推测的司法应用

在包括公检法司在内的司法工作中，类比推测也被广泛应用。其常用的类别形式有以下几种。

1. 并案侦查类比推测

在刑事侦查工作开展过程中，如果发现某些案件有类似相通之处，就可运用类比推测进行所谓的"并案侦查"。"并案侦查"在具体的运用上，又有以下两种不同的情形：

第一，合并多案同时侦查。根据几起性质相同的案件在许多方面具有相同或相似的地方，类比推测这几起案件都是同一个人或同一伙人所为的。例如，湛江市曾在1年的时间里先后发生了22宗撬盗保险柜的案件。该市公安局刑侦队在侦查中发现，这22宗案件都具有以下相同或相似的特征：一是作案时间都是深夜；二是犯罪嫌疑人进入现场选择的入口多是门窗上方的气窗；三是保险柜被撬的部位都是在左上角；四是撬压痕的用力方向和着力点都相同。于是，他们并案侦查，综合各种案件描绘出案犯的特征：较瘦、灵活、力壮，身高为1.70米左右、年龄20多岁。很快，他们锁定了目标，破获了此案。其推测的形式为：

A、B、C、D 等案都具有 a、b、c、d 等特征；

A、B 案是某个人或某伙人所为；

那么，C、D 案也是这个人或这伙人所为。

第二，根据旧案破获新案。根据旧案与新案在许多方面有相同或相似之处，并且已经知道旧案是某一人或某一伙人所为，然后运用类比推测进行并案，最后推出新案也是这个人或该伙人所为。其推测的形式为：

旧案 A 和新案 B 都具有 a、b、c、d 等特征；

旧案 A 是某甲所为；

所以，新案 B 也是某甲所为。

2. 侦查实验类比推测

这是模型类比推测在侦查实践中的应用。

侦查实验在刑事侦查工作中应用很广泛。严格来说，每次犯罪活动都是不可再现的，那就需要进行实验模拟，以确定在某种条件下某种事实或现象能否发生，某一行为能产生何种结果，某种痕迹能否形成证人证言和犯罪嫌疑人的口供是否真实，等等。

例如，在侦破一起凶杀案时，侦查人员在被害人居住的室内现场发现地面上

---

① 王仁法. 逻辑对科技发展的新总结：建立虚拟类推 [J]. 广东社会科学，2007（5）.

留有足迹，其中一种足迹与犯罪嫌疑人林某的鞋底花纹一致。讯问林某时，他说是在被害人死后的第三天他进屋时留下的。为弄清林某是否说谎，侦查人员进行了广泛的调查访问，终于了解到被害人生前有每天睡觉前都要洒水扫地的习惯。这样，林某的足迹应该是在被害人洒水后踩出来的。侦查人员决定进行试验。他们先在与遗留足迹相同土质的地面上洒水，然后选择一个身高体重与林某大致相同的人，穿上同种类的鞋，每隔半小时踩一次，并拍下照片；最后将各个时间段拍的照片与现场足迹照片对比，结果表明：1～2小时踩出来的足迹与现场足迹完全相同。这就说明，林某说的是假话，其足迹应该是在被害人被杀的那天晚上洒水后不久留下来的。案件侦破后证实林某就是杀人凶手。

侦查实验类比推测的逻辑形式是：

案发现场有素材 A、B、C；

<u>侦查实验有素材 A'、B'、C' 且可产生属性 d；</u>

所以，案发现场的 A、B、C 也会产生属性 d。

3. 判例类推

从表现上看，判例类推已经不是推测，而是实际上做出判决结果了；但从实质上看，这种类推仍然是类比推测，因为世界上绝对没有两个完全相同的案件，不能必然得出相同的判决。具体来说，判例类推就是将待处理或等待审理的案件（亦称"问题案件"）与已处理或已审结的某起案件（亦称"判例案件"）进行类比，然后根据两起案件的基本性质、事实特征的相同或相似，推知它们适用的法律条文和判决结果也应相同的法律类推。

在审判实践中，判例类推体现了"相同之案件应为相同之处理""同样案件同样判决"的平等原则，也体现了审理案件时"遵循先例"的原则。不过，判例类推在我国的司法实践中很少运用，这里不再赘述。

判例类推的形式是：

A 案具有 abcd 特征，并且做了某判决；

<u>B 案也具有 abcd 特征；</u>

所以，B 案也应做某判决。

三、探求因果联系的推测方法

探求因果联系是指探求对象与属性之间是否存在因果关系，是运用科学归纳推测的逻辑基础。

马克思主义哲学认为，世界上的一切事物、现象都处在相互联系、相互制约、相互作用之中。如果某一现象的存在必然引起另一现象产生，那么这两种现象之间就具有一定的因果联系。其中，引起另一现象产生的现象被称为原因，由该现象的作用而产生的现象被称为结果。因果联系尽管具有普遍性和必然性的特征,但并不意味着任何两个现象之间都存在因果联系。比如,有人认为,祭拜神灵会就带来五谷丰登,彗星出现则会引起人间灾难。这实际上是人为强加的,客观世界并没有这种因果联系。因果联系尽管还有时间顺序上的先后相继特点(原因先于结果,结果后于原因),但时间顺序上的先后相继只是确定两种现象之间有因果联系的必要条件,而不是充分条件。也就是说,在先于结果而存在的诸多相关因素中包含着原因,但不一定全部是原因;同样,在后于原因而出现的诸多相关因素中也包含着结果,但不一定全部是该原因所引起的结果。如果把时间上的先后相继与因果联系相混淆,就会导致"以先后为因果"的错误。

由此可见,确立因果联系是一件比较复杂的事情,它涉及观察、实验、统计等一系列科学方法,单靠逻辑知识不可能完全做到。但是,在判定事物、现象之间有无因果联系时,逻辑也应发挥其工具性的作用。探求因果联系的求同法、求异法、求同求异并用法、共变法、剩余法,正是这样的逻辑方法。因这些方法是英国逻辑学家穆勒在总结前人归纳方法的基础上提出的,故又称为"穆勒五法"。这里,我们称其为探求因果联系的逻辑推测方法。

(一)求同推测法

求同推测法又称为契合法。其基本内容可表述为:在被研究现象出现的若干不同场合中,只有一种情况相同,其他情况都不相同,我们就可推测这唯一相同的情况与被研究现象之间存在因果联系。

例如,1855年,日本江户地区发生了6.9级地震。地震发生前,当地一个农民发现有许多蚯蚓纷纷爬到地面;无独有偶,1970年1月,我国云南昆明以南地区发生强烈地震前,也有一些当地人发现有许多蚯蚓从冬眠状态下惊醒,纷纷钻出地面;还有,1977年3月,罗马尼亚布加勒斯特以北地区发生7.2级地震前,也有人在草坪上看见很多蚯蚓接二连三地钻出洞穴。这几次地震在发生的时间、地点、强度等方面的情况均有差异,各不相同,但相同的是震前当地的蚯蚓都反应异常。因此,我们推测蚯蚓反应异常与即将发生强烈地震之间有因果联系。

求同推测法的逻辑形式是:

场合	先行情况	被研究现象
(1)	ABC	a
(2)	ADE	a
(3)	AFG	a
……		

所以,A情况是a现象的原因。

求同推测法的特点可概括为"异中求同",即从被研究现象出现的各个不同场合中,找出唯一相同的因素来判明其中的因果联系。

此种推测法是一种寻找因果联系的初步方法，常用于对现象的观察，其结论所反映的只是一个关于现象间因果联系的初步假定。前面已经讲到，客观现象间的因果联系十分复杂，作为原因或结果的现象有时会被另一些现象所掩盖，因而在运用求同推测法时，如果"求同"所获得的只是表面相同而实质不同的因素，而被"除异"的又是表面不同但实质相同的因素，就难以得出可靠的结论了。

为了提高结论的可靠程度，运用时应注意以下两点：

一是尽量增加所考察场合的数量。一般来说，考察的场合越多、范围越广，各场合中的先行情况与被研究现象之间有因果联系的可能性也就越大，这样，结论的可靠程度也就相应地提高了。

二是在各个场合中，相同情况应当是唯一的。求同推测法是通过找出被研究现象出现的各个场合中唯一的相同情况来判明因果联系的，在寻找中如果出现各个场合的先行情况中有两个或两个以上相同因素的情况，就很难准确判明因果联系了。

（二）求异推测法

求异推测法又称为差异法。其基本内容可这样表述：在被研究现象出现和不出现的两个场合中，首先，只有一种情况不同而其他情况相同；其次，这种不同情况只在被研究现象出现的场合存在而在被研究现象不出现的场合不存在，这样我们就可推测这一不同情况与被研究现象之间具有因果联系。

例如，某建筑公司承建两栋楼房的施工，就在即将完工时，其中一栋因混凝土浇注件断裂而发生坍塌事故，另一栋则完好无损。在分析事故原因时，专家们发现两栋楼房的混凝土浇注件使用的是同一种水泥、石料和砂制作的，其设计规格和施工质量也相同，唯一不同的是所使用的钢材来源不同：发生事故的那些混凝土浇注件中的钢材是由一家乡办小型轧钢厂生产的，这种用收购来的废旧钢材轧制的产品，未经国家建材管理部门的检验；未发生事故的那栋楼房使用的混凝土浇注件中的钢材是由一家国有大型轧钢厂生产的，这种钢材经国家建材管理部门检验并认定为质量合格产品。据此，人们推定使用未经质量检验的钢材与混凝土浇注件断裂之间有因果联系。

求异推测法的逻辑形式是：

场合　　先行情况　　被研究现象
（1）　　　ABC　　　　　a
（2）　　　BC　　　　　—

所以，A 情况是 a 现象的原因。

求异推测法的特点可概括为"同中求异"，即把被研究现象出现和不出现的正反两个场合中的先行情况加以对比比较，排除各个相同的因素，寻找出唯一不同的因素，进而确定因果联系。

这种方法通常用于实验。实践中，科学研究和司法鉴定中的对比试验，一般就是按求异推测法的逻辑形式安排的。在实验中，用人工控制先行情况，有意识地安排仅有一个情况不同的两个场合进行对比，研究这个唯一不同的情况对被研究现象的存在发生什么作用，进而判明它们之间的因果联系。

尽管求异推测法所得出的结论仍然具有或然性，但由于在运用时有正反两个场合加以对比，一般来说，它比求同推测法结论的可靠程度要高得多。

为进一步提高结论的可靠性，应用求异推测法时，应当注意以下几点。

第一，对先行情况的考察要尽可能穷尽。

第二，在正反两个场合的先行情况中，尽量确保仅有一个差异情况，其他情况都必须相同。如果存在两个或两个以上的差异情况，就不能准确判明因果联系了。

第三，要详细分析这个"唯一的差异情况"与被研究现象之间的因果联系究竟是部分的联系，还是整体的联系，以便完整地把握其中的因果联系。

如果不注意以上几点，就可能产生某种错误。例如，黄×和罗×在同一场车祸中受了重伤，并被同时送到一家医院急诊。然而，到了次日，罗×死亡，而黄×却在不久后伤愈出院。对此，罗×的亲属回想起在二人被紧急送到医院时，医生对黄×很快做出诊断，使黄×得到了及时治疗，但对罗×的伤情则用了近1小时才确诊，接着才将罗×送进手术室抢救。于是，罗×的亲属便得出"医生诊断不及时是罗×死亡的原因"的结论，并据此认定罗×死于医疗事故，要求医院给予赔偿。

应该说，在该案例中，罗×的亲属对求异推测法的运用是错误的。首先，他只注意到受伤场合、送诊时间等因素，而忽视了黄×、罗×二人的伤势轻重、诊断的难易程度、救治手段等因素的差别，这表明罗×的亲属列举的相关因素是不穷尽的。其次，"诊断不及时"并不能确定为唯一的差异因素。后来经查阅病历，发现黄×的伤势相对较轻，且均系外伤，比较容易诊断，而罗×却有严重的内伤，诊断自然困难，医生使用了透视等手段才最终确诊。这意味着黄×、罗×二人的伤势差异因素较多，不是表面上的都流血、都重伤。最后，罗×的亲属认为"诊断不及时"与"罗×死亡"之间的因果联系是单独的、表面的，并不能进一步确认伤势等因素与罗×死亡之间有无因果联系。总之，像这样随意地运用求异推测法，所得出的结论很不可靠。

（三）求同求异并用推测法

求同求异并用推测法，也叫契合差异并用法。其基本内容可进行以下的表述：假如在被研究现象出现的若干场合中某一情况都会出现，而在被研究现象不出现的若干场合中这一情况都不会出现，则可推测这一情况与被研究现象之间具有因果联系。

仔细分析这种方法的内容可知，它实际上是在正反两组场合中分别求同（都会出现与都不会出现分别是这两组场合中的"同"），而在将这两组场合进行对照时则是求异，即它是通过两次求同、一次求异来判明因果联系的。

求同求异并用推测法的特点可以概括为："既求同，又辨异"。

例如，1900年，黄热病在古巴肆虐，成千上万的患者不幸死亡。当时的医学尚未弄清黄热病的发病原因和传播方式，不能有效地予以预防和治疗，对它束手无策。古巴有一位医生曾认为黄热病是由蚊子传播引起的，而这一说法因缺少经验事实做证，几乎无人相信。后来，美国医生沃尔特·里德开始着手对这一说法进行验证。他首先成立了一个研究小组，然后用医学手段培植孵化出几百只蚊子，把它们放进医院，让它们叮咬黄热病患者。随后，研究小组的一名成员勇敢地让感染过的蚊子叮咬自己，结果他迅速成为一个严重的黄热病患者。第二次试验是在另一位志愿受试者身上进行的，当他被感染过的蚊子叮咬后也出现了黄热病症状。在准备进行第三次试验时，研究小组中的细菌专家杰西·拉齐尔博士却意外地被这种蚊子所叮咬，"被迫"成了第三名受试者，也同样染上了黄热病。里德和他的研究者看到，这三个试验中的相同因素是被感染过的蚊子叮咬，这样一来，就完全可以用契合法得出结论。但他们感觉这一结论还是不够严格，还不足以证明黄热病是由蚊子传播的，不排除还可能有其他的隐性的传播方式。于是，里德医生建立了一间隔离室，挑选了几名志愿受试者住在隔离室中，让他们吃着黄热病患者吃剩的食物，穿着死于黄热病患者穿过的衣服，盖着这些患者用过的毯子，同时将隔离室内的蚊子彻底消灭干净，并用纱布将门窗隔起来，不让一个蚊子飞入。经过了一段漫长的等待，结果，隔离室中的几名受试者仍然没有一个得黄热病。里德医生将上述两种试验的结果进行对照比较，终于公布了他的研究结论："被感染过的蚊子叮咬与患黄热病之间有因果联系，黄热病的确是由蚊子传播引起的"。人们最终相信了古巴医生的说法，开始制定可行的预防方案。

求同求异并用推测法的逻辑形式是：

场合	先行情况	被研究现象
（1）	ABCF	a
（2）	ADEG	a
（3）	AHIK	a
……		
①	－BCF	－—
②	－DEG	－—
③	－HIK	－—
……		

拨开迷雾的思维工具:"悬逻辑"

所以,A情况是a现象的原因。

从上述逻辑形式中可更清晰地看到,这种方法是首先从正面场合中求同,各个场合中的相同情况是有"A";其次是在反面场合中求同,确认各个反面场合中的相同情况是无"A";最后将正反两组场合对照求异,发现正面场合中有A便有a,反面场合中无A便无a。综合以上情形最终判定A与a有因果联系。

虽然这种方法的可靠性更高,但为了避免偶然性的干扰,确保结论更加可靠,在应用求同求异并用推测法时,还是应当注意以下两点:

一是让所考察的正反两组场合的数量要尽量多一些,再多一些。

二是除正反两组场合唯一的差异情况——有无"A"之外,其他情况应尽可能地保持着相似性。

(四)共变推测法

共变推测法的基本内容一般是这样表述的:在被研究现象发生变化的每一场合,如果都伴随着某一情况的相应变化,而其他情况保持不变,那么,可以推测这个变化的情况与被研究现象之间有因果联系。

这种方法是从量的变化方面来探寻因果联系的。在一定条件下,原因与结果在量的方面也有相对确定的值。如果在原因方面某个因素的量发生了扩大或缩小的变化,就会引起结果方面的某个因素的量相应发生扩大或缩小的变化,那么这就是原因与结果在量的方面发生了共同变化的关系。这就是共变推测法探求因果联系的根据。

因此,共变推测法的特点可以概括为:"由变因求变果,或由变果求变因"。

例如,足迹专家经过观察发现,在人的性别、年龄、身高、体态、负重等因素都相同的情况下,步行速度与步幅大小之间就存在这种共变关系,即步行速度越快,步幅就越大;步行速度越慢,步幅就越小。研究表明:一名中等体态、中等身高的男青年,在无负重的情况下,慢步行走时步幅为65厘米左右,正常行走时步幅为75厘米左右,而在快步行走时步幅可达90厘米左右,一旦大步流星地跑起来,步幅则能达到120厘米左右了。由此可以推测出这样的结论:"步行速度与步幅大小之间有因果联系"。

共变推测法的逻辑形式是:

场合　　先行情况　　被研究现象
(1)　　　A_1BC　　　a_1
(2)　　　A_2BC　　　a_2
(3)　　　A_3BC　　　a_3
……

所以,A情况是a现象的原因。

共变推测法与求异推测法关系密切,有些情况下可以结合使用。但这两种方法又有差异，其主要区别在于各自所考察的侧面不同。共变推测法侧重考察数量上的递增或递减，而求异推测法则侧重考察"有"与"无"的差别。例如，将新鲜的杨树叶浸泡在水中，并让日光照射着叶子，仔细观察可发现有气泡从叶子表面溢出。长时间观察可发现，日光的强度增加，则气泡溢出也就增多；日光强度减弱，则气泡溢出也就减少。而当叶子照不到日光时，也就没有气泡溢出了。对于上述现象进行研究，使用共变法时就需要考察"日光增强，则气泡增多；日光减弱，则气泡减少"，并根据日光强度与气泡数量之间的共变关系判明其中的因果联系；而在使用求异法时，就需要考察"有日光照射，则有气泡溢出；无日光照射，则无气泡溢出"，并根据有无日光照射的差异判明其间的因果联系。

在运用共变推测法时，要获得可靠程度较高的结论，应当注意的问题包括以下几点。

其一，所考察的场合必须多于3个，否则就无法确定是否存在有规律的递增或递减的变化，且容易与差异法相混淆。

其二，与被研究现象发生共变的情况必须是唯一的，其他情况则应保持不变。如果有两个或两个以上情况都在伴随着发生变化，则难以确定究竟哪个与被研究现象之间有共变关系，就可能出现因果联系的不明确、不准确的判别。例如：为了测试工业废水和废渣的排放对鱼类生存的影响，测试人员在3个大小相同的水池中放养了品种及生长状态均相同的鱼。然后，他们将某化工厂丢弃的工业废渣在第一个水池中投入3千克，第二个水池中投入6千克，第三个水池中投入9千克；接着又将某造纸厂排放的工业废水在第一个水池中注入2吨，在第二个水池中注入4吨，在第三个水池中注入6吨。过了一段时间后，他们开始统计结果，发现第一个水池中鱼的死亡率为8%，第二个水池中鱼的死亡率为31%，而第三个水池中竟有84%的鱼死亡。在上述试验中不难看出，污染程度与鱼的死亡率之间存在共变关系，但"鱼的死亡率"究竟是由"化工厂的工业废渣"所造成的，还是由"造纸厂的工业废水"所造成的，抑或是两者共同发生作用的结果？结果还是无法准确、明确地给出。

其三，还要注意共变的方向问题。共变推测法所依据的变化关系，是有规律的递增或递减的变化关系，分为同向共变和异向共变两种。如果在被考察的场合中发现有不规则变化的事例，那就不能再用这种方法来判明因果联系了。

（五）剩余推测法

剩余推测法的基本内容可以这样表述：如果确定某一复合现象是由另一复合情况引起的，并且已知其中某些现象是由某部分情况引起的，那么可以推测剩余的情况与剩余的现象之间有因果联系。

例如，在一起伤害致死案件的侦破中，经法医鉴定，被害人的左臂被片状锐器砍伤，头部和肩部都有棒状钝器击伤的痕迹，右腿外侧有两处是被匕首刺伤的，而其致命伤判定为左肋部的三角刮刀刺伤痕。刑警很快就将本案的4名犯罪嫌疑人陈×、丁×、吴×、张×抓捕归案，并认定这4名犯罪嫌疑人合伙行凶，导致本案被害人多处受伤，并最终使其死亡。经详细查证，丁×在犯罪过程中持菜刀砍伤了被害人的左臂，吴×在犯罪过程中用铁管击伤了被害人的头部和肩部，张×在犯罪过程中用匕首刺伤了被害人的右腿。同时，侦破此案的刑警还了解到，在这次行凶中，陈×持有三角刮刀，其他犯罪嫌疑人在本次犯罪的全过程中均未使用三角刮刀。根据以上情况，办案人员认定，本案被害人左肋部所受的致命伤是由陈×使用三角刮刀造成的。

剩余推测法的逻辑形式是：

复合情况 ABCD 是复合现象 abcd 的原因，

已知　B 是 b 的原因；
　　　C 是 c 的原因；
　　　D 是 d 的原因；

所以，A 情况是 a 现象的原因。

剩余推测法是一种探求复杂现象之间因果联系的有效方法，它引导人们由被研究现象的剩余部分，去寻求未知的情况。

因此，可以将剩余推测法的特点概括为："由余果求余因，或者由余因求余果"。

剩余推测法在科学研究中被广泛使用。在科学史上，铷、铯、氖、氩等元素的发现以及居里夫人发现放射性元素镭的过程中，都曾成功地运用剩余法取得了研究成果。

为提高这种方法结论的可靠程度，应该注意的应用条件是：必须确认除复合情况的剩余部分之外，被研究现象的剩余部分没有与其他任何情况再有因果联系。应用时，如果忽视了这一点，同样不能得出较为可靠的结论。

以上所介绍的探求因果联系的逻辑推测方法，都是从两类现象中的部分事例探求两类现象间普遍的因果联系的方法，因而属于科学归纳的方法，也因此具有或然的性质。

第三节　不定式推测

根据同素材性质判断之间的真假制约关系，也就是所谓的对当关系，我们可以进行对当关系直接推理。所有逻辑教材在讲解必然性推理时首先讲解了这种推理，并给出了16个有效式。但对当关系被分为反对关系、下反对关系、矛盾关系和差等关系四类，而在这四类关系中实际上只有矛盾关系是可以进行真假之间的必然性互推的（即由一个判断的真或假推出与之有矛盾关系的另一个判断的假或真），其他三种关系都不能进行这样的互推。比如，反对关系只能由一个判断的真必然推出另一个判断的假，但由一个判断的假不能推出另一个判断的真，即另一个判断是真假不定的。例如，由"他们都是恐怖分子"真，可必然推出"他们都不是恐怖分子"假；但由"他们都是恐怖分子"假，不能推出"他们都不是恐怖分子"真（因为可能他们中有的是恐怖分子），只能确定"他们都不是恐怖分子"是真假不定的。这就是所谓的不定式。

不定式不能进行必然性推理，但用于推测是完全可以的，因为这里至少有一半真的可能性。但是，在实际的语境下，推测出真的结论的可能性往往还会大于一半。

一、反对关系的不定式

在性质判断中，反对关系是指全称肯定判断与全称否定判断之间的关系。它们之间的对当关系用8个字概括，就是"不能同真，可以同假"。必然性推理关注"不能同真"这4个字，不定式推测则关注"可以同假"后4个字。根据这4个字，我们可以得到4个不定式。依据前提质的不同，将其分为两类：

（一）由肯定推否定的不定式

从一个全称肯定判断的假出发，利用反对关系进行推论，既可以推测同素材的全称否定判断是真的，也可以推测它是假的。例如：

一个走私文物的团伙正在转运文物，两个彪形大汉煞有介事地看护着一个精美的皮箱。秘密跟踪这伙人、负责侦办此案的一位民警悄悄对同事说："看来所有被盗文物都装在这个皮箱内。"跟踪组的组长小声而又坚定地回答："你说错了。注意动向！"那位民警想了想，明白了组长的提醒，即并不是所有被盗的文物都装在这个皮箱内，由此可以推测所有被盗文物都不装在这个皮箱内，也可推测并非所有被盗文物都不装在这个皮箱内（意为"有的被盗文物装在这个皮箱内"）。

这里的两个反对关系不定式的逻辑形式是（普通逻辑用正向箭头"→"表示蕴含，表示推出；"悬逻辑"用斜向箭头"↘"表示推测）：

① ¬ SAP ↘ SEP；

② ¬ SAP ↘ ¬ SEP。

（二）由否定推肯定的不定式

从一个全称否定判断的假出发，利用反对关系进行推论，既可以推测同素材的全称肯定判断是真的，也可以推测它是假的。例如：

一个山区小镇常年干旱，全镇没有水井，山民们要跑十几里甚至几十里山路到一眼山泉处取水。城里来的一位对口扶贫干部查看了地形后说："并不是全镇所有的地方都不能打出水井。"当地的一位干部听了此话，兴奋地问："那是不是可以推测全镇所有地方都能打出水井，只不过要深一点？"另一位当地干部也喜出望外地说："或者推测不是全镇所有的地方都能打出水井，有的地方能打出也好啊。"

这段话用到的两个反对关系不定式的逻辑形式是：

③ ¬ SEP ↘ SAP；

④ ¬ SEP ↘ ¬ SAP。

二、下反对关系的不定式

在性质判断中，下反对关系是指特称肯定判断与特称否定判断之间的关系。它们之间的对当关系用 8 个字概括，就是"不能同假，可以同真"。必然性推理关注"不能同假"这 4 个字，不定式推测则关注"可以同真"后 4 个字。根据这 4 个字，我们可以得到 4 个不定式。依据前提质的不同，将其分为两类：

（一）由肯定推否定的不定式

从一个特称肯定判断的真出发，利用下反对关系进行推论，既可以推测同素材的特称否定判断是真的，也可以推测它是假的。例如：

消防人员对某客运公司内的几辆营运大巴车进行了检查，发现这几辆大巴车上都装有小型灭火器，他们肯定了该公司有的营运大巴车装有灭火器。由此推测，并不是该公司有的营运大巴没有装灭火器，但也不排除该公司有的营运大巴没有装灭火器。

这里的两个下反对关系不定式的逻辑形式是：

①SIP ↘ ¬ SOP；

②SIP ↘ SOP。

（二）由否定推肯定的不定式

从一个特称否定判断的假出发，利用反对关系进行推论，既可以推测同素材的特称肯定判断是真的，也可以推测它是假的。例如：

产品质量检验员对一批产品进行了抽查，刚好抽查的几件产品是不合格的，于是他确定了这批产品有的是不合格的前提，然后推测继续检验下去的结果：好的结果是有的产品是合格的，但也可能存在最坏的结果，那就是不存在有的产品是合格的情况。

这段话用到的两个下反对关系不定式的逻辑形式是：

③SOP ↘ SIP；

④SOP ↘ ¬ SIP。

三、差等关系的不定式

在性质判断中，差等关系是指全称肯定判断与特称肯定判断之间、全称否定判断与特称否定判断之间的关系。它们之间的对当关系用 8 个字概括，就是"不能同真，不能同假"。但这种概括是不精确的，进一步的准确解释是：全称判断是真的，相应的同质特称判断一定是真的；特称判断是假的，相应的同质全称判断一定是假的。由此，普通逻辑得出了对当关系中差等关系直接推理的 8 个有效式。那么，如果特称判断是真的，相应的同质全称判断就是真假不定的；如果全称判断是假的，相应的同质特称判断就是真假不定的。据此，我们也可得到 8 个不定式逻辑形式。

（一）由特称推全称的不定式

1. 特称肯定判断真推测全称肯定判断的情况

从一个特称肯定判断是真的出发，利用差等关系，有时可以推测同素材的全称肯定判断是真的，当然也可推测同素材的全称肯定判断是假的。前面我们举过这样一个例子：民警发现某犯罪团伙有的成员持有武器（看到有团伙成员"砰"地开了一枪），于是警察推测可能这伙人都持有武器。当然，我们也可推测，并不是这伙人都持有武器（即有的人未持有武器）。例如：

发现某包房内有的人吸食毒品，可推测这个包房内的所有人都吸食毒品；

发现某包房内有的人吸食毒品，也可推测并非这个包房内的所有人都吸食毒品。

这两个例子的不定式逻辑形式是：

①SIP ↘ SAP；

②SIP ↘ ¬ SAP。

2. 特称否定判断真推测全称否定判断的情况

从一个特称否定判断是真的出发，利用差等关系，有时可以推测同素材的全称否定判断是真的，当然也可推测同素材的全称否定判断是假的。例如：

发现这个摊位的羊肉串有的不是羊肉做的，据此可推测，这个摊位的羊肉串都不是羊肉做的；

发现这个摊位的羊肉串有的不是羊肉做的，据此可推测，这个摊位的羊肉串并不都是羊肉做的。

这两个例子的不定式逻辑形式是：

③SOP ↘ SEP；

④SOP ↘ ¬ SEP。

(二) 由全称推特称的不定式

1. 全称肯定判断假推测特称肯定判断的情况

从一个全称肯定判断是假的出发，利用差等关系，有时可以推测同素材的特称肯定判断是真的，当然也可推测同素材的特称肯定判断是假的。例如：

并非这个偏僻小村的人都是文盲，可推测该村有的人是文盲；

并非这个偏僻小村的人都是文盲，也可推测该村有的人并不是文盲。

这两个例子的不定式逻辑形式是：

⑤ ￢ SAP ↘ SIP；

⑥ ￢ SAP ↘ ￢ SIP。

2. 全称否定判断假推测特称否定判断的情况

从一个全称否定判断是假的出发，利用差等关系，有时可以推测同素材的特称否定判断是真的，当然也可推测同素材的特称否定判断是假的。例如：

并非他们都不是敌国派来的间谍，可推测他们有的不是敌国派来的间谍；

并非他们都不是敌国派来的间谍，也可推测并非他们有的不是敌国派来的间谍。

这两个例子的不定式逻辑形式是：

⑦ ￢ SEP ↘ SOP；

⑧ ￢ SEP ↘ ￢ SOP。

以上的不定式推测也是 16 个。在第三章第三节第一目中，我们给出了一个同素材性质判断之间的真假判定简表。因为第三章讲的是判断的悬疑态，我们通常默认为是将一个真的判断置于悬疑态的，所以都是假设一个判断是真的，再用它去判定另外判断的或真或假。本章讲的是推理，既可以从一个判断的真出发，也可以从一个判断被断定为是假的出发，来推知其他判断的真假（注意，严格来说，逻辑要求推理都要从真的前提出发推出真的结论，因而上述"从一个判断是假的出发"应理解为"'断定这个判断是假的'是真的"）。基于此，我们这里就可将上述表格完整化，将性质判断之间的必然性推理的有效式和性质判断之间的或然性推理的不定式全部概括到表 4.1 中。

表 4.1　性质判断对当关系互推表

推知已知真	同素材其他判断的结果				推知已知假
	A	E	I	O	
A	真	假	真	假	O
E	假	真	假	真	I
I	不定	假	真	不定	E
O	假	不定	不定	真	A

比如，上述⑦、⑧两个式子是以全称否定判断的负判断为前提的，也就是将一个全称否定判断断定为假的，因此就要从这个表的右列查找，在倒数第二行找到 E 判断，然后往左看，得到 O 判断是不定的，即既可以推出 O 判断是真的（⑦式），也可以推出 O 判断是假的（⑧式）；继续向左看，得到 A 判断也是不定的，据此就可建立反对关系中的不定式③和④。当然，从一个判断是真的出发，就要从表的左侧看起，然后向右得到推知的结果。

第四节　或效式推测

我们将普通逻辑必然性推理中认定的无效式称为或效式，因为它们仍然是有逻辑根据的，在实际思维中大有用场，因而可以将它们理解为具有或然性的有效式。

一、三段论推理的或效式

三段论推理是普通逻辑学的核心内容。所谓三段论推理是由包含着一个共同项（概念）的两个性质判断为前提，根据一定的逻辑规则，推出一个新的性质判断为结论的推理。例如：

①所有的金属都导电，
　铜是金属，
　所以，铜是导电的。
②所有的鱼都是卵生的，
　鲸鱼不是卵生的，
　所以鲸鱼不是鱼。

透过以上两例可知，三段论是由三个判断组成的，其中两个是前提，一个是结论。再仔细分析可知，三段论实际上也是由三个主要的概念（即项）构成的，只不过每个概念都被重复了一次。比如，①中只有"金属""导电"和"铜"三个主要概念，②中只有"鱼""卵生"和"鲸鱼"三个主要概念。两个前提中的共同概念称为"中项"（①中的"金属"，②中的"卵生"），通常用"M"表示；结论中的主项概念称为"小项"（①中的"铜"，②中的"鲸鱼"），一般用 S 表示；结论中的谓项概念称为"大项"（①中的"导电"，②中的"鱼"，习惯用 P 表示。据此，将上面两个三段论抽象为逻辑表达式就是：

①所有的 M 都是 P，
　所有的 S 都是 M，
　所以，所有的 S 都是 P。

将其符号化就是：

MAP,
SAM,
所以 SAP。

②所有的 P 都是 M,
　所有的 S 不是 M,
所以，所有的 S 不是 P。

将其符号化就是：
PAM,
SEM,
所以 SEP。

为了保证三段论推理的有效性，普通逻辑学制定了三段论的 7 条规则：①只能由三个主要概念（不算量词、联词概念）构成，不能多也不能少；②中项在前提中至少周延一次（即至少处于全称量项"所有"或否定联项"不是"后边一次）；③前提中不周延的项（处于特称量项"有的"或肯定联项"是"后边的概念），在结论中不得周延；④不能从两个否定前中推出必然性结论；⑤前提中出现一个否定判断，则结论必为否定判断；结论为否定判断，则前提中必有一个否定判断；⑥不能从两个特称前提中推出必然性结论；⑦前提之一出现特称判断，则结论必为特称判断。普通逻辑认为，遵守了这些规则的三段论就是有效的三段论，违背了其中任意一条规则的三段论得出的结论就是无效的。

这里讨论的是推测，不需要得出必然性的结论，得出可能性的结论即可，只是要有一定的逻辑根据就行。因此，不遵守上述规则，能得出可能性结论，有逻辑根据的三段论就是三段论推理的或效式。下面就从这个角度出发，看看三段论的或效式都有哪些（注意上述的规则①属于结构规则，不遵守它就不是三段论了，因而默认遵守并不再探讨有关这条规则的或效式）。

（一）联结接近或效式

中项是三段论大前提（含有大项的前提）和小前提（含有小项的前提）中的共同概念，起着桥梁、媒介作用。只有通过它的媒介作用，才能确定大项和小项的联结关系，并最终得出必然性的结论。为使中项能起到媒介作用，三段论才规定它必须在前提中至少周延一次，因为如果中项一次都不周延，就会出现大项与中项的一部分外延发生关系，小项也与中项的一部分外延发生关系，这样，大项与小项之间是否存在联结关系就无法确定了，结论只是可能真而非必然真。例如：

经查证，本案的作案人应是计算机解码高手；
王××是计算机解码高手；
所以推测，王××是本案的作案人。

在这里，中项"计算机解码高手"在大、小前提中都是肯定判断的谓项，都处于不周延的位置，因而结论不是必然可靠的。然而，计算机解码高手毕竟是少数人，较为罕见，所以结论的可能性还是比较大的。基于中项起联结大小项作用的考虑，我们将这种违背中项至少周延一次规则的三段论形式称作"联结接近或效式"。

要提高联结接近或效式结论的可靠性，就应使大项与中项的外延尽量接近。如果这里的中项是"年轻人"，那么这个中项的外延太大，大项与中项的外延差距也太大，由王某是个年轻人就断定他是作案人就太不靠谱了。

（二）区分特质或效式

三段论的第三条规则规定：前提中不周延的项，在结论中不得周延。这条规则是为了保证结论对事物所断定的范围不要超出前提所断定的范围。如果一个词项在前提中不周延而在结论中变为周延，那么结论对该词项的断定范围就超出了前提断定的范围，结论就不是必然的了。这条规则是对大项和小项的约束规则，因为这两个词项既在前提中出现，又在结论中出现。

大项在结论中处于谓项的位置，要周延就必须放在否定联项后边，这就意味着结论一定是一个否定判断。例如，某地有一些村民特别敬畏当地的一棵古树，定期来烧香跪拜，自然形成一种习俗。反对者则认为这是封建迷信，甚至想认定这是邪教。有位社会工作者认为这些村民的做法不值得大惊小怪，并做出了以下的辩护：

邪教是实行精神控制、危害社会的，
<u>树神崇拜不是邪教，</u>
所以推测，树神崇拜并没造成精神控制、危害社会的结果。

在这个三段论中，大项"精神控制、危害社会"在前提中作为肯定判断的谓项是不周延的，而在结论中则作为否定判断的谓项变成了周延的，属于"大项不当周延"的逻辑错误，结论不是必然正确的。但是，"实行精神控制、危害社会"属于邪教特有的性质，其他的组织行为一般不会具有，所以结论还是比较可靠的。考虑到结论是否定的，具有区分性，而前提断定了区分对象的特有性质，所以将这种犯有大项不当周延错误的三段论形式叫作"区分特质或效式"。

要提高区分特质或效式结论的可靠性，就要尽量保证前提断定的是另一对象特有的、其他对象少有的本质属性。假如将上例中的大项换成"让人崇信的"，最后推出"树神崇拜不是让人崇信的"结论，那就没有推测的性质了，直接就是错误的了。

（三）对象扩大或效式

前面讲的是"前提中不周延的项，在结论中不得周延"这条规则对大项的约束情况，这里再看看这条规则对小项的约束情况。

小项是结论的主项，主项是一个判断断定的对象，而主项周延就意味着结论判断是全称判断。如果这个主项（小项）在前提中是不周延的，在结论中却成了全称量项限定的对象，那就说明对象的外延被扩大了，犯了所谓的"小项不当周延"的逻辑错误。例如：

吃草药是能够自我治病的，
<u>一些病猴会主动寻找草药吃，</u>
所以推测，猴子是会自己治病的。

这个三段论中的小项"猴子"，在前提中受特称量项限定，指的仅是猴子中的一部分生病的猴子，是不周延的；而在结论中"一些病猴"变成了全部的"猴子"（语言中全称量项可以省略），对象"猴子"的外延被扩大，结论不是非常可靠。但这个结论有一定的可靠性，因为从部分对象扩大到全部对象正是不完全归纳推测的实质。不完全归纳推测是或然性推理，由"或然推理"变成"或效式"，实质是一样的。因为这里涉及的是对象的扩大，故称它为"对象扩大或效式"。

提高对象扩大或效式结论的可靠性就要借鉴简单枚举归纳推测提高结论可靠性的逻辑要求，即未遇到反例，也就是我们选择的前提中描述的事例是公认的没有遇到反例的事例。如果前提的描述是"一些病猴会打喷嚏"，那我们很容易找到不会打喷嚏的反例，整个推测就不会令人信服了。

（四）反例肯定或效式

三段论第五条规则说"前提之一为否定判断，则结论必是否定判断"。如果前提之一是否定判断，则另一前提必须是肯定判断（因为三段论的第四条规则规定两个否定前提推不出必然性结论）。这样，就意味着中项必然与大项或小项中的一个项是排斥关系，因而通过中项的媒介作用，小项与大项之间也必定是排斥关系，即得出否定结论具有必然性，而得出肯定结论就不具有必然性。例如：

所有贪污罪都不是过失犯罪，
<u>此局长犯的是贪污罪；</u>
所以，此局长犯的不是过失犯罪。

这里的结论是必然的，如果得出"此局长犯的是过失犯罪"那就不是必然的了。然而，不具有必然性，却可以具有可能性，有时可能性还是比较大的。请看下例：

一些学生不是优秀学生，
<u>但这些学生却成功创业，</u>
所以推测，优秀学生也可以成功创业。

虽然这里的前提之一是否定判断，但结论却是肯定判断；虽然这里如果得出"有些成功创业的不是优秀的学生"就是必然性的结论，但得出现有结论也是很有道理的。为什么呢？一般来讲，应该是优秀学生能成功创业，尽管这并不排斥某些不优秀的学生也能成功创业，但这毕竟是特例或某种意义上的反例。正因为如此，我们才将这个或效式称为"反例肯定或效式"。

也因为如此，提高反例肯定或效式结论可靠程度的办法就是，努力寻找一般正向例子中的特殊反例。假如这里说的不是成功创业，而是说"这些学生经常光顾网吧"（对不优秀的学生而言，这不是反例，而是"正例"），然后得出结论"优秀学生也经常光顾网吧"，那就不是不必然的问题，而是非常荒唐了。

（五）特称巧合或效式

三段论第六条规则讲，"从两个特称前提中不能推出必然性结论"。如果两个前提都是特称肯定判断，则主项、谓项都处在不周延的位置，三段论的中项无论身处何处都是不周延的，这个三段论必然犯"中项不周延"的逻辑错误；如果两个前提都是特称否定判断，则直接违背"两个否定前提不能推出必然性结论"的规则；如果两个前提一个是特称否定判断，另一个是特称肯定判断，则只有特称否定判断的谓项是周延的且必须是中项，而根据规则"前提之一否定结论必否定"，得出的结论必为否定判断，即大项在结论中周延，但因唯一周延的项已经给了中项，大项在前提中必是不周延的，必犯"大项不当周延"的逻辑错误。因而，两个特称前提无论如何也得不出必然性结论，但得出可能正确的结论还是可以的。例如：

据情报，有的国外间谍进入了自贸区，
<u>而同期恰有一些国外记者也进入了自贸区，</u>
所以推测，有的国外记者是间谍。

该三段论的所有判断都是特称判断，显然违背规则，但结论的可靠性还是比较高的。因为这里有一些巧合的因素，使本来联系不紧密的词项变得更加紧密了。所以，我们将这种三段论的或效式命名为"特称巧合或效式"。

提高特称巧合或效式结论可靠性的做法就是尽量寻找一些非逻辑的因素，使逻辑上联系不紧密的词项实际上联系较为紧密，而最主要的就是利用巧合。比如这里的巧合既有时间上的（同期），又有身份上的（都是外国人），所以可能性非常大。如果是两年前有国内的记者进入过自贸区，由此断定有的国内记者是间谍，那就没什么根据性了。

（六）数量稍扩或效式

三段论第七条规则规定：如果前提中存在一个特称判断，则结论必须是特称判断。这是为了保证大小项不当扩大周延而设定的规则。然而，当前提中的特称量项表示的数量比较大时，结论是全称判断就极有可能。例如：

许多苗寨不能随意经常击鼓，
<u>此地各村可以随意经常击鼓，</u>

所以推测，此地各村都不是苗寨。

此三段论的大前提是特称判断，小前提和结论都是全称判断，违背推理规则，结论不是必然的。但了解到许多苗寨都有不能随意经常击鼓的习俗（贵州西江苗寨人认为，鼓是装祖先灵魂的，不是重大祭祀活动，不能击鼓），遇到不遵守这个习俗的村落断定它们不是苗寨的可能性当然很大。因为前提中量项的"许多"与"所有"比较接近，特称量项接近变成全称量项（一旦是全称量项，结论就是必然的），可靠性才会很高。考虑到这些，于是将这种推测称作"数量稍扩或效式"。

因此，数量稍扩或效式结论可靠程度提高的途径就是让特称量项向全称量项靠近，靠近越多，结论可靠程度就越高。试想，假如特称量项表达的数量很少（比如，只有几个苗寨不能随意击鼓），据此就推出此地各村都不是苗寨那就太草率了。

二、选言推理的或效式

选言推理依据的前提是相容选言判断还是不相容选言判断，自然分为相容选言推理和不相容选言推理。这两种选言推理的共同有效式叫作否定肯定式，意思是前提如果否定一部分选言肢，那么就能得出肯定另一部分选言肢的结论。例如：

①有人说张三或者喜欢爬山，或者喜欢游泳，或者喜欢钓鱼；
<u>后来知道张三是个"旱鸭子"不喜欢游泳；</u>
所以，张三喜欢爬山或者喜欢钓鱼。
②有人说张三要么爬山去了，要么游泳去了，要么钓鱼去了；
<u>后来知道张三是个"旱鸭子"不是游泳去了；</u>
所以，张三要么爬山、要么钓鱼去了。

①是相容选言推理，②是不相容选言推理，这两个推理都是有效的。

选言推理还有一种形式，叫肯定否定式，即通过肯定一部分选言肢来否定另一部分选言肢。这种形式对于不相容选言推理来说，是正确有效的。比如：

有人说张三要么爬山去了，要么游泳去了，要么钓鱼去了；
<u>后来知道张三那时是游泳去了；</u>
所以，张三那时没有去爬山，也没有去钓鱼。

但对于相容选言推理来说，肯定否定式就不是正确有效式。比如：

有人说张三或者喜欢爬山，或者喜欢游泳，或者喜欢钓鱼；
<u>后来知道张三真的喜欢游泳；</u>
所以，张三不喜欢爬山，不喜欢钓鱼。

这是缺乏根据的乱说，张三可以同时喜欢爬山、喜欢钓鱼。原因是相容选言判断的选言肢本来就是可以同时存在的。然而，当选言肢之间的相容性比较小，我们用相容选言推理做出一个肯定否定式，结论还是比较可靠的。比如：

这种植物或者生长在沙漠，或者生长在河边；
我们看到河边生长着这种植物；
所以推测，这种植物不生长在沙漠。

沙漠与河边是完全不同的两种生长环境，反差很大，因而这样的推测结论的正确性很高。也因为这个原因，我们将这种或效式叫作"反差肯定或效式"。这是符合一般人的判断的。比如，一起残暴的凶杀案发生了，作案嫌疑人是张三和李四；经侦查证实，性格暴戾的张三的确行凶了，这时我们就会排除性格柔弱的李四。但在特殊情况下，李四不仅会参与作案，甚至会是主犯（假设他与死者有深仇大恨）。

为了提高反差肯定或效式结论的可靠程度，应努力寻找强烈的反差。如果反差程度很低，甚至没有什么反差，使用该式就不适用了。假如说一个人可能喜欢书法，也可能喜欢绘画，由他喜欢书法就说他不喜欢绘画，当然就"离谱"了。

三、假言推理的或效式

最一般、最常用的假言推理是以假言判断为大前提，以直言判断（性质判断）为小前提，并根据假言判断前后件间的关系来进行推演的必然性复合判断推理。例如：

如果死者是死于砒霜中毒，那么死者的牙根就会呈现出青黑色；
经查，本案死者的牙根没有呈现出青黑色；
所以，本案死者不是砒霜中毒而死的。

在这个推理中，大前提是一个充分条件假言判断，小前提是直言判断并否定了假言判断的后件，结论也是直言判断并否定了假言判断的前件。

我们知道，假言判断分为充分条件假言判断、必要条件假言判断和充分必要条件假言判断三种，所以，假言推理也分为充分条件假言推理、必要条件假言推理和充分必要条件假言推理三种。但充分必要条件假言推理实质上是前两种假言推理的综合，所以，我们重点探讨前两种假言推理的有效式、或效式。

（一）充分条件假言推理的或效式

充分条件假言推理有两条规则：一是小前提肯定大前提的前件，结论必然肯定大前提的后件；二是小前提否定大前提的后件，结论必然否定大前提的前件。根据这两条规则，这种推理就有了两个有效式，一个叫肯定前件式，另一个叫否定后件式。简单举例如下：

①如果是行星，那么它就有围绕恒星旋转的轨道；
这一颗星是行星；

所以，它必然有围绕恒星旋转的轨道。
②如果是行星，那么它就有围绕恒星旋转的轨道；
这一颗星没有围绕恒星旋转的轨道；
所以，它必然不是行星。
充分条件假言推理有效式的符号表达式是：
①肯定前件式：(p→q)∧p→q；
②否定后件式：(p→q)∧ ⌐q→ ⌐p。

违背这两条规则，所犯的逻辑错误名称分别是"从肯定后件到肯定前件"和"从否定前件到否定后件"。这实际上就是两个无效式的表述。但是，无效式不是真的无效，很多时候它是有效果的（如本章前边所叙述的李昌钰破获按摩女郎被杀案中，就运用了"无效式"而取得了非凡的效果），因此我们还是称其为或效式。

1. 回溯原因或效式

这一或效式在很多逻辑教材和所有法律逻辑教材中都讲到了，只不过被称为"溯因推理"或"回溯推理"。这种推测的机制是，两个事物或现象之间本来就具有因果联系的基础，现在只是由结果推测原因。据此，我们将这种推测形式叫作"回溯原因或效式"。

回溯原因或效式在刑事侦查中运用得非常广泛。因为侦查活动总是在犯罪之后进行的，必须由犯罪结果追溯犯罪的发生情形（原因）。何况犯罪行为常常是在极其隐蔽的状态下实施的，侦查人员几乎不可能目睹各种犯罪事件的发生过程，要了解犯罪事件的全部真相，只能从犯罪所造成的现场（结果）出发，通过现场勘查所得的物品痕迹和调查有关情况入手，进而追溯产生现场这种结果的各种可能存在的原因，将那些异乎寻常的事物作为线索追踪下去，建立因果链条，最终侦破案件。例如，人们发现某处铁路上躺着一具尸体，头颈被车轮碾轧断离，于是做出以下推测：

如果有人卧轨自杀，那么尸体上就有碾压痕迹且会身首断开；
这段铁路上的尸体有碾压痕迹且身首断开；
所以推测，死者是卧轨自杀。

这就是从"铁路上有断颈尸体"的已知结果出发，追溯导致该结果的原因所进行的推测。这种推测有其合理性，但又不是必然的，因为原因可能有多个，比如，还存在凶手杀人后移尸至此、伪装卧轨自杀的可能，还可能是这个人在铁路上行走不慎被火车压死等。所以，刑侦人员必须继续追踪，排除他因，最终确定死因。

回溯原因或效式的逻辑形式是：

q；

（如果 p，那么 q），

所以推测，p

符号表达式是：

(p→q) ∧q ↘ p

这个形式中的"q"表示已知的结果，"如果 p，那么 q"体现其中的因果联系（这个判断在语言表达中通常是隐含或省略的），"p"是表示推测的原因。

为提高这种推测结论的可靠性，在运用时应注意以下问题。

一是"如果 p，那么 q"中的 p 和 q 之间必须具有因果关系。有了因果联系，从 p 推出 q 就顺理成章，也就有了从 q 追溯 p 的基础。例如，某人民法院根据"某甲和某乙两人的基因相同"这一结果，断定"某甲和某乙是亲父子关系"，就是基于"如果两个人是亲父子关系，那么他们的基因相同"这一公认的因果联系，所以上述结论的可靠性是非常高的。

二是尽量排除引起"q"的其他可能原因。事物之间的因果联系错综复杂，一果多因的情况也比较普遍。因此，要使结论"p"更加可靠，就应该尽可能地排除引起"q"的其他并列原因 p_1、p_2……例如，某一物体发热，是什么原因导致的呢？我们可以推测是由于摩擦导致了该物体发热，但烤火、通电也可以是导致该物体发热的原因。所以，要想确定"某一物体发热是由于摩擦引起的"，那么就应尽可能排除烤火和通电的可能性。

辩证地看待回溯原因或效式，在法律实践中就可以发挥它的正、反两方面作用。

正面作用就是帮助司法人员追溯案件发生的原因，引导侦查方向，促使尽快破案，同时也有助于审案人员对案犯进行定罪量刑（如上所述）。

反面作用就是认清或效式的推测性质，防止将或然当作必然，以防止冤假错案的发生，对涉案人员的狡辩进行有效反驳。例如，一个男子死后两年，其家人突然提出男子是被前妻用砒霜毒死的（砷中毒），并坚持要司法人员开棺验尸。后来，司法人员从坟墓的尸泥中果然检测出超量的砷。于是，司法人员逮捕了死者的前妻，并对其判罪量刑。然而，后来证实这是一起冤案，而尸泥中的砷来自埋葬地的土壤之中。从逻辑上分析，造成这起冤案的原因是当时的司法人员进行了这样一个推测：

如果是砷中毒死亡，尸泥中就会残留超量的砷；

尸泥中的确残留超量的砷；

所以，死者是砷中毒死亡。

这实际上是一个或效式，不是有效式，将回溯原因或效式的结论当成必然的，案子就办错了。又如，一位失主报案称某人窃取了他的高级相机，但那人坚称相机是自己的。接案的民警对报案人说："你能将这个相机快速打开吗？"报案人接着说："那我要是能快速打开,那就证明相机是我的了?"民警头脑清醒地答复他:"如果你能快速打开,并不能证明相机是你的;如果你不能快速打开,那就证明相机一定不是你的。"这个有力的回答,实际上粉碎了那人将或效式变为有效式的企图,因为那人隐含的推论是:

如果相机是我的,那么我就能快速打开;
<u>我能快速打开这台相机;</u>
所以,这台相机是我的。

2. 质疑结果或效式

上一推测体现的是"从肯定后件到肯定前件"的推测形式,而这一推测体现的是"从否定前件到否定后件"的推测形式。很多情况下,这样的推测也是很有道理的,比如我们可以构造这样一个推测形式:

如果刘备是一个守信用的人,那么他就会如期归还荆州;
<u>但刘备并非守信之人;</u>
因而可推测:刘备借荆州有借无还。

粗看这一过程,甚至会感觉到它的逻辑性较强。当然,这里也真的有一定的逻辑联系基础,因为大前提的因果关系是客观存在的,所以否定了原因就存在否定由这一原因引起的结果的可能性。由于这一推测形式是从否定原因出发,走向否定结果、质疑结果的,故而将充分条件假言推理否定前件式称作"质疑结果或效式"。

质疑结果或效式的逻辑形式是:

¬p;
(如果p,那么q),
所以推测,¬q

符号表达式是:

(p→q) ∧ ¬p ↘ ¬q

这个形式中的"¬p"表示已知的否定性原因,"如果p,那么q"仍然体现其中的因果联系(这个判断同样在语言表达中通常是隐含或省略的),"¬q"则是推测出的结果。

辩证地看待质疑结果或效式,在法律实践中同样可以发挥它的正、反两方面作用。

正面作用就是帮助司法人员进行合理怀疑。例如,一位老人去世后,老人的一位朋友拿着老人的遗嘱要与老人的儿子平分家产,因为遗嘱上写着老人的家产要分给他一半。这是很奇怪的事情,没有血缘关系,老人家庭也比较和睦,老人怎么会立下这样的遗嘱呢?后来,律师了解到,老人去世前长期患病,时常会处于头脑不清醒的状态。于是，律师在法庭上做出了如下的陈述：

如果老人头脑处于清醒状态，则老人不会签此遗嘱；

<u>经查，这份遗嘱签署期间老人处于发病期，头脑不清醒；</u>

所以推测，老人这期间签下此遗嘱。

法律规定，当事人在头脑不清醒状态下签署的遗嘱是无效的。最后，法庭终于判决此遗嘱无效。

反面作用就是认清或效式的推测性质，防止随意否定可能正确的结果，造成不该有的失误。比如，一名间谍每次出门时，都会在门口撒一层粉，这样一来，他不在时有人进他的门就会留下脚印。所以，这名间谍每次回来都要检查门口粉末上是否留有脚印。但如果他这样推论，就可能造成失误：

如果粉末上留有脚印，那么说明有人进过他的房间；

<u>粉末上没有留下脚印；</u>

所以推论，没人进过他的房间。

这是很危险的推论，因为这只能是一个推测，结论不是必然的。假如有一名间谍高手，完全可以不从房门进入他的房间（窗户、天花板等），甚至从门口进入也不留下脚印。

为提高这种推测结论的可靠性，在运用时应注意以下问题：

一是"如果 p，那么 q"中的 p 和 q 之间必须具有因果关系。这一点与前边相同，不再赘述。

二是尽量分析引起这种结果的多种原因，确保否定掉这个原因能否定掉相应的结果，不要出现偏差。

（二）必要条件假言推理的或效式

必要条件假言推理也有两条规则：一是小前提否定大前提的前件，结论必定否定大前提的后件；二是小前提肯定大前提的后件，则结论必定肯定大前提的前件。例如，一名驯兽师在工作场所突然倒地身亡，其家属说他是被老虎抓死的，马戏团则辩称老虎抓伤他的可能性是有的，但不致命，他可能是突发疾病暴亡的。法庭上，一名法官这样推论：

①只有驯兽师身上有抓挠致命伤，他才是被老虎抓死的；

<u>经查，驯兽师身上无抓挠致命伤；</u>

所以，驯兽师不是被老虎抓死的。

②只有身上有抓挠致命伤，才是被老虎抓死的；

<u>驯兽师的确是被老虎抓死；</u>

所以，他身上必定有抓挠致命伤。

①是否定前件式，其逻辑符号表达式是：

$(p \leftarrow q) \land \neg p \rightarrow \neg q$

②是肯定后件式，其逻辑符号表达式是：

（p←q）∧q→p

违背这两条规则，就要犯"从肯定前件到肯定后件"的逻辑错误和"从否定后件到否定前件"的逻辑错误。犯这些错误，得出的结论就不是必然的，但很多情况下，合理使用这些所谓的无效式，还是能够得出比较可靠的结论的，将无效式转化为或效式。

1. 预测后果或效式

必要条件假言推理的"否定前件式"是有效式，它要求从否定前件出发，到得出否定后件的结论。然而，若是采用肯定前件式，则从肯定前件出发，最终得出肯定后件的结论，其结论当然就是不必然正确。但毕竟前后件之间存在因果联系或蕴含关系，恰当使用，还是能够得出较为可靠的结论的。例如，王某参与盗窃，是否会获刑呢？我们可以这样推测：

只有行为构成犯罪的，才能追究其刑事责任；

王某的盗窃行为已构成犯罪；

所以推测，会追究王某的刑事责任。

在这个推测中，依据了法律基本关系，预测了法律后果，因而我们将这种必要条件形式的、从肯定前件到肯定后件的或效式称为"预测后果或效式"。当然，它的结论不是必然的，因为法律还规定有免除形式责任的情形（比如，不到法定年龄等），所以实际上构成犯罪的不一定追究其刑事责任。

预测后果或效式的逻辑符号表达式是：

（p←q）∧p↘q

辩证地看待预测后果或效式，在法律实践中同样可以发挥它的正、反两方面作用。

正面作用就是可以通过推断法律后果，进行法律预警，警醒、说服游走在法律边缘的人，尽快改弦更张，遵守法律。例如，总是有人为了维护自身利益采取跳楼、跳桥的极端方式，以期引起人们的关注，使自己遇到的难题得到尽快解决。但同时，这样做又造成交通拥堵，引发其他违法犯罪的行为。为避免事态升级，劝解人员可做出如下的陈述：

只有立刻停止极端行为，才能减轻或免除刑事责任且使问题得到解决；

有例为证，你也应立刻停止极端行为；

所以推测，你也能减轻或免除刑事责任且使问题得到解决。

反面作用就是提醒人们，这只是预测后果，而不是必然结果，如果将可能性的后果当成必然性的结论，那就有可能犯下大错。例如，1987年4月27日，湖南麻阳警方在县城的锦江河中相继发现了6块被肢解的女性尸块。后来，被害人被认定为曾在县城广场旅社当过服务员又突然失踪的贵州籍女孩石小荣。于是，根据肢解尸体的手法比较专业这一特征，公安机关将疑凶的调查范围集中在医生和屠夫两类人身上。在没有发现可疑医生的情况下，当地马兰村农民滕兴善进入了公安人员的视线，理由是：首先，他是个屠夫；其次，有人反映，滕兴善曾经到过广场旅社嫖娼。不久，滕兴善被捕。经过几番审讯，滕兴善供认犯罪事实，滕兴善被判死刑，1989年1月28日被执行死刑。然而，到了1993年年中，实际上被拐卖到山东的石小荣突然回到贵州家中。直到2005年，湖南省高级法院才做出了滕兴善无罪的判决，但滕兴善的冤魂已经飘荡了16年。这起冤案的造成有多方面的原因，但因滕兴善是个屠夫就将其逮捕却是犯了一个将可能当必然的逻辑错误：

<u>只有医生和屠夫才能如此专业地肢解尸体；</u>
<u>滕兴善是屠夫且没有可疑的医生；</u>
所以，滕兴善肢解了女尸。

由此，公安人员展开了一系列的调查，酿成了无法挽回生命的冤案。

为提高这种推测结论的可靠性，在运用时可注意以下问题：

一是尽量多列举与充分条件有联系的事例。这里的大前提是必要条件表达，但这个或效式是从肯定前件到肯定后件，刚好符合充分条件的表达，因此，在实际应用中多举这方面的正面例子，结论的可靠性就可得到令人信服的提高。比如，列举张三曾爬到路边广告牌上要向过往的车辆上跳，及时被劝下来后没有处罚他；甚至李四劫持人质，经劝告释放人质，投降警方，后来也被宽大处理。

二是尽量降低其他结果出现的可能性。这里之所以结论不是必然可靠的，就是因为肯定前件后，后件实际上会出现多个与期望结果并列的其他结果甚至相反的结果。比如，"只有刻苦学习，才能取得好成绩"，但"刻苦学习"后还可能出现成绩不太好、一般等情况（由方法不当，环境不好等造成），甚至太刻苦身体垮了，成绩更糟。因此，减少其他结果的出现，推测就非常可靠。

2. 回否前因或效式

必要条件假言推理的"肯定后件式"是有效式，它要求从否定后件出发，到得出否定前件的结论。然而，若是采用否定后件式，则从否定后件出发，最终得出否定前件的结论，其结论当然就是不必然正确。但毕竟前后件之间存在因果联系或反蕴含关系，恰当使用，还是能够得出较为可靠的结论的。例如，王某参与盗窃，盗窃的数额多不多呢？会不会构成犯罪呢？我们可以这样推测：

<u>只有行为构成犯罪的，才能追究其刑事责任；</u>
<u>王某没有被追究刑事责任；</u>
所以推测，王某的行为不构成犯罪。

在这个推测中，依据了法律基本关系，对一个构成犯罪行为的法律原因进行了否定，因而我们将这种必要条件形式的、从否定后件到否定前件的或效式称为

"回否前因或效式"。当然，它的结论不是必然的，因为法律还对行为构成犯罪但有特殊情况的人员网开一面，不追究其刑事责任（如孕妇、外交官、不到法定年龄等），所以实际上不追究其刑事责任，不一定是不构成犯罪。

回否前因或效式的逻辑符号表达式是：

(p←q) ∧ ¬q ↘ ¬p

辩证地看待回否前因或效式，在法律实践中也有着正反两方面作用。

正面作用就是可以通过推测将一些原因暂时否定掉，以便寻找其他的原因，以利于查明原因，弄清真相。例如：

只有熟悉文物的价值，才会盗走并不起眼的那个石雕；

这个盗匪并未盗走那个石雕；

所以推测，这个盗匪并不熟悉文物的价值。

这里经过推测，否定了盗匪熟悉文物价值的情况，侦办案件的人员就可转向其他方向寻找犯罪嫌疑人。

反面作用就是认清推测性质，不要轻易将或然性当成必然性，发生误判，出现漏洞，造成工作失误。比如，对某贩毒团伙进行跟踪侦查，发现一条规律：只有毒品运到，负责销售的头目"黑虎"才会出现。于是，构成了这次推测：

只有毒品运到，"黑虎"才会出现；

这次没有发现"黑虎"出现；

所以推测，这次的毒品可能还未运到。

据此，公安人员是否采取抓捕行动呢？应当再核实其他信息，因为也许他们换了销售人员，如不行动，可能会错失良机，造成工作失误。

为提高这种推测结论的可靠性，在运用时可注意以下问题。

一是尽量寻找否定后件还有没有其他的原因，其他原因越少，否定前因的可靠性就越大。比如，虽然这个石雕价值连城，但它的体积较大或重量较重，携带不方便，盗匪也可能放弃石雕，否定前因就不一定对。但假如这个石雕小巧玲珑，与其他文物一样容易携带，回否前因就极有可能是对的，可大胆排除懂行人作案的可能。

二是尽量严密查找前后件联系的情况，确保没有反例的出现。比如，每次都是毒品运到，"黑虎"就冒了出来，没有出现毒品运到"黑虎"未出现的情况。假如曾经出现过毒品运到，"黑虎"没来，换成了其他人接头，再如此推测，当然就不可靠了。

我们很多时候都在用推测，得出比较可靠的结论，但一定要分清，它不是必然正确的结论，我们还需要用其他手段进行证实。许多人非常着迷侦探小说的推理，其实其中很多是推测，只不过被作者夸大为神乎其神的"缜密"推理。比如，大家熟悉的大侦探福尔摩斯有一段精彩的推理：

福尔摩斯第一次见到华生就开口说道："我看得出，你到过阿富汗。"华生非常诧异，怀疑有人告诉过他。后来，福尔摩斯解释说："没有那回事。我当时一看就知道你从阿富汗来的。……我的推理过程是这样的：'这一位先生具有医务工作者的风度，但却是一副军人气概。那么，显见他是个军医。他是刚从热带回来的，因为他脸色黝黑，但是，从他手腕的皮肤黑白分明看来，这并不是他原来的肤色。他面容憔悴，这就清楚地说明他是久病初愈而又历经了艰苦的人。他左臂受过伤，现在动作起来还有些僵硬不便。试问，一个英国的军医在热带地方历经艰苦，并且臂部负过伤，这能在什么地方呢？自然只有在阿富汗了。'这一连串的思索，历时不到一秒钟，因此我便脱口说出你是从阿富汗来的……"

不少读者对这段描述很叹服。然而，这里用到的五个推理步骤大都是推测。

（1）"医生具有医务工作者的风度（被省略的大前提），华生具有医务工作者的风度；所以，华生是医生。"这是三段论的格式，中项"医务工作者的风度"两次都不周延，违背推理规则，只能是"联结接近或效式"推测。

（2）"军人有军人的气概，华生具有军人的气概；所以，华生是军人。"同上，这也是联结接近或效式推测。

（3）"华生是医生，华生是军人；所以，华生是军医。"这是联言推理的组合式，形式有效。但两个前提是推测得来的，结论自然不是十分可靠的。

（4）"如果原本皮肤黝黑，那么就不会手腕的皮肤黑白分明；华生手腕的皮肤是黑白分明的；所以，华生不是原本就皮肤黝黑。"这是充分条件假言推理的否定后件式，形式有效，结论可靠。

（5）"只有在阿富汗，英国的军医才会历经艰苦、臂部负伤；华生是英国的军医且历经艰苦、臂部负伤；所以，华生到过阿富汗。"这里的大前提明显不靠谱，因而结论无法确保正确。

可以看到，"在一系列推理中，只有（4）的结论必定与实际相符。其余都只能算是猜测"。"福尔摩斯要是对华生医生说'你可能是到过阿富汗'，或许更接近实际。非常遗憾，他使用的字眼如'显见''清楚地说明''自然只有'等，用在猜测活动中真是太不相宜了。"①

这一方面说明，我们不能太相信文学作品所说的"缜密推理"；当然另一方面也说明在侦察工作中我们的确需要大量的推测，这些推测是很有用处的，它们能帮助我们拨开层层迷雾，去探索事情的真相，只是我们应当记住这是推测，是需要进一步证实的。

不过，福尔摩斯的结论真的是正确的，华生认可了这个结论。这再一次说明推测具有或效性，结论有可能正确。反过来说，也必须得到华生的这个认可，福尔摩斯的假定性猜测才得以证实。

---

① 郑伟宏. 逻辑与智慧新编［M］. 北京：北京大学出版社，2005：177－180.

第五章 正确思维的原则

迷雾之中，方向不迷

俗话说："从北京到南京，买的没有卖的精。"不过，终于有位买东西的消费者为大家出了一口气，将卖东西的人耍弄了一番。

有一天，这位聪明的消费者遇到一个卖香蕉的，便问："你的香蕉多少钱一斤？"卖香蕉的赶紧答道："便宜，一元钱一斤。"消费者又问道："你一共有多少斤啊？"卖香蕉的答道："我这儿一共有50斤呢。"消费者说："那不够，我想要100斤哦。"卖香蕉的高兴地说："那好办啊，我再叫一个过来就行了。"于是，卖香蕉的将他的同伴喊来，刚好他的同伴也有50斤香蕉。这时，消费者又提出一个要求："这样，我要你们把香蕉剥好了再卖给我。"这两个卖香蕉的人一听这话，有点不高兴了。消费者赶紧说："不要紧张，你们剥好后，香蕉瓤、香蕉皮我都给你们算钱的。你们的香蕉不是一元钱一斤吗？那好，香蕉瓤按八毛钱一斤，香蕉皮按两毛钱一斤算，我都要。"两个卖香蕉的一合计，八毛加两毛，刚好一元钱，于是就同意了。遇到这么个大买主，就自己费点事，也值得。于是，两人就卖力地剥了起来。过了不久，100斤香蕉就剥好了。消费者看剥完了，就说："过秤吧。"他们拿起秤称了起来，最后一算，刚好香蕉瓤50斤，香蕉皮也是50斤。消费者说："香蕉瓤50斤，八毛一斤，是40元钱；香蕉皮50斤，两毛钱一斤，是10元钱，总共是50元钱。喏，这50元钱给你们，我走了。"

消费者把香蕉瓤、香蕉皮拖走以后，两个卖香蕉的突然感觉不对，一共有100斤香蕉，按一元钱一斤计算，应该能卖100元钱啊，现在怎么变成50元钱了呢？

看了上面的故事，有没有感觉一头雾水呢？这里的思维肯定出了问题，隐含着错误的思维。作为研究思维的逻辑学，当然要关注这样的问题，要保证人们的思维正确展开。更何况，这里研究的是悬疑问题。那么，什么是正确思维，怎样保证正确地思维，正确思维的条件究竟是什么？本章内容不仅要回答这些问题，而且要讨论"悬逻辑"在运用正确思维原则上有哪些特殊的情况。

第一节 正确思维的充分必要条件

人人都想自己的思维永远正确，但人人都会犯思维错误。环球时报驻美国特约记者萧达南苏报道，在硬扛了12年之后，英国前首相布莱尔终于在2015年10月25日为当年发动伊拉克战争表示道歉。2003年，美英牵头突然发起伊拉克战争，而发动战争的借口——"伊拉克拥有大规模杀伤性武器"已被证实是不存在的。战争的恶果是数十万伊拉克平民死伤，伊拉克陷入混乱状态，极端组织ISIS横行……在接受CNN节目主持人扎卡里亚采访时，布莱尔说："我对我们收到的情报是错误的这一事实道歉。我也为我们计划中犯的错误道歉，我们在对推翻一个政权之后会发生什么的理解上犯了错。"

我们平时所犯的思维错误，容易纠正，也没有太大影响。判断失误，买错了一瓶酱油，再重新买一瓶就是了。但大人物的一个思维错误，则会让几十万人丧命，让一个国家"国将不国"。所以，逻辑学能深刻地解释正确思维，能分析正确思维的条件，能给出正确思维的原则，是十分重要的。

一、逻辑意义下的正确思维

（一）正确思维的一般概念

什么是正确思维？这个看似简单的问题，并不容易回答。如果说不犯错的思维就是正确思维，那等于循环定义，什么也没有回答，因为不正确的思维就是错误思维。因此，回答这个问题必须从逻辑的角度出发，进行逻辑思考。

人们一般将逻辑定义为"关于思维形式及其规律的科学，主要研究推理和证明的规律、规则，为人们正确地思维和认识客观真理提供逻辑工具"[1]。这里提到了"正确地思维"，表明人们必须使用逻辑工具才能进行正确思维。亨迪卡进一步指出："在正确思维和有效论证之间有以下类似之处：有效论证可以看成正确思维的一种表达，而正确思维可以看成是内在性的有效论证。在这种类似的意义上，正确思维的规律和有效论证的规律是一致的。"[2] 这段话的基本意思就是阐述正确思维与有效论证的一致性，内在地进行正确思维，外在地表现为有效论证。那么，什么是有效论证呢？一般情况下，遵守推理及论证的逻辑规则，论证就是有效的。既然有效论证与正确思维一致，亨迪卡的观点就可以延伸理解为：遵守推理及论证的逻辑规则，就是正确思维，就表现为有效论证。至此，我们可以将正确思维定义为：正确思维是遵守推理和论证的逻辑规则、保证论证有效的思维过程。

---

[1][2] 郑伟宏. 逻辑与智慧新编 [M]. 北京：北京大学出版社，2005：177-180.

（二）正确思维的重新界定

正确思维的一般定义关键指出了应遵守推理和论证的逻辑规则，而论证是推理的综合运用，所以最关键的就是遵守推理的规则。推理的规则是保证推理得出必然性结论的条件，遵守这些规则，并且按照这些规则构架起来的推理形式就是有效式，而违背这些规则，经过这些规则检验不合格的推理形式就是无效式。

之所以将推理形式分为如此明显的有效式和无效式，就是要表明遵守逻辑规则的有效式是正确的形式，违背逻辑规则的无效式是错误的形式，对错分明，界限分清。但是，问题出现了：无效式是错误式，用无效式进行推理、进行思维，就是在进行无效推理和错误思维。这样一来，逻辑学只能研究推理，不能研究推测，因为推测包含了大量的无效式，具有无效的属性。我们在前面章节探讨了大量的推测形式，难道都是在进行不正确的思维？

众所周知，科学家在对未知的大千世界进行探索时，运用假说进行思维，其中大量应用了推理的无效式，对恐龙是怎么灭绝的、宇宙是从哪里起源的、生命是如何诞生的等问题进行探讨，未知的东西远远多过已知的东西，许多大前提根本无法建立，用有效式进行推理的机会非常有限，只能不断地进行推测。侦查人员在破获案件的过程中，面对的也是大量未知、被伪装的东西，他们只能从一些蛛丝马迹入手，还要提出各种带有猜测性的侦察假设，应用着包括所谓的"回溯推理"（回溯原因或效式）在内的种种无效式展开一系列的推测。如果将这些思维过程统一定性为错误思维过程，就意味着许多的科学家、法律人，甚至是日常生活中的大多数人，都在进行不正确的思考。那岂不是大家都在瞎耽误功夫吗？

因此，我们必须对上述提出的"正确思维"的概念外延重新进行界定。否则，我们就会得出科学技术专家大多在不正确思维的应用中从事理论发现、技术发明的工作，侦查人员大多在错误思维的应用中进行侦破案件的工作等十分荒唐的结论。

再回过头来细想，亨迪卡的前半句话是没有问题的，"有效论证可以看成正确思维的一种表达"。但如同全称肯定判断换位必须变成特称肯定判断一样，我们只能说有的正确思维是有效论证过程，但不能包括全部。也就是说，正确思维还可以包含除严格遵守逻辑规则的有效论证以外的其他论证或推理，无效式也应包含其中。

如果简单总结以上阐述，认为正确思维既包括有效论证又包括无效论证，正确思维过程既能够运用推理的有效式也能够运用推理的无效式，也是不妥当的。我们应当超越正确思维与有效论证一致性的观点，从另外的角度定义正确思维。

二、正确思维与思维基本规律的关系

（一）思维基本规律概述

人的思维非常复杂，思维规律也多种多样。研究思维的学科除了逻辑学、哲学以外，还有心理学、神经学、人工智能学、语言学、信息学等，它们也都研究思维的规律。它们研究不同方面、不同性质的思维规律，这些规律分散在各个学科之中。例如，心理学研究心理状态与思维关系的规律，神经学研究思维的生理基础，语言学研究思维的物质基础，人工智能学研究对思维过程的模拟，等等。

那么，有没有最基本的思维规律呢？不管是谁在哪个学科，只要在思维，在运用思维的基本形式，就必须遵守一定的思维规律，这正是逻辑学所要研究的基本思维规律，亦称逻辑基本规律。

逻辑基本规律包括四条，分别是同一律、不矛盾律、排中律和充足理由律。它们分别要求人在思维过程中，各种思维形式要保持不变，不能出现矛盾，要明确清楚，有理有据。逻辑基本规律概括地体现了逻辑思维的基本特征，对概念、判断、推理乃至论证等思维形式都有约束力，对各种逻辑形式的正确运用都具有普遍的指导意义。因此，才将它们称为"基本规律"。虽然充足理由律主要是关于论证的规律，由于论证是各种逻辑知识的综合运用，所以，也将其归入到逻辑基本规律的行列。

尽管逻辑基本规律是关于思维的规律，但还存在着自己的客观基础。它不是先验的，也不是逻辑学家凭空捏造的，而是在长期实践的基础上对人类思维活动规律性的概括和总结，归根结底，它是客观事物及其规律在人的主观意识中的反映。客观事物是相互联系、相互转化的，是在绝对地运动、变化发展着的。然而，这个发展变化并不是没有规律、不可捉摸的。从事物发展的各个阶段来看，它们都具有相对的稳定性或质的规定性。正是这种质的规定性，决定了事物的本质，决定了它是区别于其他事物的。客观事物这种质的规定性反映在人类思维中，就表现为思维的确定性。这就是逻辑基本规律的客观基础。

（二）思维基本规律是正确思维的基本前提

逻辑与规律有着天然的联系。"逻辑"一词源于希腊语的"逻格斯"，最初含义是事物发展的"规律"。后来经过演绎，"逻辑"专门指思维的规律。到了现在，如果把逻辑定义为研究有效论证的思维工具，"逻辑"就只能用于正确思维的规律，或者保证有效论证的正确思维规律。于是，"逻辑"的内涵受到越来越多的限制，外延则在一步步缩小。虽然可以将"逻辑"从比较宽泛的哲学范畴意义上的"规律"限定为思维规律或正确思维的规律，但限定为保证有效论证的思维规律就会成为问题。正如前面所讨论的，将所谓的无效论证排除在逻辑之外不符合思维的实际。

如果我们不去探讨有效论证、无效论证与正确思维的关系，而是探讨思维基本规律与正确思维的关系，问题就会迎刃而解。

我们将逻辑基本规律看作正确思维必须遵循的基本准则和基本前提，而不考虑思维过程中用的是有效式还是无效式。如果遵守了逻辑基本规律，思维就具有了确定性（同一律的基本特征）、无矛盾性（不矛盾律的基本特征）、明确性（排中律的基本特征）和论证性（充足理由律的基本特征），才能实现概念明确、判断恰当、推理有逻辑性、论证有说服力的逻辑学愿望。相反，如果在任何一个思维过程中违背逻辑基本规律，思想就会出现游移不定、自相矛盾、模棱两可或者论证缺乏说服力的混沌状态。因此，思维就不能有序地、正确地进行，也就无法正确地认识事物及准确地表达思想、交流思想，并产生各式各样的思维错误。

在这一点上，多数逻辑学者已经形成的共识是，遵守思维基本规律既是正确思维的必要条件，也是不可缺少的条件。一般认为，"形式逻辑的基本规律对人的逻辑思维具有强制的规范作用和制约作用。遵守它的要求是正确思维，包括正确地进行辩证思维的必要条件。"①

这是《逻辑学大辞典》的说法，作为逻辑学科最权威的工具书，它必然是对各种研究成果的总结，同时又影响着各种逻辑研究尤其是逻辑教学的进行。所以，现在几乎所有逻辑教材都在讨论逻辑基本规律是正确思维的必要条件，并且将这一说法传播给更广泛的学生。

这种说法当然是对的，却是不全面的。为什么仅仅说是必要条件呢？究其原因，恐怕是只将逻辑看成研究有效论证形式的科学思想在作怪，认为不遵守这些基本规律肯定不行，但只遵守这些基本规律还不够，还要加上遵守有效推理、有效论证的规则，才能保证思维的正确性。美国斯坦福大学哲学教授帕特里克·苏佩斯认为："狭义地说，逻辑是关于有效论证的理论或者演绎推理的理论。在稍广一点的意义上，还包括定义的理论。在更广的意义上，还包括一般集合论。此外，定义的理论连同集合论一起为公理方法提供一个正确的基础，而大多数数学家则非正式地把公理方法的研究看作逻辑的一部分。"② 看来苏佩斯这样的逻辑大家也只承认逻辑的有效性质和演绎性质，那么很多人认为正确思维不只是遵守思维基本规律，还应当加上遵守有效推理和论证的规则就不奇怪了。笔者在这里要提出一个"奇怪"的问题：遵守思维基本规律难道不是正确思维的充分条件吗？也就是说，只要遵守了这些基本规律就可以判定我们的思维是正确的，尽管思维结果有可能产生不符合实际的错误。思维是正确的，思维结果有可能错误，这并不奇怪。就像我们驾驶汽车时，只要遵守了交通规则就是在正确行驶，但行

---

① 彭漪涟，马钦荣. 逻辑学大辞典 [M]. 上海：上海辞书出版社，2004：294.
② 〔美〕P. 苏佩斯. 逻辑导论 [M]. 宋文淦，等译. 北京：中国社会科学出版社，1984：12.

驶的结果是仍有可能发生交通事故。交通规则的制定和大家的共同遵守只能大大减少交通事故，而不能杜绝交通事故。但无论如何，遵守交通规则一定是正确行驶的充分条件，不可能说遵守了交通规则还是错误行驶。至于由于驾驶方法不当、车况不好、天气恶劣等造成了事故，那是另外的问题，不影响对行驶正确的断定。对思维的断定也是如此，思维过程正确与否是根据是否遵守思维基本规律来判定的，至于思维过程中由于采取了不当的方法、受到了情感的干扰等造成结论的错误，同样不能影响对思维正确性的判定。思维过程与思维结果应当分开，而且必须分开，不能混为一谈。

如此一来，前面所述的问题就不成问题了，哪怕是我们的思维在应用着明知结论不一定可靠的或然性推理，在应用着所谓的无效式，在应用着各种样式的推测，但只要遵守了思维的基本规律，思维就是正确的。科学家在发现性思维中大多运用或效式推测，将其判定为正确思维的范畴。"阿基米德能够解开王冠这一疑案，是同他运用类比推理分不开的。他是从身体在水中所受到的浮力情况，而联想到其他物体在水中所受到的浮力情况，揭开了王冠的秘密。……阿基米德从甲、乙、丙等物体在水中所受到的浮力的情况，得出了一个带有普遍性的一般结论。这个结论就是尽人皆知的著名的阿基米德的浮体定律。"[①] 这里用到的类比推理、归纳推理，都是或然性的，但都是在进行正确的思维。不管是李昌钰勘察作案现场，还是现实中的福尔摩斯们侦破案件，都是大量运用回溯原因或效式指导侦破案件，也绝对是正确的。我们没有必要将正确思维与有效论证挂钩，而应当将正确思维的范围予以扩大。有效论证是正确思维没有问题，无效论证是正确思维也是可以的，关键是看它们是否遵守思维的基本规律，而不是有效无效的问题。

只要我们将遵守思维基本规律作为正确思维的基本前提就足够了，不要将标准定得过高，非要说有效论证才是正确思维不可的话不要说一般人达不到，就连科学家也达不到，最后会出现大多数人在大多数情况下在进行不正确思维的荒唐结果。

（三）遵守思维基本规律是正确思维的充分必要条件

我们承认遵守思维基本规律是正确思维的必要条件，前面又阐述了遵守思维基本规律是正确思维的充分条件。综合起来，我们就应该非常明确地说：遵守思维基本规律是正确思维的充分必要条件。

其实，逻辑思维只是一个过程思维，它控制不了输入的前提的真假，当然也无法保证结论的正确可靠。思维基本规律所提出的要求，是对这个过程正确的要求，而不是对结论正确的要求。遵守思维基本规律是正确思维的充分必要条件，

[①] 天津人民广播电台科技组. 科学创造的艺术 [M]. 北京：中国广播电视出版社，1987：43－44.

不是确保得出正确结论的充分必要条件。我们不能用思维正确而结论错误来否定遵守基本规律是正确思维的充分条件,因为这是两码事,我们并没有说正确思维是正确结论的充分条件,因而思维正确而结论错误就不足为怪了;同样,我们也不能用思维不正确而结论正确(神经错乱的人思维不正确,但有时也会蹦出一句真理),来否定遵守基本规律是正确思维的必要条件。

逻辑应当看成是只保证思维正确的,而不是保证结论正确的。当然,思维过程也会发生错误。为了区别,我们可以把思维错误导致的结论错误叫作"谬误"。"所谓谬误,广义上指的是思维错误。而逻辑学所研究的,主要是论证型的思维错误。在论证中故意违反逻辑所造成的错误,称为诡辩。"① 这样,我们就对错误、谬误、诡辩重新进行了界定和区分。

经过以上分析,再仔细看亨迪卡的那段话就会注意到,他在说明正确思维和有效论证一致性时用"类似意义上"进行限定。也就是说,他还是将正确思维和有效论证区别开了。英国著名哲学家波珀曾指出:"现在很流行这样一种学说:归纳推理虽然'严格地说'是不'正确的',但能达到某种程度的'可靠性'或'概然性'。我认为,在这一种学说里同样存在不可克服的困难。"② 这个困难使我们想起了归纳问题,"全称陈述是以归纳推理为基础的。因此,问是否存在已知是真的自然定律不过是用另一种方法问归纳推理在逻辑上是否证明为正确"③。这又追踪到了"休谟问题",这里不再探讨。

三、"悬逻辑"是建立在正确思维基础上的

将正确思维与有效论证区别开来,将正确思维与正确结论分离开来,就解决了"悬逻辑"的基础问题。既然可以主要根据推理有效式建立起有效论证的逻辑体系,为什么不可以根据同样是正确思维却是主要使用或效式及各种推测形式建立起另外的逻辑体系呢?其实,归纳逻辑、模态逻辑体系等早已经建立起来了,非形式逻辑也风生水起、方兴未艾。那么,能否在此基础上再扩展一大步呢?

解决了或然性推理、无效式论证以及非形式思维的思维正确性问题,就为建立以推测为主要研究对象包括悬概念、判断悬疑态在内的"悬逻辑"体系铺平了道路。现在,我们可以理直气壮地说:"悬逻辑"是建立在正确思维基础之上的,它是科学的、合理的。我们必须清醒地认识到:将逻辑定义在正确思维范围内可以,将逻辑局限在有效论证范围内却是不对的;逻辑要保证的是思维的正确性,而不是论证的有效性。很多时候,我们是将"推理"和"推测"混用的,

---

① 〔日〕末本刚博等. 逻辑学:知识的基础[M]. 北京:中国人民大学出版社,1984:96.
②③ 〔英〕K. R. 波珀. 科学发现的逻辑[M]. 北京:科学出版社,1986:2.

现在有必要将它们分开使用：按照有效式进行推论的是推理，在正确思维下并非按照推理有效式进行的并得出可能或较可靠结论的推论方式就是推测，它们都是有逻辑根据的，并且它们都不能违背逻辑的基本规律。

在遵守逻辑基本规律方面，"悬逻辑"与普通传统逻辑有着不同的表现，呈现出不同的特征。因为普通逻辑是在实概念的基础上建立的，是以确定性为特征的，而"悬逻辑"是要考虑悬概念及判断的悬疑态的，是以不确定性为特征的（我们将在下一节进行详尽的讨论）。

近年来，许多逻辑学家提出了代表日常论辩和专门语境（法律论辩、科学论辩等）的论证型式（不是形式），并承认可废止论证的重要性和正当性，认为它已经引起理性论证的范式转移，对原来理性论证具有核心重要作用的法律、认知科学、人工智能、科学哲学等领域都产生了影响。"可废止论证是这样一种论证：相对于目前已知的证据，它的结论可以被暂时接受，但是，当新的证据被发现时，可能需要撤销结论。这种假定性论证是必要而危险的。我们必须把它当作一种启发工具：为暂且接受某个结论提供理性基础，即使该结论并非终结性地得到证明。当我们使用这种论证的时候，必须保持思想开放，因为它们是可错的、可能会遭到抛弃的。"① 这种可废止论证理论与"悬逻辑"完全一致，更丰富了"悬逻辑"的理论体系。从整个理论构造上，"悬逻辑"研究的推理是推测（推测的结论是可废止的，它构成了可废止论证），"悬逻辑"采用的综合应用体系是假说（假说的结论也是可废止的，或者说是可修正的）。

第二节 同一律是探求悬疑问题的前提条件

在四条逻辑基本规律中，同一律是最基本的规律，其他规律可以说都是由这条规律演绎出来的。既然是最基本的规律，因而同一律也是"悬逻辑"的前提条件。

一、同一律的基本内容和逻辑要求

（一）同一律的基本内容

同一律的基本内容可以表述为：在同一思维过程中，每一思想都与其自身具有等同性。"同一思维过程"是指在同一时间、同一关系下对于同一对象而进行的思维过程；而"每一思想"的含义十分宽泛，在整个思维过程中使用的每一概念、判断以及由此构成的推理和论证都可以称为一个思想；所谓"与其自身

---

① 武宏志，周建武. 批判性思维：论证逻辑视角 [M]. 修订本. 北京：中国人民大学出版社，2010：241-242.

具有等同性"，是指在从头至尾的思维过程中使用的每一思想的具体内容不要发生随意的变化，始终保持一致，具有前后的一致性。

同一律的公式表达是：

A 是 A

逻辑符号表达式则为：

A→A 或 A＝A

（二）同一律的逻辑要求

由于概念是思维的细胞，判断是表达思想的最小单位，而推理和论证均是由概念和判断构成的，所以我们在阐述思维基本规律的逻辑要求时（除充足理由律），只讨论它对概念和判断的逻辑要求。

1. 对概念的要求

同一律对概念的使用提出了以下的逻辑要求：在同一思维过程中，使用同一个概念必须保持前后一致，其内涵和外延不能经常变化，前面是什么含义，后面也是什么含义。比如，李白在唐玄宗天宝十四年（公元755年），云游到了秋浦（今安徽贵池）。当地豪士汪伦久闻李白大名，很想与他见上一面，但怎样才能邀请到李白呢？他绞尽脑汁，苦思冥想，想出了一个"妙招"。他给李白写了一封信，信中写道："先生好游乎？此地有十里桃花。先生好饮乎？此地有万家酒店。"这封信可以说紧紧抓住了李白的心理，因为李白平生的两大嗜好就是云游和饮酒。于是，李白接到信后欣然前往。然而，当他来到汪伦的家乡举目张望时，想象中的景象连个影子都没有。这里一棵桃树都没有，哪来的桃花？酒店也只有一家，就是夸张点也不能说"万家酒店"啊？李白大失所望，连呼上当。前来迎接的汪伦却笑容可掬地说："我可没说谎，这里有一个很大的潭水，名曰'桃花潭'，方圆十里，这不就是'十里桃花'吗？这里还有一家酒店，店主姓'万'，不就是'万'家酒店吗？"李白只得笑笑，与仰慕自己的汪伦攀谈起来。汪伦是个好客之人，非常热情，拿出家里最好的东西来款待李白，并虚心地向李白讨教，对酒吟诗，让李白好生感激。临别时，汪伦赠送李白骏马8匹、官锦10段，依依不舍，亲自踏歌相送。李白被汪伦的真情感动，诗兴难抑，于是便有了"李白乘舟将欲行，忽闻岸上踏歌声。桃花潭水深千尺，不及汪伦送我情"的千古名作。汪伦情真意切毋庸置疑，但故意违背同一律的要求也是显而易见的。他故意将"十里桃花潭"的概念让李白误解为"十里桃花景"，故意将"万家人开的酒店"的概念让李白误解为"多家酒店的集市"。表面上它们是同一个概念，但是前后内涵及外延上的差别巨大。

违反同一律的逻辑要求，思维过程就会犯故意性的"偷换概念"或不自觉地"混淆概念"的逻辑错误。汪伦就是用了"偷换概念"，只不过目的是好的，可以说是"意假情真"，最终打动了李白，反倒使一段"假话"成了千年"佳话"。本章开头叙述的买卖香蕉的故事，其中也隐含了"偷换概念"的逻辑错误。"一元一斤的香蕉"是个整体概念，结果在不知不觉中被买香蕉的人偷换成了"两毛一斤的香蕉皮加八毛一斤的香蕉瓤"这样一个复合概念，实际上，作为整体中的部分的香蕉皮和香蕉瓤都应该是一元一斤。这里的巧妙之处是两毛加八毛等于一元，但这只是"一元一斤的香蕉"整体概念中的价值内涵，重量内涵却被忽略了。一斤香蕉皮加一斤香蕉瓤重量是两斤，因而"一元一斤的香蕉"的整体概念实际变成了"一元两斤的香蕉"的概念，所以最后应得的 100 元变成了实得的 50 元。

2. 对判断的要求

同一律对人们使用判断时提出如下的逻辑要求：同样一个判断，在同一个思维过程中，它断定的内容是什么就是什么，必须保持前后一致，不能随意转移所断定的情况。比如，某贪官被捕入狱后，一名记者被允许前去采访。记者先问贪官："你什么时间开始受贿的？"贪官回答说："开始时，我胆子很小，后来就越来越胆大了。"记者接着问："你受贿数目有多少？"贪官说："我受贿犯罪对不起大家，对不起人民。"后来，记者又问："你受贿犯罪的主观原因是什么？"贪官想了想说："现在干部管理制度有漏洞，很多地方需要改进。"记者最后问："法院对你的审判公正吗？"贪官却答："我曾在法院工作过。"不知这个贪官是故意装糊涂，还是理解问题有偏差，这些回答完全是答非所问。"答非所问"就是不回答问话所要求断定的内容，而作出了另外的断定，使问话不能与回答保持一致，不符合同一律对判断一致性的要求。

违反同一律的逻辑要求，所犯的逻辑错误可分为故意性的"偷换论题"和不自觉的"转移论题"两种。记者要求对"受贿开始时间"进行断定，这个贪官却去断定"作案心理"；记者要求对"受贿数目"进行断定，贪官却变成了"认罪态度"的表示；记者要求对"犯罪的主观原因"进行断定，贪官却对"客观原因"进行断定；记者要求对"公正问题"进行是非断定，贪官却对自己的"工作经历"进行断定。因此，这个贪官的回答没有遵守同一律的要求，如果是故作糊涂那就是"偷换论题"，如果有"智力障碍"那就是"转移论题"。

二、同一律对探求悬疑问题的逻辑要求

在探求悬疑问题的"悬逻辑"体系中，同一律的基本内容没有变化，也不应当变化，但在逻辑要求方面会有一些特殊性，但它仍然是探求悬疑问题的基本前提。

(一) 对悬概念的逻辑要求

在探讨悬疑问题的过程中使用实概念，一定要遵守同一律，保持每一个概念的内涵和外延前后一致，这是不存在任何问题的。

在使用悬概念时，尽管悬概念具有动态性的特征，但在同一思维过程中，悬概念比较少的、模糊不清的内涵也要保持它的相对稳定性，不能随时变动。

因此，同一律的逻辑要求应当是不受悬概念影响的，甚至可以说是对悬概念的要求更"严厉"。如果一个悬概念的外延在存在状态方面是不确定的，在后来的阐述中将其数量确定为0，它就成了虚概念；而确定为1或大于1，它就成了实概念。这是绝对不允许的。

这就是说，无论在同一思维过程中使用什么概念，违背同一律的要求一样会犯"偷换概念"或"混淆概念"的逻辑错误。比如，一个厂家声称他们生产出了"无毒染发剂"，消费者不太相信，认为这是个悬概念。消费者对产品进行了检验，发现产品中仍含有对苯二胺，就质问销售人员："你们的产品含有对苯二胺，它是有毒的，怎么能说这是无毒染发剂呢？"销售人员回答说："但我们的产品是没有毒臭味的，很多使用者都可证实在使用过程中和使用后，都没有闻到一般染发剂的臭味。"在这里，消费者通过检验将悬概念转化成了虚概念，而销售人员的回答则将"无毒染发剂"的概念偷换成了"无味染发剂"，犯了"偷换概念"的逻辑错误。

（二）对悬疑态判断的逻辑要求

在探讨悬疑问题的过程中使用一般判断，必须遵守同一律，自不必说。在任何思维过程中，将任何判断置于悬疑态，同一律对判断的逻辑要求都不会发生任何变化。一个判断断定是什么就是什么，断定不是什么就不是什么，断定情况暂时不确定就是暂时不确定，在同一思维过程中不能改变一个判断的前后断定情况，忽东忽西，让人捉摸不定。

所以，同一律只能加强对悬疑态判断的逻辑要求，不会使其削弱或消失。悬疑态判断也具有随时变动的特征，但我们不能用后来的变化（变成真判断或假判断）改变原来的判断状态，后面的改变进入另一个思维过程，超出了"在同一思维过程中"的限定，因而改变是可以的，两个思维过程不能混淆。比如，在美国发动伊拉克战争前夕，有人将"伊拉克拥有大规模杀伤性武器"置于悬疑态，提出"伊拉克真的拥有大规模杀伤性武器吗？仅凭美国的几张卫星照片，恐怕不能确定吧？"到了现在，看到布莱尔承认错误了，他们就说："我当初就说伊拉克没有大规模杀伤性武器嘛。"实际上，他们把当初的悬疑态判断变成了否定性判断，这也是不符合同一律对判断的逻辑要求的。

在涉及悬疑态判断时，违背同一律的逻辑要求同样会犯"偷换论题"或"转移论题"的逻辑错误。

（三）对推测的特殊逻辑要求

按照前面的说法，由于推理是由判断构成的，判断又是由概念构成的，所以，只研究基本规律对概念、判断的逻辑要求，不再研究对推理和论证的逻辑要求。但在"悬逻辑"体系中，稍微有点特殊，需要说明一下。

"悬逻辑"是以研究或效式推测为核心内容的逻辑系统，前面已经讨论过推测和推理的区别，推测带有或然性，推理带有必然性。推理的必然性来自推理前提判断断定的范围与结论判断断定的范围保持同一，即结论断定的范围都在前提断定的范围之内，因而其遵守同一律没有问题。但在推测上，似乎出现了问题。推测无法做到前提断定的范围与结论断定的范围保持同一，因为推测的结论往往是超出前提断定范围的。

其实，我们不能用同一律来要求推测，虽然前提和结论存在能够推出的逻辑关联，但它们是两个判断。我们只能要求它的逻辑关联保持同一不变，而不能要求推出的结果保持同一不变。这样，同一律对推测的逻辑要求应该限定在特殊的范围内，即允许前提和结论断定的范围出现不一致的情况，但两者的逻辑基础不能发生变化，更进一步说，两者断定的基本对象、基本方面和基本关系必须保持同一。例如，三段论的第一条规则（三段论只能由三个概念构成，否则就会犯"四概念"的逻辑错误）不能违背（前面讲三段论或效式时，指出违背其他规则可以成为或效式，但没有指出违背第一条规则也可以成为或效式），如果违背了这条规则不但不是有效式，连或效式也不是。违背三段论第一条规则的经典例子就是很多教材都在使用这样一个例子：

鲁迅的书不是一天能读完的，
《呐喊》是鲁迅的书，
所以，《呐喊》不是一天能读完的。

这里出现错误的原因是"鲁迅的书"的概念，第一次是在集合意义下使用，指总体层面上的鲁迅的书；第二次是在非集合意义下使用，仅仅指鲁迅的书中的一个种类。这样，"鲁迅的书"的实际指称对象或基本方面就发生了变化，推理或推测均无法进行。

第三节　不矛盾律在探求悬疑问题时的复杂情形

虽然不矛盾律也是一条铁的定律，不论在什么状态下进行思维，都是不允许出现思维矛盾的，但是在"悬逻辑"体系中也会出现一些复杂的情形。

一、不矛盾律的基本内容和逻辑要求

（一）不矛盾律的基本内容

不矛盾律，又称为矛盾律，其基本内容可以表达为：在同一思维过程中，两个相互否定的思想不能同时都是真的。进一步理解，两个相互否定的思想就是指具有矛盾关系或反对关系的思想，处在这两种关系下的思想不能同真，必有一

假，否则就出现了思维上的矛盾。

不矛盾律的内容用以下公式表达：

A 不是非 A

将公式再进行符号化处理，则表示为：

$$\neg (A \wedge \neg A) \text{ 或 } A \wedge \neg A$$

公式中的"A"表示一个思想，"非 A"则表示与"A"存在相互否定关系的另一思想。即，如果"A"表示一个概念，那么"非 A"就表示与"A"概念全异的相矛盾或相反对的概念；如果"A"表示一个判断，那么"非 A"就表示与"A"判断形成矛盾关系或反对关系的另一个判断。

(二) 不矛盾律的逻辑要求

总体上说，不矛盾律要求人们在同一个思维过程中，不能对两个相互否定的思想同时进行肯定，使自己的思维陷入相互矛盾的冲突之中。

1. 对概念的逻辑要求

对概念的逻辑要求是指，在同一个概念中不能包含两个相互否定的相反性质的内涵，否则就会出现包含着矛盾的令人匪夷所思的概念。比如，能溶解一切物质的"万能溶液"，此概念中既包含能溶解一切物质的内涵，又包含不能溶解一切物质的内涵（因为它要存在就必须有物质盛它）。

违反这一逻辑要求所犯的逻辑错误，称为"概念矛盾"或"概念自毁"。例如，有人形容自己是"经常戒烟"的人，"经常"与"戒掉"是相反的属性，此人使用的概念违反逻辑要求，犯了"概念矛盾"的错误。

违背这一要求所产生的概念，严格来说都是虚概念。因为现实中不可能存在一个含有内在矛盾的概念所反映的事物。

2. 对判断的逻辑要求

对判断的逻辑要求是指，在同一思维过程中，对同一事物的情况可以做出不同的断定，但不能同时做出两个相互否定的断定。例如，我们可以做出自己的盾非常坚固、它是上好的金属制成的、它的结构也很科学等不同的断定，但我们不能在做出"世上最锋利的矛也不能把它刺穿"的断定后，又同时做出"世上最锋利的矛也可以把它刺穿"的断定。同样，你可以炫耀自己的矛非常锋利，做出它是特殊工艺锻造的、它能够发出耀眼的光芒等不同的断定，但却不能在断定"我的矛能刺穿世上最坚固的盾"的同时，又做出"我的矛不能刺穿世上最坚固的盾"的相反的断定。

违反不矛盾律的这项要求，人的思维就会陷入自我冲突，陷入令人莫衷一是的状态，就会犯"自相矛盾"的逻辑错误。很多时候，这样的错误非常明显，但有的时候，这样的错误却隐藏得很深，需要深入挖掘，才能将其内在的矛盾显现出来。比如，古希腊的权威学者亚里士多德断言，物体从高空下落时的速度

"快慢与其重量成正比",即重量越大的物体下落的速度就越快,重量越轻的物体下落的速度就越慢。这个论断表面上符合人们的常识,使人们坚信不疑。然而,1800年之后,伽利略用严密的逻辑思维推翻了亚里士多德的权威认识,他从看似真理的权威断言中引述出两个相反的断定,揭示了亚里士多德的理论中隐藏的不可克服的矛盾。伽利略的具体思考是:假设有A、B两个物体,A比B重得多。如果同时从高空中丢下这两个物体,那么,根据亚里士多德的理论A应该比B先落地。现在我们将A、B两个物体捆在一起,再从高空丢落,这时会出现什么结果呢?按照亚里士多德的理论,一方面因为B比A轻,拖慢了A原有的速度,因而得出"捆在一起的A和B要比A单独下落时慢"的结论,造成捆在一起的A和B要比单独下落的A后落地的结果;另一方面,因为A和B捆在一起就是A加B的重量,这肯定比A的重量大,于是得出"捆在一起的A和B要比A单独下落时快"的结论,造成捆在一起的A和B要比单独下落的A先落地的结果。这样一来,就从亚里士多德的理论中引申出两个互相否定的判断:

①A+B比A后落地;
②A+B比A先落地。

伽利略据此判定亚里士多德的理论是自相矛盾的,因而是错误的理论。伽利略认为,解决这一矛盾的唯一办法就是改变原有理论的核心内容,大胆确立这样的观点:物体从高空下落,排除其他因素的干扰,物体本身无论质量大小,速度都是相同的,因而它们从相同的高度抛出就会同时落地。由于权威及日常假象的影响,当时仍有许多人不接受伽利略的理论。1589年,伽利略在比萨斜塔上做了著名的自由落体实验。他将一个重5千克的铁球和一个重1千克的铁球同时从塔的上端抛下,结果两球同时落地。

二、不矛盾律对探求悬疑问题的逻辑要求

"悬逻辑"探求的是悬疑问题,其中必然遇到充满矛盾的问题。我们应该明确,探讨矛盾问题时自己的思维是不能矛盾的,否则用矛盾的思维探讨矛盾的问题,就会成为一锅粥,什么问题也探讨不清。所以,"悬逻辑"还是应当遵守不矛盾律的逻辑要求,在这一点上推测与推论没有什么区别,推测同样不允许使用矛盾概念,不允许自相矛盾的发生,也不允许推出与前提矛盾的结论。在这一过程中会出现一些复杂的情形,需要特殊对待。

(一)悬概念中不能包含矛盾,但又容许暂时的矛盾存在

悬概念与一般实概念一样,也应遵守不矛盾律,悬概念中同样不能包含两个相互否定的属性,如前面提到的"万能溶液",猛一听会有所疑问,将其当作悬概念。但在爱因斯坦提出"用什么东西盛它"的疑问时,就揭示了其内在的矛盾,将其转化为虚概念。

尽管悬概念的外延分子是否存在是不确定的，尽管悬概念的内涵还较少甚至模糊不清，但有限的内涵仍然是不能相互否定的，或者说更不能存在相互否定的内涵。因为悬概念处于变动之中，一旦违背不矛盾律对概念的逻辑要求而出现"概念矛盾"，顷刻之间就会"概念自毁"。

有一点值得注意，悬概念是在探索未知世界时所使用的概念，很多东西暂时不能确定，应当允许暂时不能确定的内涵出现相互否定的情况。在"火星水"还是悬概念时，水的属性是固态的还是液态的一时难以弄清，就可以暂时不去否定其中的一个。而且，一旦弄清了，"火星水"就转化成了实概念。

（二）对判断的逻辑要求呈现出复杂的情形

"悬逻辑"在应用判断时有比较复杂的情况，除了应用一般意义上的常规判断外，可以将任何判断置于悬疑状态，也可以包含悬概念判断。这些或取真值或取假值并存的判断与常规判断真假值已定的判断大不相同，取值变了，形成矛盾的情况也会有所变化。下面分别对具体情况进行研究。

1. 悬疑态判断应与原判断之间具有矛盾关系倾向

悬疑态判断就是要对原判断进行质疑，而质疑就是要有否定原判断的倾向，即倾向于与原判断相互矛盾的判断。比如，将"落水学生必死无疑"这个必然肯定判断置于悬疑态，意思就是"落水学生真的必死无疑吗？"其表达的倾向就是："不一定落水学生必死无疑""落水学生可能不会死（存在生的可能）"。这些表达倾向的判断与原判断之间构成了矛盾关系。悬疑态判断仅仅是提出质疑，并没有表达最后的结果，它只具有或真或假的不定值，不具有或真或假的确定值，所以这种矛盾关系只能是倾向性的。

我们不能将倾向性的矛盾关系当作实际的矛盾关系，否则就可能将逻辑上的矛盾关系转化为现实世界的矛盾关系，制造人与人之间的矛盾，制造社会矛盾。比如，"文革"期间有人举报说：校长是一个"走资派"。另一位教师感觉校长挺好的，表示怀疑，就问道：校长真的是走资派吗？于是，举报人告诉"革委会"，说那位教师认为校长不是走资派。结果那位教师成了旧势力的"卫道士"，与校长一起遭到了批斗。那位教师的质疑表达的最多是"校长可能不是走资派"的意思，而将其当成单称否定判断，就与原来的单称肯定判断构成矛盾关系，现实的矛盾就出现了。举报人和那位教师之间从此矛盾不断，积怨越来越深；冤案、冤情由此发生，社会矛盾亦愈演愈烈。

我们可以将一个判断置于悬疑态，最多产生矛盾倾向，但不能将其置于"矛盾态"，去制造矛盾。

2. 自身悬概念判断不能矛盾，局域悬概念判断容许矛盾暂存

某个人在他的同一思维过程中，用到的由同一个悬概念构成的悬概念判断，不能产生前后互相否定的情况。例如，某人在探讨尼斯湖水怪时，前面说水怪身

体上长有鱼鳞，太阳一照就会闪闪发光；后面则说这种水怪身体硕大，光溜溜的没有鱼鳞。虽然我们还不知道尼斯湖有没有水怪，但此人的叙述在同一思维过程中出现了"尼斯湖水怪有鱼鳞"和"尼斯湖水怪没有鱼鳞"两个相互否定的判断，由此可以判定此人陷入矛盾之中，犯了"自相矛盾"的逻辑错误。假如这两种叙述是出自不同人之口，那么在探讨尼斯湖水怪的一定论域内，我们则可允许这种矛盾暂时存在，因为这不是"自相矛盾"，不同的人可以有不同的看法。既然尼斯湖水怪的存在与否都处在探讨之中，鱼鳞的有无当然也可以探讨。这就是其复杂性所在。

由此可知，如果两个悬概念判断之间构成了矛盾关系或反对关系，按照传统逻辑的观点，它们适应不矛盾律的要求，前者不能同真、不能同假，后者不能同真、可以同假，实际上这种关系应当有细小的变化。比如，"所有倒脚仙都是胸前长黑毛"与"有的倒脚仙不是胸前长黑毛"之间是矛盾关系，不能对它们同时进行肯定是没有错的，而同时对它们进行否定也是没有错的。这就是说，矛盾关系不能同真、不能同假的属性变成了不能同真、可以同假。

第四节　排中律在探求悬疑问题时的特殊情形

排中律的基本性质是保证思维的明确性，而"悬逻辑"的性质恰恰是不明确性的。这种天然的冲突，使得排中律在"悬逻辑"的应用中出现特殊的情形。

一、排中律的基本内容和逻辑要求

（一）排中律的基本内容

排中律所表达的基本内容可以叙述为：在同一思维过程中，两个相互否定的思想不能都是假的，必定有一个是真的。进一步说，具有矛盾关系、下反对关系的两个判断或两个矛盾概念必须有一个是真的。

排中律的公式表达是：

A 或者非 A

进一步的符号表达式是：

$$A \vee \neg A; A \vee \bar{A}$$

公式中的"A"表示任何一个思想，"非 A"表示与"A"具有相互否定关系的另一个思想，用"或者"表示"A"与"非 A"之间的关系，表明两者已穷尽了一切可能，排除了第三者的存在。

（二）排中律的逻辑要求

排中律排除了第三者的存在，并用选言联结词表达，就是要求人们在同一思维过程中，必须对两个相互否定的思想进行明确选择，不能同时认定两者都是假的，而是要态度明确，旗帜鲜明。

1. 对概念的要求

排中律的这种逻辑要求反映在概念使用方面，是指在同一思维过程中，对一个事物或者用"A"概念来反映，或者用"非A"概念来反映，而不能用说不清是"A"还是"非A"的不明确的概念来反映。

违背排中律对概念的逻辑要求就会犯"含混概念"的逻辑错误。

比如，小张说她的一个小伙伴在国外旅行时，曾救助过一位摔倒在路边的老奶奶，并将老奶奶送回家中，老奶奶感激不尽，还请她在家里吃了饭。小李问道："那她们之间用什么语言或什么方式交流呢？"小张回答说："她们用心在交流。"这个回答有点文学浪漫色彩，却违背了排中律对概念的使用要求，"用心"这个概念既没有选择用的是什么语言，也没有肯定用的是手势、眼神或者通过一个邻居作翻译等交流方式，是一个地地道道的"含混概念"。

2. 对判断的要求

排中律对判断使用的逻辑要求是，应在同一思维过程中对两个相互否定的判断做出明确的选择，不能骑墙居中，是非不分。

违背排中律对判断的逻辑要求，不在两个相互否定的判断中明确选择其中的一个就会犯"模棱两可"的逻辑错误。

例如，在对一起抢劫强奸刑事案件的分析会上，刑警小张发言道："要说李某有作案的动机，我认为不妥。经调查了解，大家都说李某是有名的老实人。但是，我们又无法保证他不会变坏，毕竟人心隔肚皮。所以，我们不能就此认为李某没有作案的动机。"小张的一番话，对"李某有作案动机"和"李某没有作案动机"两个相互矛盾的判断都作了否定，没有做出明确的选择，这就犯了"模棱两可"的逻辑错误。

再如，战国时期的著名学者庄子，经常带领学生周游列国，宣传道家思想。一天，他和学生们走进一片树林中，看见几个伐木工人正在砍伐树木。树林中有一棵树高大挺拔，枝叶茂盛，伐木工人将它旁边的树都砍倒了，唯独把这棵遮蔽一大片地方的大树留了下来。庄子好生奇怪，就问伐木工人："你们为何不砍这棵树呢？"伐木工人答道："你们别看这棵树表面上枝叶茂盛，可它不成材啊，长得歪歪扭扭的，并且树疙瘩很多，既不能做栋梁，也不能做板材，伐了也不能派上用场。"庄子听了，十分感慨地对学生们说："你们看见了吧，那些长得直的树，由于可成材，都被砍伐了；这棵大树却因不成材，反而未被砍伐，能够享其天年。弟子们，你们可千万要记住这件事啊。"弟子们齐声答道："老师放心，我们记在心上了。"走出树林，翻过一座山岗，师生们隐约看到前面有户人家，就前往投宿。主人看见大学问家庄子亲临，还带了一帮高徒，十分高兴，急忙收拾出最好的房子让师生们休息，并要宰一只自己养的肥鹅款待大家。主人的儿子问:"抓哪一只鹅宰呢?"主人不耐烦地说:"那还用问!当然抓那只不会叫的鹅呀。养鹅是为了防盗护院,不会叫就一点用也没有,不成材,留它干什么呢?"庄子听了,又触发感慨,对学生们说:"处处留心皆学问哪!你们看,那些会叫的鹅,由于成材被保留了下来;这只鹅因为不会叫,不成材,所以才被杀掉了。弟子们,你们一定要记牢这件事啊。"弟子们答道:"老师说得有道理,我们记在心里了。"这时,一个善于思考的弟子问庄子:"老师,我有一个问题。那棵歪歪扭扭的大树由于不成材被留了下来,这只肥鹅却因不成材而被宰杀了;那些长得直的、成了材的大树被砍伐了,这些鹅却因为会叫成了材被保留了下来。那么,对于我们做人来说,到底是成材好呢,还是不成材好呢?""问得好!大家说说看。"众弟子们你望着我,我望着你,不知怎样回答,最后都一脸迷茫地望着庄子。庄子嘴上说问得好,心里却也感到是个棘手的问题,但对学生的提问总得回答呀,于是,他支支吾吾地说道:"这个——做人嘛,首先我不主张成材。那些树木由于成材而被砍伐,不是太可惜了吗?可是,我也不主张不成材。不成材怎么行呢?这只鹅不就是由于不成材而被宰杀了吗?"学生追问道:"老师,我没太听清楚,我只是想知道,人到底该成材还是不该成材?"庄子接着说:"我是说呀,做人嘛,不要成材,也不要不成材,而是要在成材与不成材之间找一个'既不是成材,又不是不成材'的东西。哈哈……"随后,庄子又之乎者也地发了一大通议论,学生们越听越玄乎,如同坠入云雾之中。庄子既否定"成材"又否定"不成材",然后说要找一个既不是成材又不是不成材的东西,其选择让人难以捉摸,这是错误的,违反了排中律的要求。

二、排中律对探求悬疑问题的逻辑要求

排中律要排除中间的模糊状态,让思维有一个明确的选择,让思维的内容鲜明地确定下来。然而,专门研究悬疑问题的"悬逻辑",恰恰是以不确定为特征的,悬概念的内涵模糊不定、外延存在状况不确定,悬疑态判断的真假断定不确定,推测的结论可靠性不确定。是否可以由此认为排中律在"悬逻辑"中是失效的,是不能发挥作用的呢?事实上并非如此,排中律对探索悬疑问题的"悬逻辑"来说,要求有其特殊性。这个特殊性表现在强制性的减弱,导引性的加强。

(一)排中律促使悬概念的转化

悬概念是介于虚实之间的中间状态概念,排中律要排除的恰恰就是中间状态。这就是说,排中律是不允许悬概念存在的。从本体论角度来看,一个事物要么存在,要么不存在,没有存在与不存在的中间状态,必须在存在与不存在之间做出选择。不过,悬概念是从认知角度设立的,认识不能确定的问题在人的认知过程中客观存在。所以,悬概念是个过程概念,从其本性上说是不能长期存在的概念，它必须向实概念或虚概念过渡。这样一来，排中律对悬概念提出的逻辑要求就是合理的，即要求悬概念一定要进行转化，或选择向实概念转化，或选择向虚概念转化，不能总是处在模糊不清的悬状态。在排中律的要求下，人的认知应尽快发展，使悬概念走出含混状态，向清晰状态发展。

应当注意的是，排中律只能要求悬概念转化，不能要求悬概念不存在，即不能认为以内涵模糊、外延不确定为特征的悬概念是错误的。进一步说，"概念含混"的逻辑错误是不适应悬概念的，"概念必须明确"的要求在这里是失效的。

因此，排中律对悬概念的逻辑要求是悬概念必须向实概念或虚概念转化。违背这一逻辑要求，不去进行悬概念的转化，保持悬概念的模糊状态并以此肯定或否定这个概念，就会犯"以悬为实"或"以悬为虚"的逻辑错误。

例如，前述美国将"伊拉克拥有大规模杀伤性武器"的悬概念当作实概念，并以此为借口发动了伊拉克战争。这就是犯了"以悬为实"的逻辑错误。又如，有位旅行者云游到某个山中，看到前边有一条崎岖蜿蜒的峡谷，就想进去一探究竟。这时，一些山民告诉他，据说峡谷里有一种神秘的"杀人树"，如果碰到它的树枝，非死即伤。但这位旅行者心想，听说过野兽杀人的，还没听说过树枝也会杀人，这肯定只是传说，不必放在心上。他径直走进峡谷，但没过多久，山谷里传出"啊"的一声大叫。几个有经验的山民闻讯赶了过去，只见那位旅行者倒在地上，口鼻流血，奄奄一息。旁边，正伫立着一棵"杀人树"（亦称"一剑封喉"）。对于初次接触"杀人树"的人来说，应当将其当作悬概念，然后去小心求证。但是这位旅行者犯了"以悬为虚"的逻辑错误，直接将其当作虚概念，险些丧了性命。

（二）排中律要求悬疑判断的转变

不管是悬疑态判断还是悬概念判断（姑且统称为悬疑判断），自身都带有"模棱两可"的色彩，既不确定某个判断真，也不确定某个判断假。排中律则要求在两个相互否定的判断中必须做出选择，不能骑墙居中，模棱两可。两者似乎也是严格对立的。

悬疑判断也是处于真假之间的状态判断，是真假不定的。从根本上说，判断只有符合实际与不符合实际两种或真或假状态，真假不定只能是暂时的，最终还是要确定真假的。因此，排中律的要求实质上仍在起作用，只不过变成了一种趋向。

我们可以将排中律对真假不定的悬疑判断提出的要求理解为：悬疑判断必须向确定真假进行转变。

违背排中律的这一要求，不但不去进行这种转变，反而将真假不定的判断当作真的或假的，就会犯"以不定为确定"的逻辑错误，并表现为"以疑为真"或"以疑为假"两种形式。

例如，2015年10月31日，从埃及飞往俄罗斯圣彼得堡的飞机在起飞22分钟后与地面失去了联系，然后在西奈半岛发现了飞机残骸，机上224人全部遇难。关于飞机坠毁的原因，一时众说纷纭。由于飞机残骸散落在方圆20多千米的范围，又恰逢俄罗斯对极端组织ISIS进行了精准空袭之后，一些媒体，尤其是西方媒体报道，极端组织在飞机上安放炸药，导致飞机在空中"解体"。俄罗斯官方媒体对此不予承认，但也没有否定，只是声称在没有调查清楚之前一切皆有可能。俄罗斯的这种态度，就是将"飞机毁于空中爆炸"的判断置于悬疑态。遵守排中律的要求，各方专业人员就应该广开思路，动用各种手段，收集各种信息，尽力确定这个判断是真的或是假的。如果不去做这种确定性的工作，以这个判断为真，就会立即排除机械故障、技术失误以及突然遇到意外等原因的查询，甚至停止调查工作，这是不妥的，犯了"以疑为真"的逻辑错误。而以这个判断为假，一味地去寻找其他原因，不承认恐怖组织实施爆炸的可能性存在，那就有可能抹杀恐怖组织的又一桩罪行，犯了"以疑为假"的逻辑错误。同年11月17日，俄罗斯政府在听取了国家安全局的调查汇报后对外公布：俄罗斯坠毁飞机受到了大约1千克的TNT炸药的引爆，导致飞机在空中解体。这就是遵守了排中律，将"飞机毁于空中爆炸"这一悬疑态判断转变成了真实判断。

又如，第二次世界大战期间，从1940年10月开始，纳粹德国空军对英国本土展开了夜间轰炸。起初，英国皇家空军对此束手无策，因为他们夜战能力很差。但过了不久，事情发生了逆转，德国战机开始招架不住了。英国飞行员似乎个个长了"猫眼"，能在漆黑的夜空准确发现德机并将其击落。有些英军战机曾经创造了击落20架德机的辉煌战绩。这是怎么回事呢？德军急于知道答案，就连英国的老百姓也想弄个明白。后来，负责食物供给的英国官员站出来宣称，皇家空军飞行员在每天的饮食中增加了大量的胡萝卜，正是其中含有的维生素让他们视力大增，变得异常锐利。对于"吃胡萝卜能使视力锐利，成为民族英雄"这个判断，德国人半信半疑，但也不得不接受这一解释。而许多英国老百姓信以为真，他们不再抱怨肉食不够，心甘情愿地大嚼起胡萝卜，一时间伦敦街头巷尾大谈胡萝卜的"丰功伟绩"。战后，英军皇家飞行员、夜战王牌约翰·坎宁汉姆谈到此事，大笑起来，说道："截至1941年5月，我已在夜间击落12架德机，因为我的飞机上装备了极为秘密的仪器，能在夜间帮助我准确锁定德机，就像我长了一双'猫眼'。而英国空军部为了掩饰该仪器的存在，故意编了个故事，说我们是常吃胡萝卜才厉害起来的。"这个秘密仪器就是AI机载雷达。① 至此，真相大白。德国人开始还将"吃胡萝卜能使视力锐利，成为民族英雄"这个判断置于悬疑态，英国老百姓则犯了"以疑为真"的逻辑错误，好在多吃胡萝卜并

---

① 张晓红. 二战中，英军用胡萝卜掩盖雷达秘密［N］. 新民晚报，2015-11-13.

没有什么坏处。

还需注意的是，对于悬概念判断来说，排中律在同素材判断对当关系中的适用范围也有了新的变化。"排中律也不再适用具有矛盾关系或下反对关系的悬概念判断。比如，云南边陲存在脚趾向后长的'倒脚仙'传闻，我们不能要求在'有的倒脚仙是胸前长黑毛'与'有的倒脚仙不是胸前长黑毛'之间做出明确选择，因为'倒脚仙'是个悬概念，这两个判断可能同假。"[①]

第五节 充足理由律在探求悬疑问题时的重要性

我们不能想当然地认为探索悬疑问题可以信马由缰，胡思乱想，不需要任何充足理由。其实不然，没有充足理由就不是逻辑，而且，从某种程度上说，"悬逻辑"更需要充足理由。违背充足理由律不但不能很好地探索悬疑问题，更不能促使悬疑问题得到解决，无法由不确定走向确定，从而失去"悬逻辑"应有的作用和意义。

一、充足理由律的基本内容和逻辑要求

(一) 充足理由律的基本内容

这条思维基本规律的基本内容是：在论证过程中，一个判断能够被确定是真实的，必须有真实的根据和充分的关联。具体来说，要确定一个判断是真的，必须用已经确定为真的另外的判断作为根据，而且要确定另外的判断与被确定为真的判断之间有内在的逻辑蕴含关联。例如，我们要确定"打骂孩子不利于孩子的身心健康"为真，就必须找到打骂孩子危害了孩子身心健康的大量实例，并从心理学、教育学的角度分析打骂孩子对孩子身心健康造成的负面影响，最终确定打骂孩子确实有害于孩子身心健康的发展。否则，仅仅说打骂孩子是不好的，不要再打骂孩子了，不仅显得苍白无力，人们还可以举出打骂孩子的人也培养出优秀的人才的特例，对这个说法进行反驳。

充足理由律的逻辑公式可以表示为：

A 真，因为 B 真，并且 B 能推出 A。

进一步的逻辑符号表达式是：

$$A, \because B \wedge (B \to A)$$

公式中，"A"表示论题判断；"B"表示根据，也叫作理由，它可以是一个或一组判断。

整个公式的意思是：如果 B 是真的，并且 B 能推出 A，那么 B 就是 A 的充

[①] 王仁法. 介于虚实之间的悬概念：从"神农架野人"说起 [J]. 江汉论坛，2011 (1)：72.

足理由。

(二) 充足理由律的逻辑要求

充足理由律要求人们无论在何种论证中，必须为自己的论题提供充足的理由，不能随意确定一个论题判断就是真的，否则很难让人信服。具体来说，可以将充足理由律的逻辑要求分为以下两点：

1. 理由必须真实

不管论题是要证实为真的判断还是要被确定为假的判断，用来论证的根据（论据）必须是大家公认的、已知为真的判断。这些判断包括描述客观事实的判断，表述科学原理、定理的判断以及经过论证确定为真的判断等。

违背这个要求，所犯的逻辑错误就叫作"虚假理由"。比如，某人说他最近要发财了，他要去买彩票，因为他昨天夜里做了梦，梦中预示了他要发财的迹象。梦境肯定是虚假而不现实的，不管他日后是否中了奖发了财，他都犯了"虚假理由"的逻辑错误。

2. 理由与论题之间必须有逻辑联系

仅仅满足理由真实的逻辑要求是不够的，还必须建立理由与推出论题之间的逻辑关联，即前者蕴含后者，能够从前者出发合乎逻辑地推出后者。如果两者风马牛不相及，尽管两者都是真实的，其论证也没有任何说服力，缺乏论证性。比如，我们不能说：因为"太阳是热的"，所以"我考上了大学"。虽然这两个判断都是真的，但一点关联也没有。

违反充足理由律的这个要求，就会犯"推不出"的逻辑错误。

例如，战国时期，屈原有一个学生名叫宋玉。他曾经写了一篇言辞精美的文章《登徒子好色赋》，文中叙述了这样一个故事：

楚国大夫登徒子利用侍奉在楚襄王身边的便利，告诉楚王："宋玉这个人体貌俊美，说话漂亮，却是个好色之徒，望大王不要让他在后宫进进出出。"

楚襄王把登徒子的话转告给宋玉，问他是不是这个样子。宋玉回答说："我体貌俊美，是上天赋予的；我会说话，是从老师那儿学来的；至于说我好色，那可是没影儿的事。"

楚襄王说："你要否定自己好色，那有没有为自己辩白的理由呢？如果你说出的理由充足，你就可以继续留在我这儿，理由不充足就要赶快离开！"

宋玉侃侃谈论起来："天下的佳丽莫过于楚国，楚国的丽人莫过于我的家乡，我家乡的美人莫过于我家东邻的一个女子。我家东邻的女子，身材匀称，增一分就太高了，减一分就太矮了；容颜美妙，若搽粉就太白了，若抹胭脂就太红了；眼眉如翡翠鸟青的羽毛，肌肤似晶莹的白雪，腰身好像一束绢那样柔细，整齐的牙齿仿佛白贝一样洁白。她只要低眉顺眼微微一笑，就足以迷得阳城、下蔡的公子哥儿为之神魂颠倒。然而，就是这样一位美人趴在我家墙头上，向我眉目传情地张望了3年，我至今都没有接受她的追求。可是，登徒子就不是这样了。"

楚王问道："登徒子是怎么样啊？"

宋玉继续说道："登徒子的妻子丑陋无比，头发蓬乱，不但耳朵不灵，嘴巴也显得秃短，露出几颗稀稀疏疏的牙齿，还驼背加上腿瘸，甚至身上长着疥疮，屁股长着痔漏。就这样一个女人，登徒子居然非常爱她，还和她生下五个孩子。登徒子连这样丑陋的女人都钟爱至深，如果是漂亮的女人，不是更要疼爱有加了吗？请大王仔细考虑考虑这些情况吧，我与登徒子到底谁是好色之徒呢？"

楚襄王被宋玉的一番花言巧语说服了，继续将宋玉留在身边。

是否好色，应与道德品质相关，应以是否发生了不正当的男女关系为据，宋玉则根据登徒子拥有相貌丑陋的妻子并与之感情好、生了五个孩子为理由，断言登徒子是好色之徒，缺乏基本的逻辑推论关系，绝对是"推不出"的。宋玉华丽的言辞迷惑了楚襄王，但掩盖不了其中的逻辑错误。

在现代的工作、日常生活以及研究中，犯"推不出"逻辑错误的情况时常发生。典型的错误情形有以下几种：一是"以人为据"，即以某个自己信任的人说的话为根据进行推论。比如，有人以某个专家说投资某个项目前景看好，自己不去调查论证，就去投资，结果赔了血本。二是"诉诸感情"，即以所谓的感情为纽带，不去进行理性的分析，就得出某个结论甚至作出某项决策。比如，有的人以江湖弟兄、情同手足为根据，断定合伙干某件事一定会干得很好，结果实际运作后纠纷不断，甚至反目成仇。三是"诉诸权威"，即以某个名人说过的话为根据，"论证"自己的观点。比如，列宁曾说过：没有坐过监狱的人生不是一个完整的人生，于是有人认为自己犯罪坐牢是实现了完整的人生，而不去分析列宁说话的背景以及坐牢性质的区别。四是"违背逻辑"，即不遵守逻辑的规则和要求，只根据自己的需要强行进行逻辑关联。比如，别人买"六合彩"中奖发财，有人便类比自己与中奖人的身高、体重、家庭情况甚至长相类似，推测自己买"六合彩"也一定能中奖。这是违背类比推理（推测）进行实质比较的逻辑要求的，并不可靠，结果可能是倾家荡产也一无所获。凡此种种，都是由于不能正确建立逻辑关联，犯了"推不出"的逻辑错误。

二、充足理由律对"悬逻辑"的重要作用及特殊要求

在普通逻辑体系中，充足理由律主要对论证起作用，而论证直接由推理构成，论证就是推理群。相应地，在"悬逻辑"体系中，充足理由律主要对推测或假说起作用。尽管推测的结论是或然性的、不定的，假说的观点是假设性的、

待定的，但充足理由律不仅要约束它们，而且对"悬逻辑"发挥着更为重要的作用，并将提出更为特殊的要求。

（一）充足理由律对"悬逻辑"的特别重要作用

在逻辑推测的过程中，在科学假说的建立中，一定要遵守充足理由律。充足理由律对"悬逻辑"的特别重要作用表现在以下几个方面。

第一，保证推测的逻辑性，将推测与猜测区别开来。"悬逻辑"以推测为核心内容，在所有推测中，都存在前提与结论的内在关联性，或者前提与结论的逻辑联系。尽管推测选择了普通演绎推理的无效式，但推测都有其或效式，其内在的逻辑关联仍然存在。这就是充足理由律对推测作用的结果，也是推测与猜测的区别点。猜测可以是没有逻辑根据的胡猜乱想，推测必须先有"推"的成分（即逻辑关联），才有"猜"的色彩。

第二，确保假说的科学性，将假说与胡说分别开来。"悬逻辑"以假说为其综合形式，假说必须收集大量真实的实证材料，必须运用各种有逻辑关联的推测，这样建立起来的假说才是科学假说，才不同于没有逻辑性的胡说八道，才有让人信服的内容。

第三，确定思维的正确性，将"悬逻辑"与非逻辑区分开来。关于思维的正确性，前面已经论述了很多，从这些论述中我们已经确认"悬逻辑"是建立在正确基础上的。我们可以从更深层次上说，"悬逻辑"是遵守了充足理由律的，可以确定其思维形式的运用一定是正确的。因此，可以将"悬逻辑"与非逻辑严格区分开来。非逻辑的胡思乱想或许还遵守了其他的逻辑基本规律（比如，不矛盾律），但一定是不遵守充足理由律的，是一种不正确思维的结果。

总之，充足理由律对"悬逻辑"来说格外重要。不遵守它，"悬逻辑"就不能称为逻辑，就在不正确思维指引下建立了不正确的体系。

（二）充足理由律对"悬逻辑"的特殊要求

"悬逻辑"要探讨真假难定的问题，而且包括虚实之间的悬概念、真假之间的悬疑态判断，因而充足理由律理由真实、有逻辑关联性的逻辑要求对"悬逻辑"来说就必定有了特殊性的要求。

1. 理由必真，尤要区别事实的真和说法的真

充足理由律的第一要求是理由真实，这是必须肯定的，对于根据的事实必须是真实的来说没有任何问题。但在探索悬概念或悬疑问题时，还会遇到只有说法、没有事实的情况，即各种说法真实存在，但真的事实却没有发现。这时，我们就必须注意，说法再真实（包括很多人都这样说），都不能代替事实的真实，否则就违背了充足理由律。我们只能将说法的真实"悬"起来，或形成悬概念，或形成悬疑态判断，进行合理的推测，而不能"以悬为实""以疑为真"。当然，

也不能将真实的说法统统当作虚假的东西，束缚手脚，不去进行进一步的科学探索。

2. 关联必有，但不局限于必然性关联

充足理由律的第二要求是理由和论题之间要有内在的逻辑关联，需要区别对待。由于在一般普通逻辑中，将逻辑关联理解为必然性的、蕴含式的，但对于推测来说，它用的是或效式，因而只要有某种内在关联（如同类同属或一点相容性等）就应视为遵守了这个要求，不必苛求必然连接。

（三）充足理由律制定了确保推测正确的逻辑原则

推测是在正确思维下进行的，为了确保推测在正确思维下进行，我们主要依靠充足理由律、兼顾其他规律制定出确保推测正确进行的基本逻辑原则。

1. 前提必真

尽管是或效推测，结果真假处于待定状态，但推测的前提根据必须是真实可靠的。这个前提根据是否真实，既可以源于观测到的事实，也可以源于自身需要的已经得到公认的理论，还可以源于真实的经验等。

如果违背这条原则，大胆进行所谓的推测，就是"没有真凭实据"的推测。这样的推测可信度极低，甚至可能为零。

2. 使用的基本概念和判断必须保持同一性、无矛盾性和基本明确性

在一个较大的推测过程中（如侦查假设、科学假说），必然会用到许许多多的概念和判断。在运用各种形式进行推测时，就必须保证所使用的基本概念和判断与常规逻辑要求一样，遵守同一律、不矛盾律和排中律，保证它们的前后一致、不出现矛盾并且基本明确。

违背这条原则进行的推测，就是"非理性推测"或"无逻辑性推测"。这样的推测可信度不高。特殊情况是，某些推测违背这条原则的表现比较隐蔽，其可信度对于没有发现这些错误存在的人来说较高。例如，在买香蕉的例子中，卖香蕉的人没有发现隐含的错误，还以为自己幸运地遇到了一位大买主，结果吃了大亏。

3. 过程必有内在关联性

"悬逻辑"的推测过程，既可以用到或然推理，也可以用到无效式，还可以用到各种各样的推测方式，但基本概念和基本判断之间的内在关联关系依然存在于各种或效式之中，尽管这种关系可以不是必然蕴含的关系，却是不可或缺的。

我们可以将完全没有内在关联的推测，称作"无关推测"。这里的"无关"是指无内在关联性，而故意违背此原则强行推测的人，往往会建立一些表面的或"莫须有"的关联。"无关"的断定有时会存在特殊的困难，或因关联隐藏较深，或因无某方面的知识，不能很好地断定到底有关还是无关。

所以，违背这条原则的推测，其可信度呈现出多样性状态。能确定这种推测的无关性的人，完全不相信这种推测；暂不能确定这种推测是否具有无关性的，则对推测结果半信半疑；被表面关联迷惑的人，有可能对这种推测深信不疑。比如，某人走在路上，忽然一个算命先生对他说："你印堂发黑，不出三日，你或者你的家人必有血光之灾。"这里的"印堂发黑"即便是真的，它与发生凶险之间也是没有内在关联性的。如果他相信科学，确定两者没有关联，自然不相信这种胡说八道；如果他比较迷信，被这种表面关联所迷惑，非常担心预言应验，就会相信算命先生的话，并赶紧讨要破解方法。

综上所述，遵守了这三条原则进行推测，那就是正确的推测，就有了可信度。

第六章 非形式逻辑的思维方法

借鉴种种方法，解开重重疑问

现实生活中，我们会遇到各种各样的疑难问题，就像医生遇到疑难杂症一样。解开这些奇奇怪怪的难题，更多的时候是靠人类的智慧，靠巧妙的思维方法，而不是靠形式化的三段论推理或假言推理等。

一天，两个妇人哭哭闹闹地来到了所罗门王面前，请求他主持公道。大卫王的二儿子、聪明绝顶的以色列国王所罗门问她们为什么争吵。一个妇人泣不成声地讲述了事情的经过："我主我王啊，我和这妇人同住一房。一天，我生了一个孩子，三天后，她也生了一个孩子。房子里只有我们两个人。昨天夜里，不幸的事情发生了。她睡着的时候，压死了她自己的孩子。后来，她趁我睡着的时候，从我身边把我的孩子抱去，把她的孩子放到我身边。今天早晨，我醒来要给我的孩子喂奶，但发现孩子不动弹了。我又仔细看了看，才看清这不是我的孩子，她怀里抱着的才是我的孩子。"

"不，她说得不对，"另一个妇人喊了起来，"活着的孩子是我的，死掉的孩子才是她的。"

"不是，不是，"第一个妇人又哭喊着说，"活着的是我的，死了的是她的。"这两个婴儿都还太小，很难看出是否像妈妈。到底谁说的是对的呢？这两个妇人一定有一个在说谎。可是，究竟是哪一个呢？

此刻，所罗门王的智慧光芒闪现了。他在听这两个妇人说话时，也在观察她们脸上的表情，他要透过表情看透她们的内心。他终于窥视到其中一个妇人的内心嫉妒，他明白了，这个妇人嫉妒另一个妇人的孩子，因为她自己的孩子死了。所罗门王知道该怎么做了。

"拿刀来！"他命令他的仆人。

刀？国王拿刀要干什么啊？大家屏住呼吸，惊恐地等待着事情的发展，气氛显得有些紧张。在紧张的气氛中，仆人拿来了明晃晃的大刀。

所罗门国王说："既然你们都说孩子是自己的，而又没有足够的证据证明孩子的确是自己的，那就把孩子劈成两半，你们一人一半，这样不就公平了吗？"

于是，仆人拿着刀，向妇人抱着的那个活着的孩子走去。此时，第一个妇人立即冲上前拦住仆人，急切地哭喊道："不要！不要！不要这样啊！"她向国王伸出手，请求说："我主我王啊，把活孩子给她吧，我不要了，但求你千万不要杀了他。"

所罗门王指着另一个妇人说："把孩子给她，她才是孩子真正的母亲。母亲是爱孩子的，宁肯得不到孩子，也不愿孩子死去。"

孩子真正的母亲终于抱着自己的孩子高兴地回家了，而那个争孩子的母亲得到了重重的惩罚。

所罗门王英明断案的故事在百姓中迅速传开了。虔诚的以色列人赞美这个伟大的君王，称赞他无所不知，还能看透人心，人们在他面前什么都无法隐藏，他会惩罚那些不诚实的人。

所罗门王根据博弈思维的原理，巧用情感因素，解决了非常棘手的难题，关键靠的不是逻辑形式，而是超常的智慧。当然，逻辑是思维的基础，深入挖掘还是能找到形式逻辑的影子的。比如，可以认为这里含有这样一个回溯原因或效式："如果真是孩子的母亲，那么就不愿孩子死去。她不愿孩子死去，所以她真是孩子的母亲。"从主要因素来说，不是逻辑形式在起作用。

本章就是要吸收现代常用的非形式逻辑的思维方法，来研究解决悬疑问题的高效途径。

第一节　适合"悬逻辑"的辩证思维方法

辩证思维与形式逻辑形成的逻辑思维一样古老，早在远古时期就开始萌芽。中国的易经揭示了阴阳之间的辩证发展，古希腊的德谟克利特早就阐述了运动和静止之间的辩证关系。当然，在思维领域系统论述辩证思维思想的是影响深远的德国哲学家黑格尔，他提出了辩证思维的方法论，被认为是辩证逻辑的创始者。被称作辩证唯物主义与历史唯物主义的马克思主义哲学的诞生，标志着辩证思维及辩证思维方法进入到科学、完善的全新阶段。

一、辩证思维的核心内容

要掌握辩证思维方法，就要先弄清什么是辩证思维。

（一）辩证思维的定义与实质

"辩证思维的定义是：人们在思维过程中，通过概念的矛盾运动形式，完整和全面地反映事物辩证发展过程的思维。"[①] 辩证思维是自然和社会的矛盾运动及其发展过程在人的思维中的反映，因而恩格斯将辩证思维称为主观辩证法。辩

---

① 刘建能. 辩证思维方法论教程 [M]. 北京：九州出版社，2002：1-2.

证思维的实现形式主要表现为概念的矛盾运动,但同时包含判断和推理等的矛盾运动形式。例如,马克思的《资本论》研究资本主义经济关系下的社会经济状况,整个体系由具有矛盾关系的核心概念构成,包括:生产、消费、分配、交换、商品、货币、价值、工资、价格、利润、劳动、剩余价值、剥削,生产社会化、生产资料私人占有,无产阶级、资产阶级,等等。另外一个理解辩证思维内涵的关键点是:"辩证思维既是一种世界观,也是一种方法论,是世界观转化为方法论的思维方法。它是用唯物辩证法的世界观来观察认识事物,转而成为辩证思维或认识的方式、方法论。"① 从这一点来看,辩证思维同时也是辩证思维方法——用辩证思维的观点来观察和认识事物,转而用这种观点分析和解决事物中的某些矛盾,即辩证思维的方法。

关于辩证思维暨辩证思维方法的实质,毛泽东在《矛盾论》中作了精辟的概括:"这个辩证法的宇宙观,主要地就是教导人们要善于去观察和分析各种事物的矛盾运动,并根据这种分析,指出解决矛盾的方法。"② 这个概括包含三层意思:一是要善于观察和分析事物的矛盾运动,从中发现其运动规律;二是要做到善于观察和分析事物的矛盾运动,就要学会对具体情况进行具体分析;三是对具体情况进行具体分析就是认识矛盾的特殊性,目的是找到解决矛盾的方法。

(二) 辩证思维的原则

辩证思维及其方法具有哲学意义的广泛性、事物规律的根本性、对偶矛盾的统一性、把握整体的全面性等特征。将这些特征进一步具体化,可以概括为人们在进行辩证思维或运用辩证思维方法解决问题时,应遵守的与辩证思维的实质相一致的四条原则要求。

1. 全面性原则

这一原则要求在人们的实践及认识过程中,在主体与客体的矛盾运动中,逐渐达到主体对客体的全面反映,避免"各取所需"或"断章取义"的片面反映,防止片面性所造成的错误认识或思想僵化。全面性要求对事物正反两个方面进行综合把握,但不能将两者的关系简单相加,不能搞折中主义,而应在对立统一中全面认识事物。

然而,全面性原则是辩证思维的本质要求,人们的认识总是会受到限制,即人们的认识并不能完全达到对客观事物毫无遗漏的反映,而总是处于向全面性追求的过程之中。另外,人的认识具有主观能动性,因而对客观事物的认识在全面性的基础上会根据实践的需要而有所侧重。这就是所谓的"两点论"与"重点论"的有机结合或对立统一。

---

① 刘建能. 辩证思维方法论教程 [M]. 北京:九州出版社,2002:4-5.
② 选自毛泽东选集(第1卷). 304面。

2. 发展性原则

这条原则要求人们从事物的发展、事物自身的运动变化中考察事物，其实质就是要将事物的发展看作事物自身的矛盾运动。一切事物都不是一成不变的，都遵循其自身的规律，在自身的矛盾运动中不断发展变化。认识主体必须正确地反映事物客体的矛盾运动，于是，客观矛盾就反映到主观的思想之中，组成了概念的矛盾运动。

从另一个角度来看，作为主体的概念形式也在"自己运动"，也在不断发展，从内涵到外延都会发生变化。

这条原则与悬概念以及悬疑态判断的动态性特征完全吻合。

3. 实践性原则

这条原则体现了实践是检验真理的标准的理念，明确指出思维把握认识对象本质的广度和深度是由实践决定的，或者是由实践的需要决定的。实践涉及的范围越广泛，思维对认识对象方方面面的属性了解得就越多；实践越持久而深入，思维对认识对象的本质了解得就越深刻。更明确地说，实践在哪个方面展开，对事物本质的认识就在哪个方面进行；实践进展到哪一步，对事物本质的断定也就深入到哪一步。因此，这条原则要求我们一定要勇于实践、善于实践，在实践中提高自己的认识能力，而不是坐而论道、空谈形式。

普通逻辑学将概念视为反映事物本质属性的思维形式，概念具有内涵和外延两个逻辑特征。实践性原则进一步表明，一个概念在什么时间、什么情况下有什么样的内涵和外延，是由当时的实践环境决定的。

用这一原则解释悬概念就可以理解为：一个人在什么时间、在什么境况下将一个概念作为实概念、虚概念还是悬概念，也是由当时、当下的实践决定的，是基于他的适时的认知水平的，而对悬概念的转化更是由实践的发展所决定的。

4. 具体性原则

这条原则是对我们进行辩证思维的总的要求，体现的是辩证思维追求的目标。具体性原则，是指客观世界的一切事物都是以具体矛盾统一体的形式而存在和展现出来的，所以正确反映客观世界及其规律的理论或真理，也应当是具体的（指理性具体），而不是纯粹抽象的，没有抽象的真理。一切以时间、地点、条件为转移，这就是具体性原则的基本内容。客观事物始终处于这样的状态，我们的认识也必须具体反映这样的状态。

我们对客观事物的认识经过思维的抽象，把握了事物各方面的属性，使认识由感性具体上升到理性抽象，还要将抽象的规定在思维行程中再现思维中的具体，即由抽象上升到理性具体。达到了这一步，才标志着客观世界及其规律在理论上得到了正确而完整的反映。

我们对悬概念、悬疑态判断的探索也应该以时间、地点、条件为转移，只有满足了具体性原则的要求，才能进行悬概念的转化，才能解除一个判断的悬疑态。

以上四条原则体现了辩证思维的基本特征，也表明了辩证思维是科学的、更高层次的哲学思维。这四条原则在实际的思维过程中是互相关联、密不可分的。全面性是取得正确思维的前提，在实践中不断发展我们的认识，才能促使认识达到获取具体真理的目标。

二、解决悬疑问题的辩证思维方法

辩证思维方法具有哲学意义，应用广泛。对于解决悬疑问题来说，辩证思维方法更是有着特殊的重要作用。从古至今，关注辩证思维的学者阐述了很多辩证思维方法。我们结合"悬逻辑"的视角，探讨适合解决悬疑问题的辩证思维方法。需要说明的是，辩证思维方法总是在对立统一中运用的。但是这里的层次较低，在探索、解决具体的悬疑问题中应用的具体方法，将其分别阐述，并且不过多地论述其中的辩证思想，只是关注简单的应用，这些阐述还是在辩证思维的指导下展开的。

（一）部分—整体推测法

辩证思维认为，任何事物都是一个整体，而任何一个整体都有其构成部分，如果将其构成部分看成一个整体，则又有更深层次的构成部分。整体与部分，或者全局与局部，两者的辩证关系为：部分是构成整体的单元，是整体的基础；整体是部分的结合，是部分的统一。两者既有自己的相对独立性，又互为条件，密不可分。黑格尔指出："在整体中，没有不是在部分中的东西；在部分中，也没有不是在整体中的东西。整体不是抽象的统一，而是作为一个差异的多样性的统一；但这个统一，作为多样性的东西在其中彼此相关的东西，是这多样性东西的规定性，它由此而是部分。"① 这段话体现了一与多的对立统一：整体表现出统一性，部分表现出多样性；统一由多样性的差异组成，多样中包含着统一的规定。

既然如此，在认识过程中，我们就可以在认识部分中推测整体的普遍性质，在认识整体中推测部分的特殊属性。由此，我们建立了以下两种推测方法。

1. 由部分推测整体的方法

部分中包含着整体的基本因素，是整体的微缩，正所谓"窥一斑而知全豹""一叶落知天下秋"。

所谓由部分推测整体的方法，可以理解为：在把握整体某种性质的前提下，通过对部分某些情况的认知而推测整体也具有相应的情况。注意，这里的前提是

---

① 〔德〕黑格尔. 逻辑学（下卷）[M]. 杨一之，译. 北京：商务印书馆，1976：160.

对整体的性质有所认识，明确整体与部分的辩证关系。于是，我们将其与结论可靠性较低的简单枚举归纳推测，尤其是个案推测区别开来。例如，我们之所以能"窥一斑而知全豹"，是因为我们已知豹子身上会有豹斑；我们之所以能"一叶落知天下秋"，是因为我们掌握了四季变化对树木的影响。

这一方法在探索悬疑问题、未知事物的实践中应用非常广泛。地质学家通过钻探了解某地域的整体地质结构，科学家发射人造飞行器到星体上取样了解某个星体的整体构成，生物学家通过检测生物体的细胞染色体确定该生物体的生理属性，甚至可以克隆一个同样的生物体，考古学家通过出土文物推测古代社会的风土人情，等等。

在侦查实践中，侦探人员更是要通过犯罪嫌疑人留下的蛛丝马迹来断定凶手的整体情况和活动规律。分析现场留下的一个脚印，就能得知一个人的身高、性别、体重甚至年龄；分析现场留下的一块带血的麻袋片，就可断定凶手的活动轨迹以及受害人的一些情况等。通过现场勘察，对案件进行定性，其依据就是由部分到整体的辩证思维方法。

根据辩证思维的原理，应用这一方法时必须保证部分是整体中的部分，尽量排除不是这个整体而是其他事物干扰所形成的特征。比如，落叶一定是正常情况下受整体气候变凉影响而自然掉落的（这时的树木落叶在整体生态之中），而不是受其他事物的撞击掉落的，更不是人或动物摘下的落叶（这时的树木落叶不在整体生态之中，而是与其他事物构成了特殊联系）。唯有如此，才能保证推测的可靠性。另外，作为个体的部分也应是典型的，不能是畸形的。如果是一棵病树、枯树，由其落叶推测天下秋，也是不可靠的。

2. 由整体推测部分的方法

整体是由多个部分构成的，整体的属性规定了部分的基本属性，尽管部分可以有其特殊的功用，但其各种功用的发挥必受制于整体。正所谓"覆巢之下，必无完卵""大厦将倾，独木难支"。整体处于毁灭性的状态，部分根本无法发挥自身的作用。

据此，我们将由整体推测部分的方法解释为：在掌握整体规律的基础上，在了解一部分属性的情况下，可以推测另一部分应有的状况。例如，在战场上，我方已经将敌方的部队整体围困。战斗打响后，我方又歼灭了敌方的主力。这时，我们就应该推测敌方的首脑机关必将撤退或逃跑。诸葛亮是掌握整体规律、预测部分状况的高手，他常常根据战场的总体形势，预计敌人的逃跑路线，设下伏兵，置敌人于死地。

在团伙案件侦破中，办案人员也常常利用整体状况推测部分情况，甚至各个击破，从而侦破整个案件。2006年的一天凌晨，厦门海关缉私局在福建石狮一个海边小渔村里拍摄到一组卸货的画面，厦门港东村村民从船上卸下大批走私的香烟。组织村民走私的是港东村以卢承品为首的卢氏家族。港东村位于福建石狮沿海,远离海关监管,截至案发,卢氏家族共计走私各类香烟价值 208 000 万元,偷逃税款高达 128 000 万元。卢承品以他们兄弟五人为核心聚集了村里的一帮人走私香烟。警方监控发现,2005 年上半年,卢承品走私犯罪团伙转移战线,在深圳发展了林金洲等新的成员,成功地把香烟走私的规模扩大到了广东惠州市沿海一带。2006 年 1 月 13 日凌晨,海关总署统一组织了深圳、厦门、汕头、苏州四地缉私局,对以卢承品、林金洲为首的特大走私香烟犯罪团伙展开了收网行动,地处行动重点的深圳警方派出了百余名警力。同年 1 月 13 日凌晨 4 点,警方成功地抓获了 31 名主要涉案人员。虽然主犯大部分到位,但是一个难题摆在警方面前:人是抓到了,货在哪儿呢?没有查到走私的香烟,也就没有了定案的证据。难道这一次卢氏家族采取了零库存的方式?警方认为,这么大规模的走私不可能没有账目往来。于是,警方选定了 38 岁的邱明志作为突破口。邱明志在走私犯罪团伙中担任会计,走私账目他最清楚。但对警方的讯问,他只有一句话:这我就不清楚了。缉私警方又仔细搜查了邱明志的家,在吊灯上搜查到一个 U 盘,敏锐的警方认为一个普普通通的 U 盘是不应该放在吊灯上的。警方对 U 盘的内容进行了详细的调查,果然,它记录了 2004 年到 2005 年他们在福建沿海走私香烟的船次,以及具体数量和金额。在事实面前,邱明志这个突破口终于打开了。他交代了卢氏集团的各种犯罪情况。[①] 例中,警方就是根据整体犯罪情况推测案件的一个重要组成部分——往来账目的存在,然后击破了部分成员,使案件成功告破。

在科学研究中,这一方法也广泛应用。门捷列夫把所有发现的元素按照原子量的大小依次排列,总结出了化学元素的整体周期律,认识到每经过一定的间隔就有化学性质相似的元素出现的规律。于是,门捷列夫依此大胆预言尚未发现的新元素的存在,并且还推测了它们的性质。这些预测出来的结论,后来都以惊人的精确度被人们证实了。

(二) 分析——综合推测法

"所谓分析指的是在思维活动中把认识对象的各个部分、各个方面、各个要素以及各个阶段区分开来分别加以考察、研究的过程。所谓综合则是在思维活动中把认识对象的各个部分、各个方面、各个要素以及各个阶段连接起来,对它们各自在整体中的地位和作用通盘予以认识,并进而从整体上认识和把握对象的过程。"[②] 比如,我们对一所学校进行认识,分别考察这所学校的师资力量、教学

[①] 中央电视台《今日说法》栏目组. 今日说法故事精选①[M]. 北京:中国人民公安大学出版社,2008:164-166.

[②] 刘建能. 辩证思维方法论教程[M]. 北京:九州出版社,2002:105.

效果、科研水平、教学设施、运作机制以及历史发展等，认真分析，看它哪些方面做得好，哪些方面存在不足；然后，我们将各方面的认识结合在一起，形成对这所学校综合实力的认识，从整体上认识这所学校。

在辩证思维领域，分析与综合则是结合在一起的，形成了辩证的分析和综合相统一的方法。"辩证的分析与辩证的综合是相互依赖的，它们是统一的辩证分析综合思维方法的两个方面。没有辩证的分析，或者没有辩证的综合，这个辩证思维方法就失去了一个方面，整个的辩证分析综合法也就无以存在了。"[①] 用这种方法来解决悬疑问题，我们姑且称其为"分析—综合推测法"。

1. 辩证分析和综合相统一方法的特点

首先，这种方法是分析和综合事物的矛盾以及矛盾的各个方面的特别有效的方法。任何事物作为整体是统一的，但这种统一是包含着两个对立面的统一。在统一中把握对立，在对立中把握统一，这正是认识的辩证法的实质。因此，这一方法教导我们一定要在统一中分析认识事物的内在矛盾，并且在深入、细致地分析矛盾及矛盾的各个方面之后，将其内在联系在思维中联结成一个整体，以此把握认识对象的多种规定性的统一，做出正确的判断，得出合乎逻辑的结论。

其次，这种方法中的分析和综合是相互渗透、相互依存、相互转化的。所谓相互渗透，就是分析中包含着综合的成分，综合中也包含着辩证的分析；所谓相互依存，就是互为条件，没有分析就没有综合，没有综合就没有分析，也就是在初步综合的前提下展开分析，在分析的基础上进行综合；所谓相互转化，就是在方法应用的过程中，分析和综合不断地进行换位，使认识得到不断的扩展或深入。比如，在对一个大案进行侦破时，我们要对当事人、作案手段、作案情节、作案动机等展开多方面的分析，这些分析包含对这一案件的整体把握，而在综合案件信息时，也必须包含各种案情分析；对案情的分析是在初步的综合定性下展开的，后面对整个案件的综合又是在分析的基础上开始的；不断地分析、综合，综合、分析，对案件的认识越来越全面，越来越深入，最终达到对案件的正确断定。

2. 分析—综合推测法的应用

根据以上特点，在探索、解决各类悬疑问题时，应用辩证分析和综合相统一的方法，进行多方面的推测，不但非常有效，而且结论的可靠程度也是非常大的。

探索、解决悬疑问题天然适合应用辩证思维的分析—综合相统一的推测方法。因为悬疑问题的矛盾性异常突出，悬概念反映的事物存在最大的有和无的矛盾，判断的悬疑态表现出对事物状态进行断定的最大的矛盾——肯定和否定；而

[①] 马佩. 辩证逻辑 [M]. 开封：河南大学出版社，2006：64.

在探索的过程中，必须对问题的各方面，以及对新出现的各种情况，进行渗透着综合的分析和渗透着分析的综合，相辅相成，以分析和综合的相互转化促进悬概念、悬疑态判断的转化。

2015年年底，众多考古学家对南昌西汉大墓进行了综合的分析。最初，虽然从墓中出土了大量的金器、文物，具有皇室的气派，但推断此墓就是刘彻的孙子、当了27天皇帝的刘贺的墓是不能令人信服的。史书上曾有刘贺的墓被盗挖的记载，2011年也有山东巨野发现刘贺墓的传闻。因此，"此墓是刘贺之墓"的判断尚处于悬疑状态。随后，出土的文物越来越多，学者们对每一件文物都进行了分析，结合文献记载、历史背景、地理环境等因素，运用分析—综合相统一的方法，进行更为确切的推测。比如，将实用车马陪葬坑出土的雕刻精美纹饰鎏金、错银青铜车马器，与文献记载"龙首衔轭"的"王青盖车"进行类似比较，对大量带有"南昌""汉""昌邑二年造""昌邑九年造"等文字的漆器、青铜器、印章和木牍进行多角度研究，然后再推测墓主确为西汉第一代海昏侯刘贺，其可靠性大幅提高。2016年3月2日，海昏侯墓考古发掘工作专家组组长信立祥对外公布，证实墓主身份的核心证据已经找到，考古工作者在海昏侯墓内棺中发现了刻有"刘贺"名字的玉印，并得到专家组正式确认：墓主身份为汉武帝之孙、西汉第一代海昏侯、"汉废帝"刘贺。至此，一个悬疑态判断转化成了真判断，南昌西汉大墓的神秘面纱由此揭开。

3. 方法应用的要求

首先，要保证用来分析、综合的材料都是客观真实的，而不是主观臆断、道听途说的。人的大脑对什么东西都可以进行分析、综合，正因为如此，我们才要确保分析、综合的对象是客观真实的材料，否则在虚假基础上应用分析—综合相统一的方法，推测出的结果往往是不可靠的。要做到这一点就要下点苦功夫，到实际中去调查，获取真实的东西，并且关注到事物的实际变化，而不能盲目相信书本或他人的陈述。这一点不容易做到，但又必须做到。民族英雄岳飞之所以受到迫害，就是因为秦桧之流罗列了许多"莫须有"的罪名，皇帝综合分析了这些不真实的材料，发了十二道金牌，将岳飞召回，打入死牢。

其次，要将矛盾的普遍性与特殊性透彻地理解和掌握，并找到两者的联结点，从而对事物及其发展做出准确推断。邓小平深刻分析了社会主义的普遍性，透彻了解中国国情的特殊性，并找到了两者的结合点，推断我们应当长期走具有中国特色的社会主义道路。在刘贺墓的发现中，考古专家将墓中文物的特殊性与文物的普遍性及汉代文化的普遍性结合起来，准确断定了墓主人的身份。

最后，应将"两点论"与"重点论"统一起来，既要全面认识矛盾的两个方面，又要在诸多矛盾中抓住主要矛盾，在矛盾的两个方面重点思考矛盾的主要方面，保证推断的结果在实践中得到有效、高效的应用。

(三) 逻辑与历史统一推测法

逻辑是抽象的，历史是现实的，两者有着完全不同的特征。"逻辑的东西"是指以抽象概括的理论形式描述被认识对象的内容，具有以下几个特征：一是深刻性，以抽象概括的形式认识对象的内在本质与必然规律；二是系统性，按照对象的内在关联建立不同层次的思想群体；三是有序性，在其系统内部，各个概念、范畴有着由此及彼的推演关系。"历史的东西"是指认识对象以往时期发生过的演变过程，其具体特征如下：第一，具有顺承性，对象各个环节存在时间上的先后继承关系，其顺序无法更改；第二，具有曲折性，对象在发展过程中受许多偶然因素的干扰，往往会呈现出多样、波折等状态；第三，具有不可逆性，特定对象系统的演变有其具体的过程，这个过程是不会重演的。

辩证逻辑将两者统一起来，形成了逻辑与历史相统一的辩证思维方法。将这一方法用于推测，就形成了"悬逻辑"的逻辑与历史相统一的推测法。

1. 辩证逻辑的逻辑与历史统一方法的要义

黑格尔是辩证逻辑的始祖，也是第一个提出逻辑与历史相一致思想的人。在此之前，人们认为逻辑与历史是不相干的，逻辑是思维的纯粹状态，历史是错综复杂的偶然现象的堆积，它们没有必然性。黑格尔发现了两者之间的内在关联，认为逻辑本质上是历史发展内在必然性的体现。所以，"辩证逻辑的逻辑与历史统一这种理论思维方法是逻辑与历史一体化的方法。辩证逻辑的逻辑与历史统一的方法，并不是由逻辑方法和历史方法这两种不同的方法联合起来并用，而是一种既是逻辑的又是历史的辩证思维方法"[1]。

这种方法认为，世界上各种事物的发展变化表面杂乱无章，其实蕴含着内在的演进秩序，从生物由低等到高等的进化，到人类社会由低级到高级的发展，都是如此。就连人类的认识发展，不管是个体还是整体，也是由感性到理性的不断演进。这就是历史中蕴含的逻辑。

当然，逻辑与历史的统一包含着差异性的统一，事物的发展过程可以充满复杂性和曲折性，逻辑的抽象不必都是客观事物自身的实际进程。但逻辑方法与历史方法不能像知性方法那样将两者割裂或对立，而是将两者看作相互依存、相互渗透的统一体。逻辑必须以历史为依据，研究、描述历史则必须以逻辑为指导。

辩证逻辑的逻辑与历史统一的方法为人们提供了一种新的认识方法，将理论概括与历史过程结合起来全面认识对象的方法。同时，也为学者提供了建构理论体系的合理方法，从研究对象的发展历史中找到内在的逻辑关联，建立各个范畴之间的相互推演。更重要的是，还能为人们提供一种推测历史的方法，通过对现存对象的逻辑分析，推测无法直接观察到的对象的历史演变过程。

---

[1] 张巨青. 辩证逻辑导论 [M]. 北京：人民出版社，1989：216.

2. "悬逻辑"的逻辑与历史统一推测法的内容

从"悬逻辑"的角度来看,逻辑与历史统一推测法是对悬疑问题既进行历史发展过程的考察,又进行逻辑推演合理性的分析,以揭示悬疑问题的内在规律,促使悬疑问题的转化或解决。据此,这一方法的内容应包括历史事实的收集和逻辑推论、推测两个方面,这刚好与科学假说的建立步骤(见第七章)一致。因此,这一方法是建立科学假说的根本方法。

从自然科学方面来说,无论是海王星的发现,还是元素周期律的提出,抑或达尔文进化论的问世,都是在考察天文观测的事实、已发现的63种元素的情况、生物多样性及生物化石的观察等历史事实的基础上,加上科学理论的解释与逻辑推演,从而实现了科学上的伟大发现,使悬疑问题得到解决,创立了科学的假说或理论。

从社会科学方面来说,无论是对长期困扰仁人志士的中国革命道路这个问题的解决,还是在抗战初期对"速胜论""亡国论"等论调的判别,毛泽东都能从中国历史发展的实际以及世界局势的趋势出发,进行符合逻辑的推演、论证,提出自己独到的推测。毛泽东当年在井冈山提出中国革命走农村包围城市、武装夺取政权的道路时,是受到党内许多同志尤其是领导层质疑的,因为中国革命历来是学习苏俄的。毛泽东既考察分析了中国的历史和现状以及苏俄的具体情况,又将马克思主义的真理与中国的实际情况相结合,提出的是符合中国国情的革命道路。在抗战初期各种论调满天飞的境况下,毛泽东虽然身居窑洞,却能将中日双方的历史及现状进行透彻的分析,结合正义必胜的历史规律,提出抗日战争是持久的、最后胜利是属于中国的预测性论断,有理有据,一切都得到了历史的验证。这既说明了毛泽东的英明伟大,也说明了逻辑与历史统一推测法的内在力量。

"悬概念"的设立、"悬逻辑"的建立,也是遵守这一方法的。我们既进行了逻辑史的考察,也对人类的认知实际进行了深入的考察和分析,然后依据认知理论及逻辑知识,弥补了逻辑基本概念的一个缺环,建立起"悬逻辑"的体系。作为初步建立的体系也需要进一步发展和完善。

3. 逻辑与历史统一推测法的应用要求

应用这一方法虽然仍具有推测的性质,但结论的可靠程度非常高,因为"逻辑与历史的统一方法,是把对事物的历史考察和逻辑分析结合起来,把主观和客观、理论和实践结合起来;既能避免那种只强调片面经验或只限于描述简单事实,而不揭示事物的本质和规律的经验主义倾向,又能避免那种脱离历史事实、脱离客观实际,只进行纯粹逻辑推演的唯理主义倾向"[①]。它既有历史事实

---

① 刘建能. 辩证思维方法论教程[M]. 北京:九州出版社,2002:138.

的支撑，又有理论分析的保证，其结论当然可靠。为了更有效地应用这一方法，我们提出以下基本要求。

一是确保历史材料的真实性。这一点不用多说，但也不易做到，因为历史是会被人篡改的，有时也会由于对自身不利而被自己歪曲。材料失真，预测就不准确。比如，日本自民党为了自身的需要，歪曲南京大屠杀以及慰安妇等历史事实，篡改教科书的内容，使日本青少年很难对历史以及现实的某些问题做出正确的判断。

二是历史的叙述与理论的分析必须对应。即虽然这一方法是包含着差异的，却不能产生错位。列宁是基于俄国的历史现状，用城市武装暴动迅速夺取了政权。教条地将俄国革命的经验搬到中国来用，虽有一定理论根据，却出现了革命的逻辑与中国的现状并不对应的错位，理论脱离了实际，进行这样的推测自然是错误的，有时还要为错误的推测付出惨痛的代价。

三是在关注历史过程的同时还应关注历史发展变化的现状。要求我们有一个发展的眼光，不能只是"回头看"，还应"低头"看现实的变化，再结合逻辑的东西"抬头"展望未来，进行准确的推测。假设你从事服装设计、建筑设计等，既吸收传统要素，又结合现代需求，你的设计方案及未来产品就可预测会有比较好的前景。

（四）正反两面推测法

在前面关于辩证思维实质的论述中，我们已经阐明辩证思维是以对立统一规律为根本性指导的，透过对事物矛盾的揭示，分析矛盾的对立面，做到具体情况具体分析，找到解决矛盾的途径。

既然事物都是有矛盾的，都存在矛盾的对立面，于是我们就可以"从正面根据矛盾关系推论它的反面，由正、反面的矛盾关系，推论正、反面的相关关系，由此得出对立范畴之间的转化、结合关系"[①]。正反面是相对的，因而我们可以从中演绎出一个非常好用的正反两面推测法。

1. 正反两面推测法的内容

所谓正反两面推测法，即是根据对立统一规律的辩证原理，依据一般的知识或常识，通过对事物的深入细致分析，由事物的正面情形推测它的反面情形，由事物的反面情形推测它的正面情形。在日常生活中，人们常说：真人不露相，露相非真人。从不怎么露相中揣摩他可能是真人，从露相中推测他并非真人，由此可以看作是这一方法的朴素应用。而毛泽东能从气势汹汹的帝国主义和一切反动派这只"真老虎"中看出它也是一只"纸老虎"，邓小平能从社会主义中国的新

---

① 章沛. 试论辩证逻辑的对立同一思维规律 [M]//中国逻辑学会辩证逻辑研究会. 辩证逻辑研究. 上海：上海人民出版社，1981：111-112.

兴发展中指出中国尚处于初级阶段，这些则显示了伟人对这一方法的高超应用。

首先，这一方法是双向的，正反、内外、上下、前后、好坏等均能进行相互推测。比如，由一个人拼命工作推测他可能要弥补什么过失，由一个人劫持人质推测他有善良孝心（为母治病等）。

其次，这种推测是通过细致入微的观察和入木三分的分析完成的。比如，我们从资本主义的高度发展中，分析它的内在矛盾及侵略的非正义性等；从社会主义的新兴发展中，分析其不完善性及种种困难；从某人表现得非常淡定，但寥寥数语却能切中要害等细微之处，断定这是"真人"；从劫持人质者并未伤害人质，而当人质的电话中传来人质母亲哭喊之声时他也有复杂的表情，推测他可能是家中有难才走上犯罪道路的。

最后，这种推测是依据一定的理论或基本的经验常识做出的。比如，心理学的理论建立了内在心理与外在表情之间的联系，认为过分要求自尊的人实际上很自卑等。再比如，一支队伍经过一片森林时，林中格外安静，队长却说：不好，里面有埋伏，赶快做好战斗准备或撤退。因为根据经验常识，有人进入森林总会惊动飞鸟、野兔等，太平静了说明里面已经有人在此之前进入了。

2. 正反两面推测法的应用

应用这种推测法能从事物的一面看到事物的另一面，能从外在表面看到内在本质，能从已知的、看得到的东西中推测未知的、看不到的东西，彰显了人类的智慧。因而，这是一种非常有价值的推测方法，而且适合各类人群掌握，它不需要艰深的知识或复杂的技术。

如果这种推测方法没有充分的理论依据或对事物的透彻分析，又是具有风险的，那么结论就具有不确定性。表现得非常坦然淡定的，并不都是真人，森林的安静并不一定是有人埋伏其中造成的。

因此，我们对应用这种推测法提出以下的逻辑要求。

第一，必须有较为充分的依据。无根据地乱用这一方法是不负责的，不但结论一点也不可靠，而且可能造成更多的不良影响。有人看到某人做了很多好事，就猜测人家动机不良，一定是想得到更多的好处；有人一味地相信最危险的地方最安全，结果碰得头破血流甚至命丧黄泉。

第二，尽量排除无关因素，确保对立面能够构成。比如，要断定森林里异常安静说明里面有埋伏，就要排除天气因素（无刮风下雨等）、人为因素（无打猎者经过此地）等，使安静的埋伏与激烈的战斗形成对立的统一。

第三，要确保有对立转化的条件。影视剧中经常有暗杀凶手逃到对方高级长官的府邸藏身的镜头，就是利用了高级长官有保护能力的条件，在这种条件下最危险的地方最安全才能成立。假如这个长官不会保护你或者你没有挟持他来保护你的能力，那就失去了转化的条件，你是不可能安全的。

第二节 适合"悬逻辑"的批判性思维方法

尽管批判性思维的源头可以追溯到遥远的古代,但现在意义上的批判性思维仅仅是20世纪六七十年代才兴起的。"在不十分严格的意义上,非形式逻辑也和其他一些名称混用,如实用逻辑、批判性思维、日常逻辑等。虽然到今天为止,学术界还没能对非形式逻辑与批判性思维给出一致公认和规范的界定,但严格来说,非形式逻辑与批判性思维是既相互紧密联系,又有一定差异的。"① 不管批判性思维与非形式逻辑有什么差别,批判性思维具有非形式的性质应当是肯定的。

目前,研究批判性思维的文章和书籍非常多,让人有点"眼花缭乱"的感觉。对此,我们不作述评,而是在掌握批判性思维的实质和特征的基础上,将其核心技能转化成探索悬疑问题的思维方法。

一、批判性思维的核心内容

(一) 批判性思维的实质内容

关于"批判性思维"的名称学者们尚有争议,但"学者们普遍认为,批判性思维指的是那种怀疑的、辨析的、推断的、严格的、机智的、敏捷的日常思维,杜威所用'反省思维'(reflective thinking)一词比较准确地反映了批判性思维的性质"②。这里将批判性思维归类为日常思维,但这种日常思维首要的特性就是"怀疑的",这种怀疑又不是随意的,而是通过深刻辨析的、严格推断的和充满机敏智慧的,然后将其归结为反省思维。

因此,我们可以说批判性思维的基本品质就是"质疑"。"批判性思维的基本信念是任何思想都没有受质疑的豁免权。同时,任何思想都有为自己辩护的权利。'怀疑一切'是马克思的人生信条。这一人生信条正是批判性思维品质的最好写照。"③

那么,怎么做到"反省"或"质疑"呢?主要包括两个方面的内容:一是对接收到的外界信息给予"批判性考察",以"做出自己积极的选择";二是在实践中采用合适的技能,以便做到这种批判性的积极选择。其具体内容包括以下几个方面:①恰当提问的好处;②怎样找到问题和结论?③怎样找到理由?④怎

---

① 罗楠. 批判性思维 [M]. 太原:山西人民出版社,2004:1-2.
② 缪四平. 法律逻辑:关于法律逻辑理论与应用分析的思考与探索 [M]. 北京:北京大学出版社,2012:228.
③ 吴格明. 逻辑与批判性思维 [M]. 北京:语文出版社,2003:20-21.

样找到含糊的词语？⑤怎样发现价值冲突？⑥怎样发现描述性假设？⑦怎样评价抽样和衡量标准？⑧怎样发现竞争性假说？⑨怎样评价统计推理？⑩怎样找出错误类比？⑪怎样找到推理中的错误？⑫怎样找到遗漏掉的信息？⑬是否能找到其他结论？⑭怎样确定价值偏好？⑮作一个暂时性的假定；⑯妨害批判性思维的偏见。[1]

批判性思维的质疑品质使它与"悬逻辑"有着天然的联系。

（二）批判性思维的主要特征

根据以上对批判性思维内容的大致阐述，可以明确它的主要特征有以下几个方面。

1. 不是消极地接受信息，而是主动地审思信息

人们对外界的信息，尤其是似乎经过说明、解释、论证的信息呈现出被动接受的状态，或者受感情因素（比如，在与他人的冲突中，不假思索地接受自己亲朋好友提供的信息）、价值取向（比如，在社会冲突中偏向接受与自己价值取向相同的信息）、社会习俗等的影响而做出非理性的信息选择。但批判性思维要求我们排除干扰因素，对所有外界的信息进行积极主动的审视和思考，不要人云亦云，也不要站在习惯性的所谓"自己"的立场上。

这一特征表明了思维者的心态特征——理性的怀疑，独立的思考。这是批判性思维的重要基点。

2. 不以肯定为先导接纳，而以提问为先导思考

不是消极地接受外界的信息，即不能先将接收到的信息肯定下来，不能"盲从"，但也不是对信息不分青红皂白地予以否定，而是先要提出一系列问题进行思考和甄别。

这一点最接近"悬逻辑"的思想。用"悬逻辑"的话来说，就是对信息的真伪先不作确定性的回答，暂时将其置于悬疑状态，等到甄别后再将其进行定真定假的转化和选择。

这一特征表明了思维者的过程特征——反思和质疑。

3. 不是笼统地简单应对，而是严谨地评价分析

批判性思维不是二值逻辑，不能对信息简单地进行真假选择，或对问题做出是非的笼统回答，而是要进行深层次的思考，对事物的情况进行多方面的评价和详尽的分析，形成一个严谨的系统。这一评价和分析既是对他人论证的质疑，也是建构自己的严密论证体系，以便给出更加合理的、令人信服的理由。"澳大利亚思维技能学会"在政府支持下，努力去改善人们的批判性思维技能，其工程

---

[1] 〔美〕M. 尼尔·布朗，〔美〕斯图尔特·M. 基利. 走出思维的误区 [M]. 3版. 北京：中央编译出版社，1994：序言.

名称就是"Reason 工程"（理由过程）。

这一特征表明了思维者的作风特征——严谨论证，给出理由。

4. 不限于逻辑形式论证，而采用多个视角技巧

基于以上几点可知，批判性思维是具有逻辑性的，但是不能依靠逻辑尤其是形式逻辑来进行，它的重点不在于形式的论证，而在于实质的分析。这个分析可以包括逻辑分析，但要超越逻辑，进行伦理学的价值分析、认识论的理性分析、哲学的辩证分析、社会学的竞争分析以及统计学的数量分析、语言学的词语分析等。这种分析采用的是来自实践的多种技巧，体现的是分析者的智能。

这一特征表明了思维者的智力特征——灵活运用多种技能。

二、用于悬疑态判断的批判性思维方法

我们从以上关于批判性思维的实质内容及思维特征的论述中可以看到，批判性思维的重点在于发现问题、分析问题和论证问题。而发现问题在一定意义上就是要将原有的判断置于悬疑态；分析问题、论证问题就是要促使悬疑态判断向或真或假的方向进行转化。下面我们结合相关的研究成果，主要抽象出将判断置于悬疑态的批判性思维方法和促使悬疑态判断发展变化的批判性思维方法。

（一）信息思辨法

所谓信息思辨法，是指不盲目地接受信息，而是对接收到的信息进行审慎的思考和仔细的鉴别，甚至是进行合理的怀疑。从"悬逻辑"的视角来看，就相当于将表达信息的判断置于悬疑状态。

有些医疗保健器材厂家声称他们制造出了包治百病的仪器，将社区的老年人集中起来进行宣传，还聘请所谓的保健专家，讲解其中的"科学原理"，然后又打着为老年人服务的旗号，进行非常"优惠"的活动。一些不明就里的老年人拿出了自己的积蓄，花费几千元钱甚至上万元钱，购买了实际上并没有什么作用的仪器。当然，有头脑的老年人马上就会对所谓的汲取传统医学精华、凝聚现代医疗技术生产制造的治疗仪能医治各种老年人的常见疾病这条信息产生怀疑，将"此仪器能医治百病"的判断置于悬疑态，不会轻易上当，而是多方求证，最后确定此判断是一个虚假判断。

在这个信息爆炸的社会里，尤其是在网络十分发达、微信非常方便的时代，海量信息鱼龙混杂，更需审慎分辨。不单是文字信息，就连图片信息、视频信息都可以用现代计算机技术移花接木，传统的"眼见为实"都不一定"实"了。因此，信息思辨法帮助我们树立了一种理念：对各种信息，凭自己的专业知识尚不能确定其真假时，起码先要把它"悬"起来，然后通过多条渠道、采用多种手段来甄别它是实还是虚。2009年9月，一篇题为《耶鲁大学前校长撰文批判中国大学》的文章在中国报刊和网站上疯传，文中写到曾任耶鲁大学校长的小

贝诺·施密德特在学报上公开撰文批判中国大学，甚至说中国没有一所真正的大学，中国的大学是人类文明史上最大的笑话。对这样的信息，很多人信以为真。后来证实这篇文章是伪造的，作者将施密德特原来在耶鲁大学开学典礼上批评美国一些大学风气的演讲内容东拼西凑，并将对象换成了中国大学，增加了更极端的断言。"但是，在相当长的一段时间里，只有极少数人曾经对它的来源的真实性表示过质疑。在海外的一个中文新闻和评论网站上，在该文章发布当天的80多个留言中，只有2个人表示了怀疑或者要求提供英文原文。其他均对此表示欢呼。"① 两个怀疑者具有批判性思维的能力，而要求提供原文就是一种甄别手段。2008年12月20日，时任总理的温家宝到北航图书馆研究生阅览室与同学们交谈，网上发的一张学生拍摄的视频照片显示，总理讲话时有个女生依然背对着总理学习。于是，这个女生被称为"北航史上最牛女生"，有的媒体甚至用"时代进步"的词语高度赞扬。但如果用信息思辨的眼光来看，一瞬间抓到转身背对的镜头不能显示整个过程，各种可能性都有，由此得出"该女生在总理讲话时依然学习"的判断是悬疑态的。事实上，这名女生见总理来了，赶紧转身整理书籍文具，几秒钟之后就转过身注视着总理，倾听他的讲话。

如果大家都能有批判性思维的眼光，都能有"悬逻辑"的思想，上当受骗的情况必将大大减少，别有用心、制造虚假信息的人的日子就不好过了。

（二）连问质疑法

所谓连问质疑法，就是通过一环扣一环的连续发问，逐渐暴露对方某个思想、观点中隐藏的深层错误，从而将对方起初认为可靠、正确地表达某个思想、观点的判断置于悬疑状态，以获得清醒认识的方法。

苏格拉底是这一方法的创造者，也是应用这一方法的高手。据说，苏格拉底经常采用"诘问式"的形式，以连续猛烈的发问让对方坚持的道理产生矛盾，从而动摇对方理论的基础，指明对方的"无知"，让对方陷入深深的迷惑之中；然后，他再像一个"助产婆"一样，帮助他人产生更好更新的知识。我们从苏格拉底与美诺的对话中截取一段，领略一下这种诘问法的风采。

苏格拉底：当你说，美诺，男人有一种美德，女人有另一种美德，小孩又有另一种美德，以及如此等等的时候，这只是对于美德是如此，还是你要说对于健康、大小、力气等也是如此的呢？或者说，健康的本性，不论对于男人或女人，都是一样的呢？

美诺：我得说健康在男人和女人都是一样的。

苏格拉底：这对于大小和力气不是也是真的吗？如果一个女人是强壮的，她

---

① 〔加〕董毓. 批判性思维原理和方法：走向新的认知和实践［M］. 北京：高等教育出版社，2010：199.

将是由于她身上潜在着的和在男人身上一样的形式和一样的力气而成为强壮的。我的意思是说，那力气，作为力气，不论是男人的或女人的，都是一样的，这有什么区别吗？

美诺：我想没有。

苏格拉底：美德作为美德，不论对于一个小孩或者一个大人，对于一个女人或一个男人，不是也一样的吗？

美诺：我不能不感觉到，苏格拉底，这种情形和别的不一样。

苏格拉底：但是为什么呢？你不是说过一个男人的美德是在管理国家，而一个女人的美德是管理家务吗？

美诺：我是这样说过。

苏格拉底：不论家务或国家或别的，或不以节制和正义，能管理得好吗？

美诺：当然不能。

苏格拉底：那么，凡是有节制地或正义地管理国家或家务的人，就是以节制和正义来管理它们了？

美诺：当然。

苏格拉底：那么不论男人或女人，如果他们要成为好的男人或女人，就必然有同样的节制和正义的美德了。

美诺：真的。

苏格拉底：不论一个年轻人或年长的人，如果是没有节制和不正义的，能够是一个好人吗？

美诺：不能。

苏格拉底：他们必须有节制和正义吗？

美诺：是的。

苏格拉底：那么所有好人都是以同样的方式而成为好人，并且由于分别有同样的美德了？

美诺：推论的结果是这样的。

苏格拉底：除非他们的美德是一样的，否则他们就不能是同样方式的好人了？

美诺：他们不能。

苏格拉底：那么，现在一切美德的相同性已经证明了。试回想一下你……说美德是什么。

美诺：你要一个对于一切美德的定义吗？

苏格拉底：这正是我所寻求的。

在对话中，美诺阐明了男女美德的不同，经过这样一番诘问，美诺陷入了只承认不同性、不承认共同性的矛盾之中，而苏格拉底使他获得了一般性定义的新知识。

当然，应用连问质疑法并不要求每个人都像伟大的苏格拉底那样，通过一系列的发问、回答，引申出新的知识，只要我们能通过连续发问将深藏的错误暴露出来，将某个命题置于悬疑状态就可以了。比如，针对某"神医"声称用他的秘方配制的"神药"能治疗各种疑难杂症，我们就可以向他连续发问：你有没有学过医学专门知识？你行医多少年了？你的药方治病的科学道理是什么？你对疑难杂症做过哪些方面的研究或实验？你治好过多少患者？我们能不能进行验证？等等。

（三）遍寻错误法

遍寻错误法是对某一所谓正确的思想或理论体系进行深入细致的反思，力求从各个不同角度、不同层面、不同环节寻找出其中隐藏的或不太明显的漏洞甚至错误，将一个或多个表达有关这一思想体系的判断处于悬疑状态，从而要求修改、完善这一思想体系的方法。遍寻错误法与论证反驳法有着实质上的一致性，但也有着一定的区别。反驳的目的是确定一个或一些判断的虚假，遍寻错误则是确立一个或一些判断的悬疑态。应当指出的是，逻辑学认为，驳倒了对方的论题可以确定对方的论题虚假，但指出对方论据或论证方式的错误并不等于驳倒了对方的论题，这实际上是将对方的论题置于悬疑态。

应用这一方法，要求我们进行立体思维，全面而缜密地进行思考，用批判性的精神大胆地找到看似正确的理论与科学原理或生活常识相悖的地方。伽利略一定是具有批判性思维的人，谁的理论他都敢挑战。亚里士多德是历经2000多年的学术权威，伽利略居然找到了他的理论漏洞。亚里士多德提出的物体越重下降速度越快、物体越轻则下降速度越慢的原理，人们信奉了2000多年。然而，伽利略发现了其中深藏的矛盾：当一重一轻的两个球捆绑在一起时，是两个重量相加下落速度更快呢？还是轻的拖拽重的变得更慢呢？然后，伽利略又在比萨斜塔上进行了著名的自由落体实验，证实了亚里士多德理论的错误（详见第五章第三节）。不过，伽利略在这里用的是反驳，他已经将亚里士多德的命题确定为假的。

按照逻辑反驳的思路，遍寻错误法可以按照以下方法展开。

1. 批判对方的论题

如果能像伽利略那样直接驳倒对方的论题，事情就有了非常明确的结果。但在很多情况下，我们并不能马上确定对方论题的虚假，只能对其进行批判性审查。审查的根据就是逻辑论证规则中关于论题的规则。

首先，根据论题必须明确的规则，审查对方的论题是否存在"论题不清"或"论题模糊"的问题。例如，战国时期秦赵两国签署了一项约定："自今以来，秦之所欲为，赵助之；赵之所欲为，秦助之。"这个协约表面上清楚，实际上则是模糊不清的。我们可以将其置于悬疑态：真的是秦国要干什么赵国就来帮助，赵国想做什么秦国就来协助吗？不久，秦国兴兵攻打魏国，赵国则出兵相救。于是，秦王指责赵国违约："今秦欲攻魏，而赵因欲救之，此非约也。"赵王将秦国的指责告诉了平原君，平原君又将它转告给了公孙龙。公孙龙说："亦可以发使而让秦王曰：'赵欲救之，今秦王独不助赵，此非约也。'"双方就同一协约互相指责起来，原因在于"这个条约之措辞本身就是含混不清的，它只笼统规定一方想干什么，另一方就要予以支持，给予帮助，而没有规定碰到双方的意图相矛盾时应该怎么办。公孙龙就钻了条约措辞含混不清的空子，以其人之道还治其人之身的方法，使秦国处于既去攻魏又去救魏的尴尬境地"①。

其次，根据论题必须保持同一不变的规则，审查对方在论证过程中是否"偷换论题"或"转移论题"。例如，本来想撰文论述闭塞的穷山沟也能飞出金凤凰（产生高级人才），但整篇阐述的却是大山的险峻、道路的艰难、家境的贫寒，也就是我们常说的"跑题"，将原论题变成了大山的困境。偷换或转移论题有以下几种情形：一是"论证过多"，即"在证明过程中，不证明待证论题，而是论证比原来的论题断定更多的论题"②，画蛇添足，如在论述上述论题时又去论述平原地区出人才的事情；二是"论证过少"，即只断定论题范围内的部分论断，使原论题不能得到全面而充分的证明，如在论证"爱美之心人皆有之"时只是表明了女大学生的爱美举动；三是题外论证，即"辩论者离开双方正在辩论的论题，攻击对方品行和生理上的某些缺点，企图通过攻击对方的缺点来驳倒对方的论点……这个错误实质在于：它混淆了对方的论题和对方本身存在的缺点这样两个不同性质的问题"③，这样既没有驳倒对方也没有证明自己，论题还处在原来的状态。

无论是论题模糊不清还是论题被偷换、转移了，原论题反正没有得到证实，我们就有理由将它置于悬疑态。

2. 寻找对方论据中的各种错误

论据就是论题的根据，就是阐述理由时所用到的诸多判断，其作用就是支持论题、证明论题。如果论据出了问题，论题就不能得到支持和证明。

论据方面会出什么问题呢？我们可以从以下几个角度入手，来寻找对方论据中的问题。

第一，论据是否真实可靠。将道听途说、无中生有的信息作为论据，就是所谓的"虚假论据"。我们可以对对方的所有论据进行查验，将歪曲事实真相、有

---

① 刘汉民. 逻辑 [M]. 上海：上海大学出版社，2012：240.
② 郝建设. 法律逻辑学 [M]. 北京：中国民主法制出版社，2006：264.
③ 王仁法，舒重熙. 侦查逻辑能力 [M]. 广州：广东人民出版社，2005：199.

悖于科学原理以及故意伪造的论据揭示出来。另外，在逻辑上还指明了一种叫作"预期理由"的错误，它是将一切尚待证实其真的判断用作论据。据《宋史·岳飞传》记载，宋绍兴十一年，岳飞等将领被秦桧诬陷"谋反"，韩世忠为岳飞打抱不平，到秦桧府上责问，秦桧则称岳飞的养子岳云给张宪的书信虽然没有把问题说得很清楚，但谋反这件事也许是有的（莫须有）。也就是说，岳飞谋反的事实是尚待证实的，以此为证据来证明谋反只能是悬疑态的，难怪韩世忠指出："莫须有"三个字怎么能叫天下人信服呢？

第二，是否存在"循环论证"的问题，即论据的真实性是否依赖论题的真实性。"论题的真实性要靠论据来证明，而论据的真实性则要靠其他材料证明。假如论据的真实性没有其他材料证明，而是要反过来依赖论题证明，那么证来证去，等于没有证明。"① 有些冤案的形成实质上就是在循环论证。在钱仁凤冤案中，为了证明她投毒致使一名幼儿死亡，就逼迫她说出与幼儿园负责人有过节，在食品中撒上了"毒鼠强"。办案人员不是去调查钱仁凤与负责人之间究竟有多深的仇恨以及毒鼠强的来源与如何投放的事实，而是简单地逼迫钱仁凤承认这些，其目的客观上可能是办案人员想尽快结案，但实质上蕴含着投毒伤害儿童恰恰能说明两人有过节而最简便的办法就是投毒鼠强报复的意思。这就陷入了"循环论证"的怪圈，冤案在简单之中就产生了。

第三，论据与论题之间能否建立内在的逻辑关联。即使论据是真实可靠的，但论据与论题不相干，论据依然不能支持、证明论题。在审判法律案件时，"不但要注意审查证据是否伪造，是否可靠，亦即判定证据自身的确实性；更要注意判定证据的充分性，亦即判定证据与证据之间，证据与案件事实之间有无联系，能不能用以证明案件事实"。这里要求建立的是证据的真实与案件的真实之间的内在关联，更进一步说，我们必须建立一切真实的论据与论题之间的逻辑关联。因为，"同样的论证，在一个对话语境下可能是相干的，而在不同的对话语境下或许是不相干的。……法官拒绝听证据是因为它不相关"②。没有逻辑相关性，再真实可靠的论据对论题是否真实都不能产生影响。

3. 指出对方论证方式中存在的问题

在对方论题清楚、论据可靠、论据与论题之间存在关联的情况下，还可以审查对方采用的论证方式中有没有违背逻辑规则、逻辑要求的问题。论证过程中要用到大量的推理、推测，而所有推理、推测都要遵循逻辑规则、符合逻辑要求，否则，就应指出对方犯了"推不出"的逻辑错误。比如，指出对方采用的三段

---

① 冉兆晴. 普通逻辑教程［M］. 北京：中国政法大学出版社，1994：272－273.
② 〔美〕道格拉斯·沃尔顿. 法律论证与证据［M］. 梁庆寅，熊明辉，等译. 北京：中国政法大学出版社，2010：184.

论推理犯了"中项不周延"的逻辑错误，对方的类比推测有"机械类比"之嫌等。这些错误情形均在相关章节中做了详尽阐释，这里不再赘述。

4. 揭露对方论证中的各种非形式谬误

除了从以上传统逻辑的角度遍寻对方错误以外，还可以审视对方论证中可能存在的各式各样的非形式谬误。非形式谬误主要有以下几种。

一是以人为据，"诉诸权威"。在论证过程中，不考虑论题与论据之间的逻辑联系，而是根据某个人的言行或某个权威的观点来断定论题的真假。日常生活中经常见到这样的情景：一个人在购买某件商品时有点犹豫，这时如果恰巧走来一个人说这件商品好用，买者就不再犹豫，立即买下这件商品。而当人们在某个有影响的电视台看到一位老中医大讲养生之道，说常吃某种叶子能抗病延寿，许多人就信以为真去吃这种叶子。当年，严新到处宣讲练气功的好处，不少人坚信不疑，甚至走火入魔。现在不少厂家在销售产品时，找明星作代言人，让他说"用了很好"的话来促销，这就是"诉诸权威"，而实际上代言人的话与产品好坏之间并没有实质的关联。

二是以情代理，"诉诸感情"。在论证时，不是去讲科学的道理、逻辑的关联，而是倾诉感情，博得同情。比如，某人去应聘某个岗位，应该论证自己的学识和才能可以胜任此岗位，却说自己如何家境贫寒，老母生病，很想挣钱养家，以尽孝心。

三是非此即彼，"虚无论证"。虚无论证是指论辩时自己不去论证一个判断的真假，而是当对方不能论证它是真的就断定它是假的，当对方不能论证它是假的就断定它是真的。比如，对"人类可以利用基因技术从考古发现的恐龙蛋中复制出已经灭绝的恐龙"这个判断，不去探究实现的深层条件，而是问你不能证实它吧，所以这一说法是假的；对"外星人曾经造访过火星"这一判断，不去列举各项科学证据，而是问你无法确定它是假的吧，所以这是真的。

总之，"错误的性质、状态、类型、成因等是多种多样的。如果说通向某一具体真理的正确道路只有一条，则通向该真理的错误道路可以有无数条。根据不同的质和量的规定性，可以把错误划分为多种类型。错误的成因有主体自身的原因，也与客体、工具、外部环境等多方面的因素相关。"① 这就为我们应用遍寻错误法提供了方便，同时也应该清醒地认识到，应用这一方法的直接目的是将对方论题置于悬疑态，但最终目的则是让人们及时辨错、治错、防错、化错，让一个判断获取逻辑真值。

（四）合情推测法

近些年，一些学者提出了"合情论证"的概念。"合情论证（plausible argu-

---

① 文援朝. 超越错误：医错哲学及其应用研究 [M]. 长沙：中南工业大学出版社，1995：27-28.

ment）是从不完善的前提得出有用的、暂时可接受的结论的推理。合情论证在现实生活中普遍存在。有人认为，它是人类思维的最重要的特性，是理解智能行为的关键。"① 这里将合情论证定义为一种推理，而按照"悬逻辑"的解释，我们应该称其为推测；又由于这种推理多是语用的、没有严格形式的，属于可废止论证，常常依靠常识进行推论，所以我们还是将其看成一种方法。融入到"悬逻辑"体系中，我们将合情论证当作"合情推测法"。举一个简单的例子：看到自家门口站着两个人，一个高大壮实，一个文弱书生，门口台阶上放着一担谷子，我们就去推测这担谷子是高大壮实的汉子挑过来的，赶紧握住壮实汉子的手，感谢他把谷子送来。因为按照常理，重物应该是由高大壮实的汉子承担的，这是合乎情理的推测。

合情推测的特点有以下三个：第一，语言形式灵活，不拘一格；第二，仅仅根据常识，信息不完备（不了解这两个人究竟谁的力气大，不知道谁更愿意挑担，也不晓得两人之间的关系等）；第三，结论较弱，可废止性较强（假如看似文弱的人力气很大，假如壮实的汉子是文弱书生的老子，先前的推测就都可能是错的，谷子恰恰不是壮汉挑来的）。

由于具有这样的特点，合情推测的种类就非常繁多。有为了达到某个目标而设定某种条件的推测，例如，为了在国庆大阅兵上彰显中国军人的威严气质，我们必须严格要求，因此可以推测，这次的训练必定是非常艰苦的。有根据后果所进行的推测，例如，要是考不上大学，就要继续在山沟里受穷；小明真的意识到了这个后果，所以可以想象，他一定会拼命学习、考上大学的。有依据因果关系进行的推测，例如，上次小红因为冲了寒风，结果感冒了；今天又刮起了寒风，所以推测小红今天出门一定裹得严严实实的。

从另一角度来看，一些非形式错误方法在特定条件下是能够进行合情推测的。例如，在很多情况下，"诉诸权威"是合情合理的。每个人的知识总是局限在一定范围内的，对众多不熟悉的领域，听从专家、权威人士的意见，以他们的观点作为推测的依据既是较快捷的，也是相对安全可靠的。遵循老中医的建议，推测偏方能治病，当然是可以的，尽管有误诊、无效的风险。再如，"诉诸感情"在不少境况下也未尝不可，即便是在"铁面无私"的法庭审案过程中，有时也需要进行合情推测。曾经是世交的张王两家产生了经济纠纷，双方就分割数额差距较大，僵持不下，最后闹到了法庭。在难以协调双方意见的情况下，法官打出了情感牌。法官先与当事人分别沟通，而后请来了双方都信任的张家的一个长辈亲属来做双方的工作，并在主持的多次调解中特意引导双方回忆当初合伙时

---

① 武宏志，周建武. 批判性思维：论证逻辑视角［M］. 2 版. 北京：中国人民大学出版社，2010：239.

互信互助的情景。最终，双方协议达成，重归于好。"人皆有其情感的一面，有其七情六欲的需要。通过情感的共鸣和感染所实现的说服虽然具有一定的局限性，但是毕竟比通过演绎推理得出的结论更有'人情味'，在对它进行合理限制之后，不妨把它视为一种有效的论证方法。"①

第三节 适合"悬逻辑"的博弈思维方法

不管是战争年代，还是和平时代，博弈一直伴随着人类社会的发展。在动乱的战争年代，最大的博弈就是军事博弈，战场上双方厮杀，硝烟弥漫，谁能拨开漫天的硝烟把握战机，谁才可能战胜对方。表面祥和的和平时代，博弈的身影也时刻闪现在党派之争的乌烟瘴气及利益谈判的唇枪舌战之中。战争和竞争，从古至今，如影随形，从来没有离开过人类社会或野蛮或文明的每一时期。因此，虽说现代意义的博弈思维源于数学运筹学的分支——博弈论（亦称对策论），但博弈思想早已在古代出现。在源远流长的中华文明中，博弈谋略历来是令人叹服的智慧宝库。从多部兵法到多种智谋，从三十六计到七十二策，从运筹帷幄的军师到足智多谋的师爷，精彩的博弈常常令人拍案，让人津津乐道。

博弈思维更多地体现为多种多样的策略，但在策略之内也包含着一定的思维方法。由于博弈从本质上说面对的都是不确定的结果，因而博弈思维方法也都是与"悬逻辑"性质相同的推测方法。本节从丰富多彩的博弈思维中，总结出几种非常实用的博弈思维的方法。

一、博弈思维的核心内容

（一）博弈思维的基本性质

究竟什么是博弈思维呢？"博弈思维是指这样一种思维方式，当我们与他人处于博弈之中时，为了实现我们人生各个阶段的目标，主动地运用策略实现我们的目标。具体来说，由于我们的目标取决于我们自己的策略选择并且取决于他人的策略选择，我们要使我们的理性分析力，分析我们各种可能的备选策略以及他人备选的策略，分析这些策略组合下的各种可能后果以及实现这些后果的可能性（概率），从而选择使我们收益最大或者最能够实现我们目标的策略。做出合理的策略选择是博弈思维的结果。"② 可见，"策略选择"和"收益最大化"是博弈思维的关键所在。

博弈思维是一种科学理性的思维，尽管直觉思维经常徘徊在我们的抉择之

---

① 徐明良，张传新. 审案的逻辑艺术 [M]. 北京：中国法制出版社，2009：183.
② 潘天群. 博弈思维：逻辑使你决策致胜 [M]. 北京：北京大学出版社，2005：7.

时，但它充其量也只能是理性思维的补充，我们不可能将人生阶段的目标选择交给硬币的正反面来决定。

博弈思维是一种充满智慧的理性思维，"含金量"很高，既需要渊博的知识功底，又需要丰富的实践经验，更需要一颗善于分析又灵活应变的大脑，心理素质、智商情商等都是必备条件。

博弈思维是一种在互动中彰显智慧的理性思维，不仅自己的大脑在运动，对手的大脑也在运动，博弈双方斗智斗勇，形成思维互动，因而你必须随时调整自己的策略，不断地应变新的情况。随机应变，见机行事，也是这种思维的一个基本性质。

同时，博弈思维又是一种结果往往是不确定的思维，一代枭雄拿破仑最终兵败滑铁卢，老谋深算的诸葛亮也有败走麦城的时候，胜负乃兵家常事。这种不确定性可以体现为一个长远的过程。也许，我们能在博弈前预测博弈直接的或某个方面的结果，但往往预料不到另一种长远的结果。美国与阿富汗、伊拉克开战，几乎没有悬念，在军事上美国一定能战胜这些弱小的国家。美国打赢了战争，推翻了别人的政权，但美国是真正的赢家吗？一个持久动乱的中东，欲罢不能，符合美国的真正利益吗？博弈思维还需要长远的战略眼光。

（二）博弈思维的基本假定

博弈思维是在互动中进行的，己方选择策略后的行动与对方的策略行动或反应行动始终是交织在一起的。也就是说，博弈不是自己玩的游戏，而是多人、多方共同参与、互相牵制的高级游戏。为此，博弈论设定了以下三个基本假定。

第一，"理性人假定"。它假定每一个参与博弈的人都很理性，都努力追求自己目标利益的最大化。通俗地说，就是要假设每个参与进来的人都是绝对聪明的，不要把别人当成傻瓜。否则，自己才是真正的傻瓜。

第二，"得益依存性假定"。我们必须明白，每个参与者的利益不仅取决于自己的策略选择，必须同时取决于其他参与者的策略选择。所以，目标利益的最大化不是绝对的，一定是在照顾了其他参与者利益的限定下才能够谋取的所谓的利益最大化。

第三，"多主体假定"。社会是由多个理性人组成的，博弈至少是双方的，但更多情况下是多方的，而其影响一定是多方的。一意孤行，注定是要失败的。

（三）博弈思维的基本手段

总体来说，博弈思维是从两个方面展开的：一方面，尽量选择有利于自己的最佳策略，尽可能避免失误，追求实实在在的利益最大化；另一方面，尽力使对手选择错误的策略，让对方做出有利于己方的策略选择。基于这两个方面的考虑，博弈思维具体的、主要的手段有以下四种。

一是强化自己的分析力。根据博弈思维的基本性质，深入透彻的分析能力是博弈取胜的基本前提。除了偶然取胜的个例以外，绝大多数博弈取胜者都是在对形势的透彻分析的前提下取得的。我们常说"天时、地利、人和"是博弈取胜的三大因素，但怎样准确判断天时、很好地发挥地利以及有效利用人和，则是需要准确分析才能做得到的。所以，博弈思维首要的、根本的就是要提高自己的思维水平，强化自己的分析能力，像诸葛亮那样能在隐居的隆中对天下三分的态势进行准确的分析，像毛泽东那样能在延安的窑洞对中日两国的优势劣势进行精准的判断。

二是弱化对手的判断力。博弈思维还可以通过弱化对手判断力的手段，增加自己获胜的砝码。尽管对方也是理性人，但人都是有弱点的，在决策的时候会有非理性的因素。能巧妙地、准确地利用这一点，就可以想方设法使对方的理性能力降低，甚至使对方错判形势，做出错误的、有偏差的策略选择。这一手段有时非常管用，尤其是在军事博弈和商场博弈中。三十六计中的美人计以及常用的激将法可以弱化对手的理性能力，而三十六计中的声东击西、空城计、假痴不癫等弱化了对手的准确判断力，使其做出有利于我方的错误决策。

三是变化自己的策略方案。在互动之中，我们应当广泛收集信息情报，做到知己知彼，并根据对方的情况及事物的发展变化，及时调整自己的策略，修改原定的方案，使自己始终处于主动之中。我们常说"知己知彼，百战不殆"，更进一步说，知己知彼包括知道对方的变化，相应做出自己的变化，这样才能真正取得博弈的最终胜利。

四是感化对方的人员思想。攻击对手除了硬手段外，还有软手段，不但"攻城"，还可"攻心"。高人一筹的谋略家，往往软硬兼施，从内部瓦解对方，对对方的不同人员采取不同的策略，从而达到削弱对方战斗力，增强自身战斗力的目的。优待俘虏、鼓励投诚等，都是有效的手段。诸葛亮七擒孟获，更是感化对方的经典之作。孙子兵法也强调"攻心为上"，"不战而屈人之兵"。

二、推测悬疑问题的博弈思维方法

在博弈思维的基本手段的基础上，博弈思维采取了繁多的思维方法，包括数学方法、逻辑方法、哲学方法等，还包括闪耀着智慧光芒的兵法。在这些方法中，作为"知彼"重要手段的用于探测对方实情、估计对方手段、猜测对方计划的方法，最适宜作为推测悬疑问题的"悬逻辑"方法。这里，将与此相关的博弈思维方法加以改造，变成可以推测悬疑问题、纳入"悬逻辑"体系的思维方法。

（一）后果逆推法

在博弈思维方法中，有一个叫作逆向归纳法的方法，它是从博弈的最后一步向前推，推出博弈第一步应当选取的最好的方案。这种方法有时有着严密的逻辑步骤，结果是非常理想的状态。一般来说，人们的思维并没有那么严密，受心理因素的干扰恰巧是比较大的。所以，这里我们将逆向归纳法改造为后果逆推法。

后果逆推法是通过对采用某种手段或计划方案将产生某种后果的评判，来推测对手应当采取的手段或方案的博弈推测方法。说得明确一点就是，假定对手采取某种手段或方案会对其产生非常好的后果时，我们就猜测对手极有可能采取这样的手段或方案；假如对手采取了某种手段或方案会对其产生不利的结果，我们就预测对手不会采取这样的手段或方案。例如，某天傍晚，一所监狱突然响起了警报声。监狱领导及听到警报的干警迅速到监区查看，原来在重刑犯监区发现一名监狱警察被钝器打昏在地，再一调查，发现一名重刑犯脱逃。此时，就产生了警察追捕逃犯与逃犯躲避抓捕的博弈。这时，监狱领导想到重刑犯是戴着镣铐的，他仔细勘察了案发现场，没有找到重刑犯戴着的镣铐被砸开、丢弃的痕迹，说明这名犯人很可能是戴着镣铐出逃的。于是，这位领导进行了这样的推测：如果这名犯人选择沿着几条可能的道路逃跑，其行动就很不方便，被发现的概率就非常大，因而他是不会沿路而逃的；但如果他在附近某个隐蔽的地方躲藏起来，然后等天黑以后再悄悄转移，对其来说就是最佳选择。于是，这位领导就部署警力在监狱周边适于隐身的地方进行仔细搜查。果然，他们在一个水沟的涵洞里找到了这名蜷缩成一团的逃犯。

从逻辑角度来看，后果逆推法用的是充分条件假言推理的否定后件式，这是个有效式，按说结论是必然的。但是，这里的充分条件是"我们"做出的分析，不是出自对方，也可以说是我们强加的，其是否成立不定，也就是前提可能虚假，因而结论并不是必然的，它仍然是一种推测。

反过来想，这正好说明应用后果逆推法要取得比较可靠的结论，就要使这里的充分条件尽量能够成立。比如，这所监狱周围的道路都有人员来往，沿路逃跑的确存在风险。假如那里荒无人烟，或者这名逃犯意识到警察马上会来他躲藏的地方搜捕，以上的推测就不成立，他或许会有其他选择。

(二) 心理揣摩法

所谓心理揣摩法，就是根据对手的心理特征（包括性格、性情、偏好、情绪等），结合实时的境况、表现，分析、猜测对手可能采用的手段或将要采取的行动方案的一种推测方法。

一个人的心理特性形成以后是很难改变的，所以通过揣摩对手的心理特征来判断其行为特点是十拿九稳的。不过，心理因素受到某种干扰而做出改变的可能性也是存在的，所以这只能是一种推测方法，结论不是绝对可靠的。

下面，我们根据毛泽东、朱德在第一次反"围剿"中活捉张辉瓒的例子，来看看这个方法的运用。

1930年10月，国民党南京政府调动10万兵力对中共中央苏区发起了第一次"围剿"。红一方面军前委书记毛泽东、总司令朱德,制定了"诱敌深入,歼敌于根据地内"的战略方针。在国民党的10万部队中,张辉瓒的18师是"剿总"总指挥鲁涤平最为倚重的精锐部队。该师为甲种编制,向来有"铁军师"之称。张辉瓒的18师长驱直入,没遇到多大抵抗。他以为红军不敢恋战而流窜,遂命令公秉藩的28师加速前进,限12月20日占领东固,与他的18师在那里会师。18师走了一天,张辉瓒突然传令休息待命。他与公秉藩本就不和,利用职权公报私仇,有意让公师独自先攻东固,借红军之手打公秉藩。公秉藩不知是计,伤亡了好几百人马,方知上了张辉瓒借刀杀人的当,心愤难平,所幸拿下了东固,遂夸大战果报捷,得到蒋介石的嘉奖。张辉瓒率18师姗姗来迟,临近东固时正值晨雾弥漫,双方都误以为遇到红军而开起火来,连小钢炮都用上了,直打到日高雾散,才知是自家人打了自家人。双方互相指责,公秉藩一怒之下带着28师去了富田。这时,张辉瓒得到了大股红军在黄陂出现的情报,喜形于色,下令急行军,于29日进入黄陂不远处的龙冈,在群山环抱、峰峦重叠的龙冈圩宿营,命令吃饱睡好,30日决战。谁知,毛泽东早已在此布置好了"口袋",正等着他往里面钻。12月30日上午,经过3个小时的雾天激战,张辉瓒两个旅9000余人,除戴岳匿于破庙得以逃脱,其余无一漏网。副旅长洪汉杰、团长朱志先等于战场毙命,旅长王捷俊、旅参谋长周纬黄等被俘。张辉瓒在溃败时换上士兵服装,爬上万功山半腰钻进一棵枫树旁的乱草堆中,结果还是被搜山的红四军第10师一个班给活捉了。毛泽东为什么在龙冈布下陷阱等着张辉瓒往里钻呢?因为毛泽东非常了解他这个老乡的秉性,知道他好大喜功,又自恃拥有精锐部队,所以预测他定会孤军深入,不把红军看在眼里。这是一次心理揣测的范例,显示出毛泽东非凡的智慧。

诸葛亮唱的空城计之所以能够成功,其实也是摸透了司马懿生性多疑的心理,才抚琴城头,扰乱司马懿的判断力,走成了一步险棋。

展开这样的心理战,无疑存在很大的风险。要降低风险,主要就是自己掌握更多的信息,而让对手掌握比自己少的信息。毛泽东了解张辉瓒的心理状态、兵马实力和龙岗的地形,张辉瓒则以为毛泽东、朱德不敢与自己作战,一心要活捉毛泽东,而且根本不了解龙岗的险峻和红军山地作战的能力。同样,"诸葛亮拥有比司马懿更多的信息,他知道自己兵力微薄,但是司马懿并不知道。而且,为了让司马懿无从了解、判断,诸葛亮还偃旗息鼓,大开城门,打起了心理战。"[1]

(三) 换位思考法

要想知道对手将要采取的策略,还有一个简单的方法,就是换位思考,即幻想自己处于对手所处的状态时自己会采用什么样的最优策略,以此断定对手真的

---

[1] 白波. 博弈智慧[M]. 哈尔滨:哈尔滨出版社,2006:126.

会采用这样的策略。既然大家都是理性人,都在追求自身利益的最大化,因而如果能设身处地地想对方之所想,即可较为准确地推测对方的策略。

在第二次世界大战接近尾声时,苏军长驱直入德国境内,朱可夫元帅率领苏军突击部队来到了距柏林不远的奥得河畔。但这时,苏军已与后续部队脱节,人员和物资供应都存在困难,实际上处于一种危险状态。在这样的险境中,如何与德军对战,成为朱可夫必须思考的问题。此时,若能了解对手的对策,无疑是非常重要的。朱可夫找来了坦克集团军司令卡图科夫,并问道:"假如你是德军柏林城防司令官古德里安,手中拥有23个师,其中包括7个坦克师和摩托化师,而此时得知朱可夫打过来了,兵临城下,但其后续部队还在距柏林150千米之外,你会怎么行动?"卡图科夫认真思索了一番,回答道:"那我就用坦克部队从北面攻打,切断你的进攻部队。"朱可夫听到这个回答,连声说:"对啊!对啊!这是古德里安唯一的好机会。"推定了对手的行动计划之后,朱可夫下令第一坦克集团军火速北上。果然,他们在那里遇到了准备实施侧翼反击的德军。于是,苏军乘胜开战,一举歼灭了处于紧张准备之中的德军,从而确保了柏林战役的顺利推进,并最终取得了反法西斯战争的胜利。

换位思考法是应用对立换位思路的一种特殊的思考方法,它特别要求一定要从原有的位置换到对立面的位置去展开一个思考过程。朱可夫让一个专业的人员从对手的角度进行认真思考,从而准确断定了对方的行动方案,才得以化险为夷,战而胜之。

换位思考也存在一定的风险。假如对方并不像你想象的那样理性,假如有一个偶然因素的干扰让对方改变了应当采取的策略,假如你在思考过程中忽略了对手的某个细节,这样的断定就会出错。为了避免这些风险,就应尽可能地掌握对手的更多信息,以便能够真正"替他着想",即无限接近真正的换位。

(四)利益分析法

西方人有句谚语:没有永久的朋友,也没有永久的敌人,只有永久的利益。人们以自己的利益为标准,来区分敌与友;人们以相互间的共同利益为纽带,形成党派、国家等各式各样的组织。根据这个原理,"无论是个人还是组织,其一切行为都是为了利益,能够有助于我的利益的人能够成为朋友,或者说潜在的朋友,哪怕是暂时的;反之,则是敌人,或者说潜在的敌人。……当人们之间有了利益纷争的时候,人与人的关系出现调整,朋友可能转化成敌人,敌人也可能转化成朋友"。

清楚了这一点,我们就可以通过对利益的分析,来猜测对手的选择以及对手会由朋友转化为敌人还是由敌人转化为朋友。

所谓利益分析法,就是通过对对手可能利益的分析,来断定对手的策略选择,或者断定对手或向朋友或向敌人转化的可能性的猜测分析方法。

我们常用"两利相遇取其大，两害相遇取其轻"来说明自己的选择，其实任何理性人都是这样选择的。基于这一点，如果我们能准确分析对方的各种利益、各种风险，就可以经过综合比较分析，猜测出对方作何选择。假设，一个人被敌人追到了悬崖边上，如果再往前走就会坠崖身亡，一切利益都没有了；如果他转身与几个追兵对战，则胜算概率很小，不是被打死就是被打伤，或者造成利益的全部丧失（被打死），或者造成利益的巨大损失（被打伤）。这时，我们可以推测他投降的可能性极大，因为这样能够保存生命还有伺机逃跑或被同伴营救的希望。

同样，对双方或多方的利益冲突进行深入细致的分析研究，也可以准确评估敌友转化的可能性，预测未来的发展走向。我党和平解决西安事变，就是化敌为友的范例。在日本侵略中国的境况下，国共两党昔日的恩怨可以暂时变为次要的，而中华民族的共同利益则成为首要的。所以，我党准确预测了蒋介石联共抗日的可能性，促使了西安事变的和平解决。但在抗日战争即将取得全面胜利的时刻，国共两党的利益冲突必然上升，我党又预测了国民党将要下山"摘桃子"，内战即将爆发的形势，朋友又变成了敌人。

利益分析法用在对组织的分析预测上较为准确，因为组织是较为理性的。将其用到个人身上，准确性就要差些，因为个人总是受性格、偏好等心理因素的影响。假如那个被追到悬崖边上的人性格刚烈，那么拼死一搏的可能性就是最大的；而当丧失反击条件时（弹尽粮绝），跳崖的可能性就是最大的（狼牙山五壮士的行为就证明了这一点）。当然，组织中的领袖的心理素质也起着非常大的作用。总之，要提高猜测的准确性，除了考虑利益因素外，多方面因素尤其是心理因素的全面分析，也是至关重要的。

第四节　适合"悬逻辑"的创新思维方法

创新思维或创造性思维是当今社会最大的热词之一，因为发达国家也好，发展中国家也好，都在将创新作为经济社会发展的驱动力。2006 年，中国政府提出要在 15 年之内将中国建成创新型国家。现在，我们已经将创新作为引领发展的第一动力，高呼着将中国制造变为中国创造的口号，阔步行进在万众创新的大道上。习近平主席在欧美同学会成立 100 周年的庆祝大会上发言说："创新是一个民族进步的灵魂，是一个国家兴旺发达的不竭动力，也是中华民族最深沉的民族禀赋。在激烈的国际竞争中，惟创新者进，惟创新者强，惟创新者胜。"[①] 而不管什么创新都离不开思维的创新，所以"创新思维"一词炙手可热。

---

① 习近平. 在欧美同学会成立一百周年庆祝大会上的讲话［N］. 人民日报，2013 – 10 – 22.

最早研究创造性问题的是公元前 300 年古希腊数学家帕普斯，他在其所著的《数学汇编》中首次应用了"创造学"这一术语。中国早在商代，"盘铭"上就刻有"苟日新，日日新，又日新"的字句，指出求新是一个持续不断的过程。十六七世纪，英国逻辑学家培根出版了《新工具论》，提出了一系列创造性思维的归纳方法，极大地加快了人类科级创新的步伐。18 世纪，德国哲学家康德完成了较为完善的创造理论系统。19 世纪中期，对人类创造发明有着巨大推动作用的马克思主义唯物辩证法诞生，马克思首次提出创造是人的实践的观点，指出创造不仅推动着人类改造自然的实践活动，也推动着人类改造社会自身的实践活动。1941 年，美国学者奥斯本出版了《思考的方法》一书，标志着现代意义的创造学的诞生。到了今天，关于创造学、创新思维的书籍、论文，铺天盖地，多如牛毛。今天的创造学已经形成了包括行为创造学、生理创造学、环境创造学、评价创造学在内的，研究创造性人格、创新思维、创新教育等诸多问题的庞杂的学科体系。

人们在研究创造性思维的过程中，自然总结出了许多的创新思维方法。这些方法不仅指向对已知事物进行创新，更要指向对未知或有疑惑的事物进行创新。习近平《在中国科学院考察工作时的讲话》指出："'学贵知疑，小疑则小进，大疑则大进。'要创新，就要有强烈的创新意识，凡事要有打破砂锅问到底的劲头，敢于质疑现有理论，勇于开拓新的方向，攻坚克难，追求卓越。"[①] 可见，创新思维与研究悬疑问题的逻辑有很大程度的一致性。

一、创新思维的核心内容

（一）创新思维的基本性质

我们一般认为，"创新是指人类提供前所未有的事物的一种活动，它是在有意义的时空范围内，以非传统、非常规的方式先行性地、有成效地解决各种事物问题的过程"。"创新思维是产生前所未有的思维新结果、达到新的认识水平的思维。这一定义表明，创造性是对思维内容的评价或规定。思维是否具有创造性，关键在于是否产生了崭新的结果。"[②] 然而，这些解释主要是围绕"创"和"新"的字面意思展开的，并没有揭示出创新是如何实现的这个实质问题，充其量给出了创新的表现及最终结果。笔者认为："并不是一切东西都可以创造，一切事物都是可以创新的。马克思主义哲学告诉我们，物质是不能创造的，规律也是不能创造的，它们在哲学范畴的意义上是不能创新的。也就是说，人的主观能动性的发挥是有条件的，人的创新能力是有限制的，不是盲目随意的，否则创新

---

① 中共中央文献研究室. 习近平关于科技创新论述摘编 [M]. 北京：中央文献出版社，2016：39.
② 吕丽等. 创新思维：原理·技法·实训 [M]. 北京：北京理工大学出版社，2014：4, 59.

就会惨遭失败，创新的目的就不可能得到实现。因此，我们的创新只能是在尊重客观规律的前提下，掌握并利用规律所进行的创新；我们的创造只能是在物质不能创造也不能消灭的前提下，对具体物质的性能进行深入的了解，然后利用规律对具体物质的特性进行重新组合，从而创造出新的具体物质。……所以，创新的实质不是物质的创新、规律的创新，而是思维的创新、思路的创新。"创新思维的实现要靠思维创新的方法，"创新活动是依靠创新能力实现的，创新能力是依靠对创新方法的掌握体现的；而创新方法也只能是怎样更有效地将各种物质特性进行重新组合。因此，从根本上讲，变换原有的思路才能达到对各种物质特性进行重新组合的目的，从而发现新的规律，发明创造出无穷的事物"[①]。

根据以上分析可知，创新思维的基本性质，从表现形式来讲，就是敢于突破传统，提出过去没有人涉猎的观点、理念或解决问题的方法；从实现过程来讲，就是变换原有的思路，对原有事物的特性重新进行组合；从最终结果来讲，就是得到崭新的成果，完成了技术发明、理论发现。

（二）创新思维的基本特征

关于创新思维的基本特征有着不同的解读。笔者认为，应当紧紧扣住创新思维的基本性质来探讨其基本特征。

1. 形式的超常性

既然创新思维具有突破传统的性质，因而其外在表现往往是"一反常态"的。原本怎样还是怎样，就是按部就班、墨守成规，形成一种"常态"，没有创新可言。创新一定是超越这种常态的，赋予了原来没有的东西，这样它就必然具有了"反常性"。当然，我们不能将这种反常理解为常态的对立面，而应当将其理解为打破了原来的常态，形成了新的常态。

有的学者将此特征称为反常性，根据以上的分析，将其称为超常性更为准确。

2. 内容的超脱性

简单地说，创造可以是生产出原来没有的东西，创新思维即是产生前所未有的思维结果。严格地说，创造仅仅是对原有事物及其附属特性、功能的发掘或重新组合，创新思维仅仅是对原有思维材料的重新发现或重新组装，因为物质、规律以及哲学范畴都是既不能创造也不能消灭的。所以，创新思维的内容不是"无中生有"的，而是"有中生新"的。

任何具体事物都是多种因素的组合，例如，一个茶杯是材料、形状、色彩、功能等的多种组合，而人体、组织、国家等更是众多因素的组合。创新思维的实质就是要脱离事物原有的组合，对事物的各种要素重新进行思考，然后实现要

[①] 王仁法. 打开思路闸门：思路学初创 [M]. 北京：清华大学出版社，2015：4-5.

素、特性的重组。

因此，创新思维的各项内容具有脱离原有基础，在另外的层次上进行重新组合，并使之产生新的功能的超脱特性。

3. 过程的超变性

创新思维的整个过程始终处于变动之中，而且这是一种超越一般变化的动态思维。

首先，要对原有的思维材料重新进行变动，这是前面所讲的。

其次，要从各个角度进行全方位立体思维，灵活变通，找到实现对思维材料重新进行组合的途径。

最后，在展开过程中对遇到的新情况、新问题不断调整思维的方式、思维的方向以及思维的方法技巧，使思维处于变化之中，直到问题的解决或新理论的形成。

因此，创新思维具有过程的超变性。

4. 体系的超越性

创新思维的体系结构一定是超越原有的体系结构的。如果没有实现超越，只是原有体系的翻版或者还落后于原来的体系，那就不能叫作创新思维。

5. 理念的超前性

因为创新思维最终获得的思想、理念以及各种结论，都是前人没有提出的，至少是前人没有提到这种程度的，所以创新思维的最终成果一定具有超前性和独特性。

以上是从创新思维本身出发，阐述了它的基本特征。如果从主体角度分析，具有创新思维素质的人，其思维的特征则表现为：反应的敏感性——能敏感地发现问题，迅速做出反应，非常流畅地展开一系列的思考；大胆的质疑性——敢于对人们习以为常的甚至是普遍信任的事物产生怀疑，大胆批判原有的理念，提出新的见解；视角的开阔性——能从各个角度进行广泛的思考，正向的、反向的、侧向的均有，横向的广度与纵向的深度兼具，借鉴过去、着眼现实、面向未来；灵活的变通性——对遇到的特殊情况及困难情境，善于变通，其思维是柔性的而不是刚性的。

二、探索悬疑问题的创新思维方法

创新思维的方法很多，据说有 100 多种。从本质上说，创新思维的方法都适于探索悬疑问题，因为探索悬疑问题所取得的成果应当是前无古人的，自然属于创新思维。下面，我们从中选择几种常用的、具有普遍意义的方法，结合探索悬疑的实际，进行简要的阐述。

(一) 联想释疑法

"联想（Association）是指人脑把不同事物联系在一起的心理活动，它是创造性思维的基础。当人脑受到某种事物的刺激，就可能由这个刺激引起大脑中已储存的其他事物的印象，这种心理活动就是联想。通俗地说，联想就是由一种事物想到另一种事物的心理过程。"① 看到落雪想到冬天，想到北方的家乡，想到与小伙伴打雪仗，就是人人都有的简单联想。

联想思维具有形象性的特征，但同时又具有目的性与实践性特点，即为了解决某个问题，通过形象性的思考，建立与经历过的事情的链接，找到解决实践问题的方案。

所谓联想释疑法，就是为了阐释或解决某个悬疑问题，借用联想思维，想到释疑的方案或找到解决问题的方法。

善于联想，对破获所谓的悬案有着出乎意料的作用。在震惊世界的浴室谋杀案中，联想起到了至关重要的作用。

1914年12月下旬，英国的《世界新闻周报》刊登了12月6日时年38岁的玛格丽特·伊丽莎白（劳埃德夫人）在自己家中的浴缸里死亡的消息。其丈夫说他们刚刚在巴塞结婚，回到伦敦后妻子就说她头疼，丈夫便领她去看医生。第二天，也就是她死去的那一天，她曾感到身体好转。晚上7点半，她高兴地说，她想洗个澡。于是，丈夫就出去散了一会儿步。散步回来，他没在客厅见到妻子，就问女管家，妻子洗完澡没有。两人到浴室里去找，见里面黑着灯。点燃汽灯后，他们发现她躺在浴盆里，身子有3/4淹在水中死去了。头天给死者看过病的贝茨大夫说，她是因呛水而淹死的。她本来就已经感冒，看来是感冒和热水浴使她突然昏迷，呛水而死。伦敦市民瑟夫·克罗斯读到这段报道，下意识地感到这个案子似曾相识，瞬间想起一年前在他的旅馆，史密斯太太溺死前有同样的故事。1913年12月14日，刚刚结婚6个星期的一对夫妻来到了朴次茅斯市，居住在布莱克浦的旅馆里。在来此地的途中，妻子也是说她头疼。到了布莱克浦后，她仍然感到难受，丈夫就请大夫给她看病。星期五的夜晚，她在浴室里洗热水澡，突然就去世了。瑟夫·克罗斯感觉两个案子太相似了，相似点居然有11处之多，他怀疑这是谋杀。而让人更为吃惊的是，早在1912年也发生过一起浴室新娘死亡案。肯特郡贝恩特镇派出所所长也来了一封信，揭露了这起更早的浴室淹死新娘的案件：5月20日，威廉斯先生和妻子在郝恩镇哈侬街租下一所小房子，7周后，威廉斯买下了一个浴盆，并对房主说他妻子如果没有浴盆简直不想活了。第二天，妻子癫痫病发作，有点头疼。丈夫带着她看了医生，佛伦奇大夫给她开了药。7月12日夜里，医生又被召去，威廉斯说他妻子病又犯了，当时

---

① 吕丽等. 创新思维：原理·技法·实训［M］. 北京：北京理工大学出版社，2014：4，80.

天气炎热，佛伦奇断定他妻子是因天热而犯病。次日凌晨3点，威廉斯的妻子死在浴缸里，佛伦奇5分钟后赶到威廉斯家，最后做出结论：因洗澡水热，癫痫病发作，在浴缸里呛水而死。将三起案件串联在一起，警长尼尔坚信这是同出于一个人的谋杀案，决定抓捕劳埃德。后来，劳埃德终于承认了为骗保而杀死了三位太太的实情。在整个案件侦破中，伦敦市民克罗斯由一个案件联想到另一个案子是非常关键的，没有这个联想，案子只是一个意外死亡案，犯罪嫌疑人就可能逍遥法外。

以上仅是联想中的相似联想，其实联想是有多种形式的。首先，有简单联想和复杂联想之分。其次，简单联想包括接近联想、相似联想、对比联想等，而复杂联想则有关系联想、意义联想等。联想释疑法仅仅为揭开悬疑事件的谜底提供一个引信，而要真正揭开谜底则需要结合其他的方法或逻辑推理。上述案例中，将三个案件进行相似点的比较，应用的就是类比推测。

（二）想象求解法

人的大脑是具有很强的想象能力的，它可以将眼前甚至现实中并不存在的事物，将各种思维材料在大脑中组合起来，形成一种虚幻的、完整的，甚至十分清晰的形象。"想象，是形象思维的一种具体思维形式，是在大脑意识控制下，对感官感知所储存的形象信息进行分解并重新组合的运动。"[①] 日常生活中，人们随时进行着想象：年轻人想象着自己事业成功的庆贺情景，一对疑心重重的夫妻想象着对方与情人的苟合而火冒三丈，小孩子更是无拘无束地想象着许多奇妙的景象；科学家也时常展开想象的翅膀，对事物的起源或发展进行科学想象。我们在后面将详尽叙述的大陆漂移说中，魏格纳想象了3亿年前地球大陆都连在一起的景象，航天科学家想象着人类未来登上火星的各个细节，还有，文学家想象着故事的具体情节，而画家将自己的想象绘制成美丽的画作，等等。

想象思维的第一特征是形象性，人们只要想象就是在大脑中构造着一幅幅的画面；第二特征是概括性，想象出来的形象如同小说中塑造的人物是多个人物特点的集中一样，概括着同类事物的共性；想象思维还有一个特征，也是最宝贵的特征——超越性，它要超越已有的记忆表象，体现出创新的成果。

所谓想象求解法，就是在探索悬疑问题的过程中，借助想象思维，构造合理解释，试图解开疑惑问题的"悬逻辑"方法。

当我们遇到问题百思不得其解时，如果能想象出一个完整、合理的形象，往往能使问题得到极有可能解决的途径。在第一章第三节中，法国青年天文学家勒威耶在对太阳系行星进行观察时发现，实际的天文观测与根据天体物理学万有引力的理论计算出的结果总是存在误差，于是他大胆想象太阳系还有第八颗行星存

---

① 王多明，罗杰等. 创意思维法大观 [M]. 北京：中国广播电视出版社，2008：57.

在，这样就很好地解释了这个误差，即正是由于这颗行星的引力造成了实际观察的偏差。达尔文想象着猿猴的一步步进化，揭开了人类起源之谜；爱因斯坦想象着骑着一束光在宇宙间旅行的各个细节，解释了传统力学无法解释的现象，提出了空间弯曲的狭义相对论。另外，我们在侦探小说、推理电影中经常看到大侦探们根据一些线索和自己丰富的经验，想象罪犯实施犯罪的"回放镜头"，让人感到非常合理、天衣无缝，并由此抓获了犯罪嫌疑人，破获了案件。

不过，想象毕竟是虚幻的，我们用它求解悬疑问题的答案有着较大的风险。提高结论可靠性可以从以下两个方面着手：一是尽可能多地提供想象的根据，无根据的想象只能归类到情人"吃醋"时的胡猜乱想，很不靠谱；二是尽可能合理地解释所有已知的相关现象，如果有一两个细节不能得到有效解释，就会促使错误的发生。

(三) 直觉顿悟法

直觉（intuition）好像是一个说不清道不明的东西，但伟大的科学家们却坚信它的存在。爱因斯坦坚定地说："我相信直觉和灵感"[①]；"我信任直觉"[②]。玻恩则一下子将命题扩大到十分广阔的范围，他说："实验物理的全部伟大发现都是来源于一些人的直觉。"[③] 凯德洛夫更加明确地指出：直觉是"创造性思维的一个重要组成部分"，"没有任何一个创造性行为能离开直觉活动"[④]。而应用直觉获得的创新创造成果比比皆是：欧几里得几何学是在经验事实的基础上，通过对图形直觉的构想而建立起来的；阿基米德是在身子泡进洗澡的木桶时顿悟到浮力原理，从而发现了检验金王冠是否掺假的办法；达·芬奇是在没有任何实验的情况下，直觉到100年后才被伽利略用实验证明的惯性原理；牛顿是在苹果园中看到苹果坠地时突然想到万有引力的定理；凯库勒是在火炉边打瞌睡梦到蛇抓尾巴，从而弄清了苯的六角环形结构式；门捷列夫是在去彼得堡办与元素周期律毫不相干的事情，而在踏上火车的一刹那想到了原子按其原子量系统化的原则⋯⋯

直觉究竟是什么，也许很难进行准确定义，"如果我们把这些直觉创造过程从形式上作一不严格的分类，大致可以看到在古希腊时代就已经出现的两种基本类型。一种是欧几里得式的直觉创造，即在经验基础上借助于直觉的想象和猜测提出一些科学的基本公理、定律和假说。⋯⋯另一种是阿基米德式的直觉创造，这是在冥思苦想之后以瞬间的方式在大脑中迅速出现的一种新的思想。它表现为明显的一瞬间的顿悟和闪现，是灵感状态的直觉。"[⑤] 灵感状态也是一种思维状

---

① 爱因斯坦文集（第1卷）[M]. 北京：商务印书馆，1977：284.
② 爱因斯坦文集（第3卷）[M]. 北京：商务印书馆，1979：70.
③ [德] M. 玻恩. 我这一代的物理学 [M]. 北京：商务印书馆，1964：183.
④ [苏] Б. М. 凯德洛夫. 论直觉 [J]. 科学与宗教，1979（1）.
⑤ 周义澄. 科学创造与直觉 [M]. 北京：人民出版社，1986：17–18.

态，钱学森将其称为逻辑思维、形象思维之外的第三种思维状态，它是凭借直觉而展开的快速、顿悟性思维，具有突发性、兴奋性、跳跃性、创造性和瞬间性、无穷性及零成本等特征。直觉是灵感状态的直觉，灵感是凭借直觉展开的灵感，两者密不可分、相辅相成，因而两者的特征也是一致的，只是直觉还应具有直接性、猜测性、综合性的特征。

从思维性质上看，"直觉是跳跃性的思维，没有逻辑的思维过程为基础。但直觉本质上是以某一相关领域经验的累积和广博的知识背景为基础，对某一问题的经验已经达到直觉的地步，思想者已经洞悉对象的本质联系。因此，直觉看似偶然但不是凭空产生的，它是人们长期关注某一问题后的顿悟"[①]。

据此，我们可以将直觉顿悟法解释为：在用心关注某一悬疑问题的过程中，突然感悟到问题的内在联系，直接猜测出问题的症结或本质的灵感思维方法。

除了科学发现中经常应用直觉顿悟法以外，始终与悬疑问题打交道的侦查工作也不乏应用这一思维方法的机会。

法国天才数学家格洛阿（1811—1832），由于是一个狂热的共和分子而两次入狱，刑满出狱后，走投无路的他想起了喜欢数学、善于思考的老朋友鲁柏。于是，他来到鲁柏的寓所，想在老友那里暂时借宿。然而，等他走到这所公寓，告诉看门人他想找鲁柏的时候，看门人却告诉他一个不幸的消息：两周前，鲁柏被人刺死了，他房间里的存款也被洗劫一空。噩耗突然降临，格洛阿悲痛欲绝，眼泪止不住地流了下来。但很快格洛阿擦了一把眼泪，冷静下来。他向看门人问道："凶手抓到了没有？"看门人叹了口气，答道："没有。"格洛阿又问："现场留下了什么线索没有？"看门人摇了摇头，说："没有什么明显的线索。警察勘察现场时，只看到鲁柏手里死死捏着没有吃完的半块苹果馅饼。我们是同乡，馅饼是我送给他品尝的。"格洛阿决定到现场看看，能不能发现一些有价值的线索。格洛阿请看门人带他走进公寓，上了鲁柏曾经住过的三楼。到了3楼314号房间门前，格洛阿停了下来，脱口问道："这间房谁住过？""米塞尔。"看门人答道。"你觉得这个人怎么样？"看门人没好气地回答说："他？咳，爱赌博，好喝酒。"格洛阿接着问："他还在房间里吗？""昨天已经搬出……"看门人最后两个字——"去了"还未吐出来，只见格洛阿浑身颤抖，热血沸腾，青筋勃起，脱口喊道："就是他，米塞尔，这个可恶的凶杀犯！"看门人被格洛阿的吼叫声惊呆了：这个年轻人怎么就一下子咬定了凶手呢？他没疯吧？原来，格洛阿作为酷爱数学的人，自然容易从数学的角度思考问题；他知道鲁柏也喜欢数学并善于思考。这样，两个人的思维就有了共同基础。尽管鲁柏不可能知道事后格洛阿会来进行案件的调查，但格洛阿却会不自觉地由英语馅饼的"pie"联想到希腊文

---

① 李顺万. 还原犯罪真相：侦查逻辑和方法［M］. 重庆：重庆出版社，2007：84.

的 π，再联想到圆周率并在头脑中闪现它的常用值 3.14 这个数字，当他路过 314 房间看到这个数字时，直觉思维突然将两者在大脑中接通了，使他瞬间猜测：在性命攸关的刹那之间，爱好数学的鲁柏会不会就地取材用数学的方式给人们留下暗示呢？恰好，他手里的馅饼是个几何图形圆，可以与 314 这个数字关联，可以与住在 314 房间的凶手关联。当格洛阿问看门人住在 314 房间的人怎么样时，实际上他是在第一次求证。听到米塞尔真的是爱赌博、好喝酒的信息，猜测得到了一定程度的证实。而数学家追问"他还在房间里吗"是第二次求证，所以当看门人说他"昨天已经搬出……"后，他的猜测进一步得到证实。

当然，直觉顿悟法与联想释疑法一样，只是理性思维的引导，不能单独用它来解决问题，还必须用其他的方法或逻辑的推理、推测来合理地解决问题。格洛阿对凶手的断定也只能是有根据的大胆猜测，警方也只能将米塞尔作为犯罪嫌疑人展开有目标的进一步侦查。科学家的所有发现创造，最终不能靠直觉灵感来证明，只能靠逻辑。直觉顿悟只是提供了"顿悟"的初始环节，节省了大量的寻找切入点或突破点的时间，后面的路还要继续走下去。

（四）发散探索法

谈论创新思维几乎都要提到发散思维。早在 1918 年，伍德沃斯就提出了发散思维的概念。后来，有人将其称为多向思维、辐射思维、扩散思维等。这种思维是指思维主体围绕某个中心问题，让思维向四面八方辐射，积极进行联想思考，广泛搜集与这一中心问题关联的各种各样的信息，以求找到解决问题的多种方案。

发散思维的特点非常突出，主要包括以下几点。第一，广泛性。这种思维是多维度、多层面、多方向展开的，不能简单地将其理解为由一个点向周围的平面方向的散射，而是向立体空间的全方位散射。第二，变通性。这种思维充分体现了主体的灵活变通，当一个方向走不通就转向另外的方向，当一种方法解决问题不合适就采用多种方法，当有的条件不能满足就寻找其他条件替代，连续不懈地寻找解决问题更好的办法和渠道。第三，全新性。这种思维的目的就是要突破原来的束缚，采用全新的理念和办法，解决看似不好解决或前人未能解决的问题，彰显思维的创造性。

发散思维行进方向的类别可以概括为：既可以是不断伸向事物内部深处的纵向发散（如事物的功能、结构、属性和内在关系等），也可以是不断融合周边其他事物特性的横向发散；既可以是偏离主题方向、另辟蹊径的侧向发散，也可以是反其道而行之的逆向发散（原理逆反、功能逆反、结构逆反、特性逆反、程序逆反、观念逆反等）。因此，这里讲的"发散思维"包括横向思维、纵向思维、侧向思维与逆向思维。

发散思维可以广泛寻找创新点，自然也可以到处寻找解决疑难问题的突破点，这就是利用发散思维的发散探索法。简单来说，发散探索法就是充分运用发散思维，积极探索各种悬疑问题的有效或合理解决方案的"悬逻辑"方法。

除了少数能够迅速解决的简单悬疑问题外，解决复杂的、长期困扰我们的悬疑问题，几乎都需要用发散探索法去寻找多条线索及多种解决方案。在自然科学领域，宇宙起源、地球起源、生命以及人类起源，都存在诸多的悬疑，无数科学家进行了无数的科学实验，撰写了无数的科研论文，从不同角度、不同方面进行探索；在医学上，针对各种各样的疑难杂症，古今中外的医生们千方百计地去进行病因分析、病理探讨及治疗途径的探索（以植入病菌来增强人体免疫力的种牛痘方案来治愈天花病，就是反向思维探索的典型案例）；在经营中，企业家们遇到发展道路的艰难选择时，也总是集思广益，让大家提供各种途径，以求从迷茫之中杀出一条路来；在战场上，面对瞬息万变的形势，指战员们更是要开动大脑，想出妙招，脱离险境，出奇制胜；在破案过程中，对遇到的"无头案"，侦查员们往往是怀疑了一批人结果又被排除了，想到了一些可能性结果也被否定了，在陷入僵局之际，只得将发散思维运用到极致，不断变换角度，直到找到新的突破口。发散探索的例子，举不胜举，这里仅举一个小例子说明一下：

某企业仪器室着火，损失惨重。事后大家寻找起火原因，有怀疑人为破坏的，有追究责任事故的，有分析雷击等自然灾害的，思维发散可谓广阔，但原因还是没有最终确定。这时，突然有人说会不会是老鼠作案？因为老鼠若是钻进仪器，咬断线路，就会因短路而起火。最后，他们果然在烧焦的残渣中发现了老鼠的骨头，查明了原因。这就是全面发散中的侧向发散，偏离常见原因的分析。

发散探索法主要是提供解决悬疑问题的思路，沿着思路再去应用方法、分析论证，使悬疑问题得到合理的解释或解决。

（五）收敛探求法

与发散思维相对应的就是收敛思维，或叫辐辏思维、聚合思维、求同思维等。发散思维是由一点出发向四周辐射，而收敛思维则是将四周相关的信息指向这一点，聚焦这一点；发散思维在寻找各种解决问题的途径，而收敛思维则从各个角度研究同一问题，求得问题的解决。一放一收，相辅相成。发散是收敛的前提，是为了更好地收敛；收敛是发散的目的，两者结合，可以收到更好地解决问题的效果。

据此，我们将收敛思维定义为：在发散思维的基础上，将各种相关信息、有效途径集中起来，从各个侧面揭示某一事物的特性，以便得到对这一事物的综合认识。收敛思维具有由表入里、全面聚焦、综合认识的特性。

根据收敛思维的特性，我们可以形成解释、解决悬疑问题的收敛探求法。这一方法是运用收敛思维，从各个角度，全面探寻悬疑问题，猜测其实质，以求得到透彻认识或解决悬疑问题的有效途径。

两军交战，探求对方的虚实是非常重要的事情。下面我们举一个非常典型的战争案例来进行说明。

在第一次世界大战中，德法两军对垒。德军有一个很负责任的参谋人员，每天都举着望远镜观察对面法军阵地上的情况。有一天，他偶然发现法军阵地后方的一个小坟堆上，卧着一只可爱的波斯猫。在紧张的战争之中，能看到天生讨人喜欢的小猫，自然引起关注。在接下来的三四天中，每到上午八九点钟的时候，那只波斯猫就待在那里懒洋洋地晒着太阳。后来，他便将这一现象报告给了指挥官。德军指挥官是个思维敏锐、善于分析的人，听了这位参谋的报告，他马上思索起来。随即，他做出了一个看似荒唐的决定：调集6个炮兵营，对波斯猫出现的整个坟场，进行地毯式的猛烈炮击。不久，一个好消息传来，法军的一个旅指挥所在这次炮击中被彻底摧毁，其军官全部阵亡。

那么，这名德军指挥官如何知道一个坟场下面却隐藏着法军的高级指挥所这个悬疑问题呢？原因就是他对那只波斯猫进行了聚焦分析：第一，这只猫不是野猫，野猫绝不可能在炮火纷飞的阵地上定时出来晒太阳；第二，周围没有人家，波斯猫应该来自一个地下掩体；第三，波斯猫是名贵品种，养得起这种猫的人，绝不是一个普通军官。经过这样层层剥茧式的剖析，一个大胆的猜测形成了——那个小坟堆下一定掩蔽着一个法军高级指挥所。那位参谋人员仅仅描述了一下发现的现象，而指挥官却进行了全面有效的综合分析，看到了事物的本质，并最终形成有效的解决问题的方案。

其实，科学家在认真钻研自己的课题时，都在一定程度上应用了收敛探求法，然后再用科学实验的手段验证自己的推测，最终得出科学的结论。获得诺贝尔医学奖的我国著名药学家屠呦呦，集中对治疗疟疾的药物进行研究，借助中国古典药籍，聚焦青蒿素的提炼，终于取得了成功，挽救了无数人的生命。

收敛探求法是能够推测出某种结果的方法，但最初的结果仍然是有猜测性的。提高这一推测方法结论可靠性的要求是：首先，敏锐地察觉现象背后隐藏的实质，如果仅仅停留在表面，不能由表入里地进行透彻分析，就无法获得有价值的东西；其次，要进行尽可能全面的分析，结合发散思维，又聚集某一问题，就能接近某一真理；最后，每一次的分析尽量要排除其他可能性，没有他因存在，分析就是唯一正确的了。

解决悬疑问题的思维方法绝不止以上这些，但这些是非常重要的、实用的。有兴趣的读者，可以从现代多种多样的思维方式中梳理出更多的方法，从而构造出"悬逻辑"更为丰富的方法系统。

第七章 综合运用"悬逻辑"知识的科学假说

科学在迷雾中探索,社会在探索中前进

物体为什么会燃烧呢?这个问题曾经长期困扰着人类。17世纪,医疗化学家们曾经设想化学物质含有三大元素:硫为易燃的元素,汞为流动性和挥发性的元素,而盐则为固定和不活动的元素。美国的一个医学教授约钦姆·贝歇尔(Joachim Becher)略微修改了医疗化学的学说,并于1669年提出固体的泥土物质一般含有三种成分:"石土"(存在于一切固体中的固定的土,相当于盐元素)、"油土"(存在于一切可燃物体中的油性的土,相当于硫元素)和"汞土"(一种流动性的土,相当于汞元素)。后来,普利斯特里认为一切可燃烧的物体都含有硫质的、油性的"油土",它在燃烧过程中从它与其他土的结合中逃了出来。也就是说,燃烧是一种分解作用,物质燃烧后,留下的灰烬是成分更为简单的物质。这就是所谓的"燃素说",它认为燃烧和锻烧的过程牵涉到化合物分解为其组成部分的过程。在理论上,简单的物体不能发生燃烧,只有含有"油土"和另一种土的化合物才能燃烧,并从中分解释放出一种叫作"燃素"的东西。18世纪,新的化学概念和燃素学说激烈争论。1703年,德国哈雷大学的医学与化学教授格奥尔格·恩斯特·斯塔尔把普利斯特里的"油土"重新命名为"燃素",并把这个理论发展成为更广泛的理论体系,用以说明氧化、呼吸、燃烧、分解等很多化学现象。总的来说,燃素是一切可燃物体的根本要素,油、脂、木、炭及其他燃料含有特别多的燃素。当这些物体燃烧时,燃素便逸出,或者进入大气中,或者进入一个可以与它化合的物质中如灰渣,从而形成金属。到了1740年,燃素理论在法国被普遍接受,10年以后这种观点成为化学的公认理论。自施塔尔于1703年系统地提出燃素说之后,化学界在很长一段时间内被这种学说所统治,并无一人怀疑此学说的真伪。这一局面维持了近百年之久。

然而,17世纪中叶之后,科学家陆续发现了一些新气体,同时发现了一些学术上的新问题,这些问题如果用燃素说来解释则不同程度上有附合之嫌。从此,燃素说的弊端渐渐显露出来。

首先,布拉克在1775年的实验中发现,石灰石在煅烧后重量减轻了44%,他断定这是因为有气体从中放出的缘故。布拉克后来又发现石灰石与酸作用会放出一种气体,用石灰来吸收这种气体,发现其重量与煅烧时放出的相等,并且该

气体与石灰水作用生成了性质与石灰石相同的沉淀物。布拉克称这种气体为"固定空气"。经过不断的实验，布拉克弄清了镁石与镁土的区别，即镁石中含有"固定空气"，失之则成为镁土。布拉克发现石灰石燃烧失重并转变成石灰，以及苏打转变为苛性碱，都是由于失去酸性的"固定空气"所引起的，而与是否吸收燃素毫无关系。于是，他断然否定了燃素说。

其次，氢和氮的发现更进一步地动摇了燃素说的基础。化学家凯文迪什在实验中，用铁和锌等金属作用于盐酸及稀硫酸制得了氢气，并用排水法收集了这种气体。在研究中，凯文迪什发现了定量的某种金属和足量的各种酸作用，所产生的氢气的数量总是固定的，与所用酸的种类及酸的浓度并无关系，并且发现氢气与空气混合后点燃会发生爆炸，这与其他空气不一样。氢气是简单的物质，却能燃烧并发生爆炸，这从根本上动摇了燃素说。然而，凯文迪什是燃素说的忠实信徒，他企图用燃素说的观点对氢的生成及其性质进行解释，甚至说氢气就是燃素，并用氢气充到气球中气球会徐徐上升的现象来证明燃素有"负重量"。当时许多燃素说的信徒们都为凯文迪什的说法呐喊助威，但是当凯文迪什自己弄清楚浮力的问题后，通过精确研究证明氢气是有重量的，只是它比空气要轻得多。为此，凯文迪什和其他的信徒们牵强附会地说，氢并非纯粹的燃素，而是燃素和水的化合物。1772年，布拉克的学生卢瑟福在实验中发现了氮气，并确定这种气体不能维持动物的生命却具有灭火的性质。同年，普利斯特里也发现了氮气。不过，他们都是燃素说的虔诚信徒，虽然面对诸多难以理解的实验现象，他们却不去思考真正的原因，而是很轻率地套用了燃素说的观点。他们认为，氮气是一种"被燃素饱合了的空气"，因此失去了助燃的能力。显然，他们不承认氮气是空气中的成分之一，顽固地维护着燃素说。

再次，氧的发现彻底摧毁了燃素说。1774年前后，舍勒和普利斯特里先后独立地发现并制得了氧气。然而，这种本来可以推翻全部燃素说的发现并使化学发生革命的元素，在他们手中没能结出果实。因为他们都是燃素说的信徒，对氧气能使火燃烧得更好的现象，他们都用了燃素说的解释。舍勒称氧气为"火气"，认为燃烧是空气中的这种火气成分与燃烧体中燃素结合的过程，火是火气与燃素生成的化合物。普利斯特里则认为，空气乃是单一的气体，助燃能力之所以不同仅因为燃素含量的不同。他认为氧是一种"脱燃素空气"，故而吸收燃素的能力很强，助燃能力也就格外大。正如恩格斯所说，舍勒和普利斯特里从错误的前提出发，循着错误的、弯曲的、不可靠的途径前进，结果当真理碰到鼻尖上的时候还是没有得到真理。1756年，俄国科学家蒙诺索夫曾在密闭的玻璃器内煅烧金属，发现金属燃烧后重量增加，他认为这是由于金属在煅烧时吸了空气的缘故。1774年，法国人贝岩曾发表过一篇讨论氧化汞的论文，他认为水银被煅烧后，不但没有失去燃素，而且和空气化合，增加了重量。但是，他们的研究是不全面的，也不是定量的，更没有认识到氧是一种新元素，从而对其性质进行透彻的研究。直到法国化学家拉瓦锡做了一系列实验后，提出了"氧化说"才彻底击垮了燃素说。拉瓦锡在工作中非常注重量的研究。1774年，他用锡和铅做了著名的金属煅烧实验，他先将实验用的铅和锡进行精确称量，将它们放入曲颈瓶中，将瓶封闭后再准确称量铅、锡与瓶的总重量。准备就绪后，他开始加热，直到铅、锡变为灰烬。这时，再称重量，与试验前一样。之后，当他把瓶子打开时发现空气冲了进去，然后再对瓶及煅灰进行称量，发现总重量增加了。另外，他发现金属在煅烧后重量也增加了，所增重量恰恰等于空气冲进瓶后的总增量。因此，拉瓦锡断定，金属所增加的重量，既不是来自水中，也不是来自瓶外任何物质，只能是金属结合了瓶中部分空气的结果。在明显的事实面前，拉瓦锡对燃素说产生了极大的质疑。此后，拉瓦锡又对金属的氧化与还原的反应进行了十分精确的定量研究，证明了化学反应中质量不灭的定律。同时，他又做了大量的燃烧实验，对种种物质燃烧后的产物一一进行了试验研究。在几年的积累、归纳总结之后，拉瓦锡终于在1777年提出了科学的燃烧学说——氧化学说。此后不久，水的合成和分解试验取得成功，氧化说也随之成为举世公认的真理。

这是"燃素说"被证伪，"氧化说"被证实并转化为科学理论的一个历史过程。在这个过程中，"燃素"本应是个悬概念，"燃烧是化合物的分解过程"及"单体物质不能燃烧"等判断多次被置于悬疑态，实验、推测、解释等参杂其中。这一切都说明，假说是对"悬逻辑"知识的综合运用。那么，究竟怎么运用呢？

第一节　假说的建立

在传统逻辑体系中，论证是各种思维形式的综合运用；在"悬逻辑"体系中，假说是各种"悬逻辑"知识的综合运用。不过，在现有的普通逻辑教学体系中在讲论证之前，先讲了假说的内容。论证和假说有着非常不同的性质。论证包括确定某判断为真的证明和确定某判断为假的反驳，都是确定性的；假说则不然，它得出的结论则是真假不能最后确定的假定性结论。因此，从这个角度来说，在传统逻辑体系中包含假说并不合适；而基于悬概念、悬疑态判断及或效推测的不确定性而构造起来的"悬逻辑"体系，包括综合性的、同样具有不确定特性的假说就非常合适了。

恩格斯说："只要自然科学在思维着，它的发展形式就是假说。"[①] 由此可见，假说对于科学发展来说，是须臾不可离开的东西。

---

　　① 〔德〕恩格斯. 自然辩证法 [M]. 北京：人民出版社，1971：218.

第七章 综合运用"悬逻辑"知识的科学假说

一、假说的特征

假说中的"假"不是虚假的意思,假说中的"说"则具有"学说""论说""说法"的意思。

(一) 假说的定义

大致来说,假说中的"假"是假定性的意思,从字面上可以将假说理解为假定性的论说,与假设、猜想的意思接近,但又有着严格的区别。

准确来讲,可以将假说定义为:它是根据已观察到的数量不一定很多的事实,依赖已有的科学知识原理,运用普通逻辑的或"悬逻辑"的知识,对某种不甚明了的现象进行因果关系或规律性的探讨时,所形成的假定性系统解释。在上例中,人们对于物体的燃烧感到好奇,不明白其中的机理,于是根据观察到的木炭的燃烧、金属的燃烧等事实,依赖一定的化学知识,运用归纳、类比、分析以及探求因果联系的推测方法,建立起"燃素说"的假定性解释系统。例如下面一例。

1908 年 11 月 14 日傍晚,被慈禧太后幽禁起来的年仅 38 岁的光绪皇帝在中南海瀛台涵元殿突然谢世。次日下午,西太后慈禧也在中南海的仪鸾殿病逝。在不到 24 小时之内,他们"母子"二人突然相继死去,不能不引起人们的种种怀疑和猜测。于是,各种说法应运而生。

【军阀毒杀说】

甲午中日海战后,握有兵权的袁世凯网罗段祺瑞、冯国璋、王世珍、徐世昌、曹锟、张勋等人,形成北洋军阀的雏形。这时的中国正处于维新的高潮时期,袁世凯为趋时附势,也跻身于康有为创办的维新团体——强学会。1898 年 6 月 11 日,光绪颁布《定国是诏》,戊戌变法开始。袁世凯曾"慷慨解囊"500 元,骗取了维新派的信任。他的军队驻扎在天津小站,为了对付荣禄,康有为便想拉拢袁世凯,并向光绪写了密奏,推荐袁世凯。9 月 16 日,光绪召见了袁世凯,称他"办事勤奋,校练认真,著开缺以侍郎候补,责成专办练兵事务"。袁世凯得到候补侍郎衔受宠若惊。18 日夜,维新派得知荣禄派兵包围京城,谭嗣同即找到袁世凯,要他杀荣禄、除旧党。袁世凯当即表示:"诛荣禄如同杀一狗耳。"20 日,袁世凯到颐和园向光绪谢恩,再表"忠心"。光绪暗示袁世凯说:"人人都说你练的兵、办的学堂甚好,以后可与荣禄各办各事!"袁世凯感到了话中的分量,心里权衡了西太后与光绪双方的政治力量,觉得不能与荣禄"各办各事"。于是,他急返天津,将光绪和谭嗣同劝他倒戈的话告诉荣禄。荣禄大惊失色,连夜赴京,向西太后告发。21 日晨,光绪正准备去颐和园向太后请安,忽听太监来报太后入宫,他顿感大事不妙。西太后一下车就破口大骂,并指着光绪对大臣说:"他与康有为等妖人密谋,违反了大清祖制,如今要废掉他,怎么样?"就这样,变法失败,光绪被就地幽禁起来,后转至中南海瀛台。

从此以后,光绪帝对北洋军阀袁世凯恨之入骨。1900年,八国联军进京,清廷西逃。光绪常常在中途休息时,独自坐在地上画乌龟,在乌龟背上写下袁世凯的名字,然后贴在墙壁上,取出小竹弓,搭上箭头射击,而后又取下来剪碎,把纸屑抛到地上。

到了1908年,73岁的那拉氏慈禧太后已是体弱多病,支撑不了几天了。善攻心计、老奸巨猾的袁世凯唯恐西太后一死,光绪重操大权。他深知他与光绪有着不共戴天之仇,日后光绪绝不会轻饶自己。于是,袁世凯派亲信假意向皇帝请罪进药,暗中却在药里下了毒。可怜年仅38岁的光绪,喝下袁世凯送来的药后,一命呜呼。

这个说法以康有为当时的公告文章与后来末代皇帝溥仪写的《我的前半生》为代表,流传甚广。

【母后谋毙说】

光绪的生父醇亲王奕譞是慈禧的丈夫咸丰皇帝的弟弟,又是慈禧妹妹的丈夫。因此,从辈分上来说,光绪既是慈禧的内侄,又是她的外甥。但慈禧为了独揽大权,将4岁的光绪扶上皇位,并要他唤自己为"亲爸爸"。

1886年,光绪年满15岁,按封建帝制的传位惯例,小皇帝16岁已到了执政年龄,慈禧假意做出愿意"归政"的样子,颁发懿旨,宣布明年"归政"。她的心腹奕譞明白她的心意,就上奏折恳请她继续"训政"。1889年,光绪年满18岁。慈禧觉得再"训政"有点儿说不过去,便宣告光绪亲政,但仍掌有实权。随着年龄的增长,光绪掌握政权的要求也日益迫切。他周围也培植了一批亲信大臣,并想依靠他们将权力从母后手中夺过来。这样,宫廷内就形成了相互对立的帝后两党,他们在一系列问题上尖锐对立,相互倾轧。

1894年,日本入侵朝鲜,危及中国。光绪帝"一意主战",令掌握军事、外交权的直隶总督、北洋大臣李鸿章"迅筹进兵"。7月25日,日军袭击清朝北洋舰队,中日战争正式爆发。光绪又催李鸿章派援兵,速抵汉城,驱逐倭寇。9月,北洋舰队与日本侵华舰队在黄海激战,清军大败。光绪气愤至极,将"有心贻误"战机的李鸿章拔去花翎、褫去黄马褂。但此时的慈禧太后,却正在挪用海军经费,大修颐和园,筹办她的六十大寿庆典。她与李鸿章串通一气,压制主战派的要求,乞求英、俄、美等国与日"调停",并将光绪的亲信、主战派代表志锐流放。1895年3月,清军彻底失败,甲午中日战争结束。

甲午战争后,光绪受康有为等的影响,为挽救中国大局,决心进行改良,实行变法维新。1898年6月11日,光绪宣布开始变法,实行新政。慈禧对此自然是充满仇恨。

就在实行新政的第四天,她便借用光绪之名,一连下了三道"上谕":罢黜光绪的老师翁同和；命二品以上官员授职者必到皇太后前谢恩；调直隶总督王文韶回京供职，派大学士荣禄署理直隶总督。光绪则打破皇帝不召见四品以下小臣的成例，召见了康有为，并下了110多道谕旨，废除八股、奖励发明、派人出国、改革财政，等等。慈禧为了扑灭变法的火焰，即令荣禄调聂士成驻扎天津，让董福祥移住长辛店，包围京城。袁世凯告密后，慈禧立刻赶到宫中，发动宫廷政变，将光绪幽禁起来。

1908年11月，年迈体弱的慈禧已是病入膏肓。弥留之际，她知道自己已不久于人世了。回想起几十年来，她与光绪的明争暗斗，深知自己死后，政敌光绪必会再掌朝政，并要大翻前案，自己恐怕连个完整的尸首也难以保全。于是，她命人先行一步，到中南海将也在病中的光绪谋毙。当她听到光绪已死的消息后，才闭上了双眼。就这样，一个敢于实行变法却又柔弱的君主被作恶多端的母后残害致死。

这个说法以恽毓鼎《崇陵传信录》与徐珂《清稗类钞》为代表，也曾广泛流传。

【太监害死说】

清朝大太监李莲英善于见风使舵，是西太后慈禧的宠儿。他狗仗人势，胡作非为，不择手段地敲诈钱财。对此，光绪帝早就看不过眼了，只是因年幼无权，奈何不得他。而且，李莲英还常常在他面前仗势欺人，中伤、作弄光绪皇帝。

随着岁月的流逝，光绪帝渐渐长大，眼看就要亲政了。李莲英唯恐光绪亲政后，自己权势失落，就把自己的妹妹送入后宫，安插在光绪皇帝身边，以求保住自己的权势。

可惜的是，光绪帝根本看不上他的妹妹，不要说册封为妃宾，连幸纳也不可能。没办法，李莲英只得让他的妹妹去伺候西太后，以加深他与太后的关系。

光绪亲政后，果然大大削弱了李莲英的势力。但李莲英绝不善罢甘休，他想借西太后的力量东山再起。因此，他便极力在太后面前谗言，挑拨西太后与光绪帝之间的关系。

在以光绪帝和西太后分别为代表的帝后新旧两派斗争中，李莲英始终站在西太后的顽固守旧派一边，专横跋扈，阻挠新政。拥护光绪变法的御史朱一新，对李莲英介入朝政和军事特别憎恨，他在上奏文书中把李莲英比作"唐代的监军太监"。慈禧见后，勃然大怒，将朱一新撤职，赶出北京，并从此杜绝对李莲英的一切批评。光绪帝变法失败，被软禁瀛台，李莲英更加得意猖獗。

当西太后病危之际，阴险狡诈的李莲英非常害怕太后一死，光绪帝再操权柄，必然对自己大加鞭挞。想来想去，这个惯于大耍两面三刀、大献殷勤的大太监一方面与光绪帝的皇后隆裕搭上了关系；另一方面先下手为强，趁光绪帝患病之际，在慈禧死前先行一步害死了光绪皇帝。

这个说法以德龄《瀛台泣血记》为代表，也曾流传于世。

【病魔夺命说】

与上述说法形成鲜明对照，近年来，一些历史学家们在故宫博物院里见到了大量的清宫医案，其中有光绪帝治病时的口述病史、病历和脉案、药方等可以作为证据的材料。据此分析，人们认为光绪帝确实是因长期患的各种疾病加剧，加之精神折磨，导致死亡。至于他与慈禧在相隔不到一天内相继死去，纯属偶然巧合。这个新的说法以朱金甫、周文泉《从清宫医案论光绪载湉之死》（见《故宫博物院院刊》1982年第3期）为代表。

首先，光绪实际上是在孤独与压抑中成长起来的。光绪并非慈禧亲生，加之慈禧生性残暴，动辄喝骂，只醉心于弄权施政，根本无心顾及幼君，因而光绪帝生性忧郁，自幼多病，体质极弱。他每天都要到慈禧面前跪着请安，不叫他起来，他就得一直跪在地上，头也不敢抬。他惧怕母后就像惧怕狮子和老虎一样，真所谓"谈后色变"。尤其在婚姻大事上，光绪仍受控于母后，身心受到极大的刺激。1889年，慈禧硬是把自己的侄女隆裕许配给光绪，而光绪心里实在不喜欢这位皇后，后来，光绪纳下珍妃。珍妃无论在政治上还是在思想上，都与光绪志同道合，光绪对她也格外宠爱。然而，慈禧却借故于1898年将珍妃囚禁起来，并于1900年八国联军进逼北京时，命太监将她推到井中，活活害死。光绪对此悲痛欲绝，却也毫无办法。这些压抑和打击，使光绪病情深沉，并长期患有遗精病。

其次，光绪在政治上长期失意，精神到了崩溃的边缘。光绪自即位后，一直由两宫太后垂帘听政，16岁"归政"，却由慈禧"训政"；18岁"亲政"，但仍无实权。尤其在甲午战争中，慈禧流放志锐，在变法维新时罢黜翁同龢，赶走朱一新，使光绪精神上遭受一次次打击。

当然，最为严重的是戊戌变法失败后，光绪被囚禁于瀛台，失去了自由。长期戴着皇冠为囚徒的生活，使其受到了种种的折磨与凌辱，他自叹"朕并不如汉献帝也"。

在这种处境下，他的肺、肝、心等多系统疾病纷至沓来，不断加剧。虽经多方延医，却也无济于事。据分析，导致他死亡的直接原因是心肺功能的慢性衰竭，合并急性感染造成。这属于正常死亡，并非他人谋害。

以上假说，均有一定的历史事实基础和充分的作案动机。无论是北洋军阀头子袁世凯、母后慈禧，还是大太监李莲英，他们都深恐光绪重掌政权后自己会身遭罗难，况且都有一定的实力，而慈禧和李莲英又可随时派人靠近光绪，因而他们都有害死光绪的可能性。而病魔夺命说更显得有理有据，较为可靠。从这些病案材料中推出光绪的死亡应该说是有逻辑关联性的。然而，阴险、残忍而又狡诈的封建专制统治者在激烈的政治斗争中会不会伪造医案病历呢？因此，这些都只能是暂时不能确定可靠性的假说。

(二) 假说的特点

与经过论证的、公众认可的理论相比较，与缺乏逻辑性的、随意性较强的日常说法相比较，假说具有以下的基本特点。

1. 内在的科学性

假说是遵守思维基本规律的，尤其是遵守充足理由律，是在进行正确的思维，不是进行错误的思维；假说是以科学知识为依据的，是以客观实事为根据的，是在进行有根据的思维，不是信口开河；假说是要应用逻辑推理和逻辑方法的，是在进行逻辑思维，不是进行无逻辑思维。

假说的科学性表现在假说是具有解释力的。人们提出假说的目的，就是要用它来解释某种未知的事物现象，因此，解释力是科学假说的基本功能。科学假说的使命在于能够较为圆满地解释事物现象。基于万有引力定律的牛顿力学起初也是一个假说，它成功地解释了整个太阳系错综复杂的天体运动，而且这种解释和观察的结果相符，其科学性自然得到认同。相反，如果假说没有解释力，不能解除人们对事物现象的疑问，这个假说就得不到人们的认可。

以上阐述表明，假说具有内在的科学性和合理的解释力，因而才称其为科学假说。

假说不是胡说。

2. 外表的多样性

假说是在对客观现象进行内在的科学解释，但解释往往不是单一的，这就使得假说具有了外在表现的多样性的特点。

首先，假说是普通逻辑基本知识、"悬逻辑"各种知识的综合应用，还有可能运用非形式的一些思维方法，再加上背景知识的论述、实验结果的陈述以及经验的阐述等，因而从外在结构上看，它是多种多样的逻辑知识进行综合运用而形成的一个系统。

其次，不同的人对同一个对象进行认识，由于知识背景不同、获得材料不同、思考角度不同、使用方法不同、文化意识不同以及信仰观念不同等，就会形成不同的解释体系，呈现出针对同一现象产生多种多样的假说的情形。例如，关于光的性质有波动说和微粒说，关于生物进化有渐变说和灾变说等。上述对光绪皇帝的死因，就产生了四种说法。

最后，认识是一个循环往复的复杂过程，不要说不同的人提出不同的解释，就是同一个人也会随着新事实的发现、新理论的提出而更改自己的解释，使得假说呈现出多种多样变化的特点。

假说不是单说。

3. 一定的猜测性

假说主要应用或效推测，有时依据的客观事实比较少，根据的科学理论也不多，有时还需要大胆进行想象，因而猜测的成分在所难免。它之所以是假定性的论说，而不是被证实的理论真理，也正因为它具有一定的猜测性质。当然，我们应当将其一定的猜测性与不讲逻辑的胡猜乱想加以区分。

假说不是乱说。

4. 特殊的可检验性

科学假说的科学性还体现在能够进行检验方面。假说中推测出来的各种结论都是可以检验其真伪的，假说中列举的各项实验都是可以重复进行的。这样，假说就有了较大的可信度。神话、大话讲得神乎其神，好似振振有词，实际上无法检验真伪，不能重复实验，根本不具有科学性。

假说不是传说。

（三）假说的种类

人们一般将假说看成自然科学在进行科学发现时所形成的假定性学说，恩格斯强调的也是自然科学。当然，恩格斯并未否定其他种类假说的存在。社会科学有没有假说呢？当然有，上述关于光绪死亡原因的种种说法就属于社会科学假说。另外，在案件侦破中形成的侦查假设也是一种假说，虽然从本质上说它应归为社会科学假说，但因其特殊性，还是可以将其作为一个单独的种类的。于是，假说就有了以下三个种类。

1. 自然科学假说

这种假说以自然现象为目标，以取得科学发现为目的，运用多种经验科学的手段，常常需要进行大量的试验或实验，最终促进自然科学不断向前发展。

2. 社会科学假论

社会科学多以什么什么论自称，如"资本论""新民主主义论""论持久战"等，为了与自然科学假说在叫法上有所区别，故将社会科学假说称为"假论"。

假论以社会现象为目标，以对某种现象进行合理解释或对发展过程进行预测为目的，运用多种调查的手段、多种分析的方法（尤其包括历史分析法、矛盾分析法）、多种逻辑的形式（尤其包括"悬逻辑"的形式），最终促进社会问题的解决，促进社会的进步。

3. 案件侦查假设

侦查假设是针对某个具体的案件（尤其是刑事案件），以弄清案件发生的原因、还原案件真相为目的，运用现场勘察的技术手段以及询问（讯问）、走访、调查、侦察的多种办法并应用逻辑方法（尤其是或效式推测），有时还要进行侦查实验，最终破获案件，实现法律的公正、社会的安定。

二、建立假说的逻辑步骤

不能说假说是一个理论系统,但可以说假说是一个解释系统。既然是一个系统,建立假说就不是件太容易的事情,就需要经历若干个阶段和步骤。

(一)初建阶段

在实践中,我们遇到了尚未得到解释的被研究现象,然后根据自己掌握的一些事实和理论知识,对它做出了初步的解释,提出了一些假设性的观点,这就是假说的初建阶段。

1. 假说初建的特征

由于是刚刚着手对被研究现象进行解释,尚处于建立假说的起步阶段,一般来说,这个阶段具有以下特征。

一是依据不是很充足。这时,我们所占有的事实材料还不是很多,所寻找的理论根据也未必恰当。因为我们只是试图让被研究现象得到解释,思考得尚不成熟。比如,刑警队员刚刚接到报案,迅速出现到案发地,进行现场勘查,得到的第一手材料较少,因而只能初建侦查假设,初步为案件定性,初步断定这是抢劫杀人还是故意谋杀。

二是解释不是很系统。因为依据不足,所以对一个复杂现象的某些方面能解释,某些方面尚不能解释;可以提出一些基本的、主要的观点,对一些情形进行大致的描述,但还未能形成系统的解释,建立一个解释系统。

三是推测不是很严密。这时的推测一定要有逻辑根据,但逻辑性不是很强,很难满足各项逻辑要求。因为依据的不足,甚至有些事实判断的真实性都不能确定,依据理论与假定性解释的逻辑关联性也存在问题,所以这时的推测并不非常严密。

四是假设不是很排他。对于某件事的最终理论表述应当是唯一的,这就是我们常说的真理只有一个。然而,这里不是真理的理论,而是假说的初级阶段。因为以上特征的存在可以这样解释,别人也可以从另外的角度做出解释,你的解释无法否定他人的解释,从而造成多种解释并存的情况。比如:

早晨,接到报案称一人坠楼身亡。经初步现场勘查发现,一扇老式木制窗户也坠落在死者身旁,当时只有死者一个人在家,房门是锁着的并且未遭到破坏;经询问调查,了解到此人爱干净,但他与妻子的关系不好,与生意伙伴也矛盾重重。某办案人员据此提出了"被人从窗口推下"的假设,并解释道:被推下的那一刻,求生的本能使他抓住窗户框,于是老式破旧的窗户同他一起坠落,所以本案应定性为他杀。然而,有的办案人员则提出了"在家搞卫生意外坠楼"的假设,并做出这样的解释:此人爱干净,当时门又是反锁着的,他一人在家早起打扫卫生,结果在擦拭这扇破旧的窗户时,连窗带人一起坠落。没有对假说的进一步发展，这两个初步假设是无法相互否定的。

五是结论不是很确定。初步的假定往往是不确定的，或者说具有尝试性和暂时性。随着以后发现事实的增多、研究的深入，这时得出的初步结论都有可能被别人改变，甚至是被自己改变。

尽管初建阶段有这些不太有利的特征，但科学探索是不能害怕错误和失败的，我们还是要根据已观察到的少量事实材料和相关科学知识，大胆地对被研究的事物现象做出初步的解释，为科学的发展创造开端。下面，我们看一下"大陆漂移说"的初建过程。

有一次，德国科学家魏格纳在夏威夷疗养，他盯着墙上挂着的一幅世界地图观看时，突然发现非洲西部海岸线与南美洲东部海岸线彼此是那样的吻合。他说："任何人观察大西洋的两对岸，一定会被巴西与非洲间的海岸线轮廓的相似性所吸引住。不仅圣罗克角附近巴西海岸的大直角突出和喀麦隆附近非洲海岸线的凹进完全吻合，而且自此以南一带，巴西海岸的每一个突出部分和非洲海岸的每一个同样形状的海湾相呼应。反之，巴西海岸有一个海湾，非洲方面就有一个相应的突出的部分。如果用罗盘仪在地球上测量一下，就可以看到双方大小都是准确一致的。"[①] 于是，魏格纳大胆提出了南美洲与非洲两块大陆原本是连在一起的，后来受到地球内部动力的作用才逐渐断裂、漂移开来的"大陆漂移"假设。

在这里，魏格纳需要解释的现象是：为什么南美洲东海岸与非洲西海岸的海岸线轮廓相距甚远却又彼此吻合？

他根据的事实仅是两个海岸突出的部分与凹陷的部分能够吻合，他依据的科学理论是有关地球构造的知识及地球内部有对地表的作用力。

他做出的初步假设是，巴西与非洲这两块陆地早先是合在一起的，后来才漂移开来。

将魏格纳提出假设的思维过程（逻辑形式）简单整理一下，大致如下：

南美洲东部的海岸线与非洲西部的海岸线彼此刚好吻合（被解释的现象）；如果地球上的各大陆都是由原始大陆受地球内部的作用力整体破裂后漂移而形成的，那么相应的各大陆边缘的海岸线轮廓就会刚好吻合（依据的一般知识）。所以，南美洲与非洲这两块大陆早先是合在一起的，后来才漂移开来（科学假设）。

这里大致用了回溯原因或效式，不是很严密，但有一定的逻辑关联。

---

① 王仁法，徐海晋. 执法应用逻辑[M]. 广州：华南理工大学出版社，2013：180.

2. 假说初建的步骤

初建假说应当遵循如下的逻辑步骤：

（1）收集相关事实。通过观察、调查、实验等手段，广泛收集与被研究现象有关的事实并进行科学汇总。

（2）推测可能起因。根据已有的理论知识和原有的历史经验，运用假言或效推测（主要是回溯原因或效式）进行思维，同时注意考虑多种可能性。

（3）广泛解释现象。将推测中的条件关系（假言或效推测）转变成因果关系，推测出起因，广泛解释已掌握的各种事实材料。

（4）初步确认假设。将能够广泛解释相关事实的起因确认下来，将不能广泛解释相关事实的起因予以否定，初步确认自己的假设，完成假说的初建。

3. 初建假说常用的推测方式

在假说初建阶段，应用得最多的是原因回溯推测或效式，也会用到其他的假言推测或效式以及各种归纳推测形式、类比推测形式等。在科学史上，许多有重大影响的假说，在初建阶段都是借助归纳推测、类比推测等提出来的。例如，达尔文的"进化论"、惠更斯的"光波说"，在初建阶段运用了大量的类比推测，门捷列夫的"元素周期说"等，在初建阶段运用了大量的归纳推测和探求因果联系的推测方法。

（二）推演阶段

在初步的假设得到确认之后，我们就可以进入所谓的假说推演阶段。

1. 推演过程

简单来说，这个推演过程就是：以初建假说阶段确认的基本假设为出发点，结合背景知识，利用充分条件关系，必然地从中引申出一系列的推断。实际上，就是在建立充分条件关系的基础上，将一个充分条件假言判断的后件进行充分的扩展，形成一个特殊的推理形式。

我们用 H 表示已经确认的理论假设，用 e 表示引申出的事实判断，假说的推演过程即可这样表达：

$(H \rightarrow e) \wedge H \rightarrow e_1 \wedge e_2 \cdots \cdots \wedge e_n$

括号里的正向箭头表示由初步确认的假设导出事实判断的充分条件关系是成立的，它支持由 H 引申出 e，能够作为背景知识；括号外的正向箭头表示实际导出一系列事实判断，其中包括对事实进行预测的判断。

魏格纳在建立自己的"大陆漂移说"过程中，曾经进行了这样的广泛推演：

如果大陆是漂移形成的，那么大陆边缘之间的吻合程度就非常高，各大陆块就可以像拼板玩具那样拼合起来；

如果大陆是漂移形成的，那么大西洋两岸以及印度洋两岸等彼此相对地区的地层层序（地层构造）就是相同的；

如果大陆是漂移形成的，那么大西洋两岸就存在共同的古生物物种（植物化石和动物化石）；

如果大陆是漂移形成的，那么就存在类似的古气候证据；

如果大陆是漂移形成的，那么在大洋两岸对应的位置就会有相对应的山脉；

如果大陆是漂移形成的，那么在大洋两岸对应的位置就会有相同的矿产；

如果大陆是漂移形成的，那么可以预测大西洋两岸的距离正在增大。

2. 逻辑步骤

对以上的过程进行总结，可以知道假说推演阶段大致的逻辑步骤如下。

（1）确立充分条件关系。将初步的假设及所根据的理论知识作为前件，仔细考虑由于这个前件的存在，那些事实可以作为它的后件而必然存在。

（2）推演系列可能事实。将考虑到的能作为后件的有关事实判断全部列出，列出的越多越好，越系统越好。

（3）预言可能出现情况。仍然遵循充分条件关系的逻辑性，从初步假设中尽量引申出一些预言性的判断，预测将要发生的事情。

对于上述死者伴随木窗坠楼身亡案件，如果初步假设是他杀，第一步，要根据常识确立"他杀"与"有杀人动机和杀人事实存在"之间的充分条件关系。第二步，进行杀人动机的推演：如果是他杀，那么"杀人者与死者有较深的仇恨"（仇杀），或者"杀人者与死者有较大的感情纠葛"（情杀），或者"杀人者图谋死者的财物"（财杀）；再进行事实的推断：如果是他杀，那么杀人者到过现场，杀人者配有死者房门的钥匙或懂得技术开锁或与死者相识，杀人者持有凶器，杀人者有力气能够将死者从窗口推出等。第三步，尽可能地进行一些预测，比如预测小区监控录像中会出现犯罪嫌疑人的身影，财物假如损失会发现财物被转移的痕迹等。如果初步假设是意外死亡，也要先确立意外死亡与某些事实必然存在的充分条件关系，然后推演出有擦玻璃的工具、窗户已经腐朽或松动、在天亮之后擦窗不小心坠落等事实。

（三）验证阶段

假说的推演过程实质上是一个逻辑过程，它是根据充分条件的逻辑性质，从初建的假设中演绎出一系列关于事实的判断。这些判断是否真实，能不能支持初步的假设，必须通过人类社会实践进行检验。这就要进入假说的验证阶段。

1. 验证的过程

如果说假说的推演是一个逻辑过程，那么假说的验证就是一个实践过程。在这个阶段就要躬身从事社会实践，进行广泛的调查和科学的实验，一一验证推演出来的事实判断是否符合客观实际，包括动用各种技术手段观察、了解预测的事实是否真的出现。对于侦查假设来说，就要通过广泛的侦察、走访调查以及痕迹检验、侦查实验、伏击抓捕等手段，检验由最初的侦查假设推演出来的事实是否真的存在,验证预言发生的事情是否已经出现。

验证过程是非常复杂而艰辛的。因为在上个阶段,从初步假设中推演出了众多的推断,这些推断有的很难验证,有的甚至就当前的技术手段来说还无法验证;有时为了验证其中一个推断还要查阅大量资料、走访众多对象,或者跋山涉水、披荆斩棘地去冒险求证,甚至夜以继日地付出许多心血设计实验。因此,要对所有推断进行验证,付出的辛劳可想而知。况且,验证的结果如何还不得而知。所以,提出一个假设也许是容易的,但为了建立假说而去验证、分析、研究却是一件非常不容易的事情。科学的道路不是一条坦途,科学工作者永远值得我们赞颂。

2. 验证的结果

既然是验证,就会出现两种结果:一种是经过验证得到了与客观实际相符合的结果;另一种是经过验证得到了与客观实际不符的结果。前者可以说假设得到了证实,后者可以说假设得到了证伪。

(1) 假设的证实。通过社会实践的检验,发现由假设引申出来的推断是符合客观实际的,那么该假设就得到了证实。这一过程可用以下公式表示:

$$H \rightarrow e_1 \wedge e_2 \cdots\cdots \wedge e_n$$
$$\underline{e_1 \wedge e_2 \cdots\cdots \wedge e_n}$$
$$\therefore \quad H$$

例如,在初步假设得到推演之后,魏格纳翻阅了大量的资料,进行了实地考察,动用了多种技术手段,将上述推演的结果一一予以确证,使他的假设得到证实。

然而,这个证实的过程整体上看是用了一个充分条件假言推理的肯定后件式,在普通逻辑中它被称为无效式,在本体系中把它叫作回溯原因或效式。也就是说,即使这里的每一个 e 都是真的,它们的合取也是真的,但也不能由此断定 H 必真,只能说假设得到了支持,只是证明了假设为真的可能性较大,而不能使原来的假设上升为真理。这就告诉我们,假说的验证是一个漫长的过程,是一个不断得到确证的过程。这就是所谓的确证度问题,即支持假设的事实越多,假设得到确证的程度就越高。

(2) 假设的证伪。通过社会实践的检验,发现由假设引申出来的推断是不符合客观实际的,那么该假设就得到了证伪。证伪假设的逻辑形式大致是:

如果 H,那么 e
非 e
所以,并非 H

不过,细致一点说,往往会出现许多事实被证实了,但其中一两个事实被证明是假的,即出现了这样的情况:

$$H \to e_1 \wedge e_2 \cdots \wedge e_n$$
$$\underline{e_1 \wedge 非 e_2 \cdots \wedge e_n}$$
$$\therefore \ H$$

比如，在人窗共同坠落案件中，对于意外死亡假设进行验证，当我们在现场找到了擦玻璃的抹布，看到了窗户已经腐朽时，假设得到一定程度的证实，但随后出炉的尸检报告却说明死者在天亮前已经身亡，这样，天亮后打扫卫生、擦拭窗户的事实被推翻了，假设又被证伪了。

从整体上看，这里用到的推理形式是充分条件假言推理的否定后件式，在逻辑上属于有效式，符合"否定后件必然否定前件"的规则。即便后件是许多事实判断的合取，用的是联言判断的表达，也不影响对后件的否定。因为联言判断的逻辑性质表明，只要有一个判断是假的，整个联言判断就是假的。

这是否可以表明，因为证伪假设用到的推理形式是有效的，结论具有必然性，原来的假设就被彻底推翻了，由此要建立的假说就戛然而止了呢？事情也不是这么简单，建立假说的步伐还是可以经过调整继续进行的。原因是提出科学假设时，依据的事实及背景知识往往不是单一的，即前提中的假设 H 是可以分解为 H_1，H_2，H_3，…，H_n 的，这样，上述公式就变成了如下的形式：

$$(H_1 \vee H_2 \vee H_3 \vee \cdots \vee H_n) \to e_1 \wedge e_2 \cdots \wedge e_n$$
$$\underline{e_1 \wedge 非 e_2 \cdots \wedge e_n}$$
$$\therefore \ 非 \ H_2$$

也就是说，在证伪某些复杂的假设时，由确定 e 的虚假，不能全部推翻原来的假设，只能部分否定原来的假设，或者说原来的假设是存在一定问题的。

总体来说，对初步假设进行逻辑推演和实践验证，只是假说建立过程中的基本步骤。在实际的假说验证过程中，无论是证实一个假设，还是证伪一个假设，都是非常复杂的事情，都不是一蹴而就的。

（四）发展阶段

经过验证阶段，一个假说或者得到了某个方面的加强支持，或者得到了某个方面的削弱指责。这时，我们就需要进一步发展假说，以构建起一个相对完整的、有一定系统性的科学假说。据此，发展阶段或者完成阶段的假说有以下几种情况。

1. 对得到证实的假说进行充实完善

经过艰苦的验证，假说得到了证实，但我们不能就此不前，而应该积极发现新事实，补充新材料，甚至进行更深的理论根据的寻找和挖掘，让假说得到充实和完善，最终完成一个科学假说的构建。

进入完成阶段的假说，是从确立的初步假定出发。换句话说，就是以确立的初始假定为核心，运用科学理论和事实材料进行一系列的推演、验证和系统论证。一方面，运用科学理论对其进行论证；另一方面，运用初始假定对已知事实做出广泛解释，并对未知事实做出预测。于是，初始假定经过论证、扩充、整理，逐渐成为一个结构稳定、严密完整的理论系统。终于，初步假设发展成为一个科学假说。

例如，魏格纳在提出初步假设后，又对"大陆漂移"的原因及过程进行了如下的论证：在古代的地球上只有一整块陆地，它被称为"泛大陆"。在它的周围是一片广阔的海洋。后来，由于天体的引潮力和地球自转所产生的离心力，使原始大陆开始发生断裂，分裂成若干块，这些陆块就像冰块浮在水面上一样逐渐漂移分开。美洲大陆脱离了欧洲和非洲大陆，向西漂移，于是在它们之间就形成了大西洋。非洲大陆有一半脱离了亚洲，在漂移的过程中，它的南岸沿顺时针方向略有扭动，并渐渐与印巴次大陆分离，于是中间形成了印度洋。南极洲、澳大利亚大陆脱离了亚洲、非洲大陆向南漂移，而后又彼此分开，这就形成了现在的澳大利亚和南极大陆。经过这种理论加强，"大陆漂移说"正式形成，并受到了世界上许多科学家的关注。

2. 对得到证伪的假说进行修正救助

如果在验证假说过程中，出现了实际情况与推演出的事实判断不符的情况，假说就得到了一定程度的证伪。这个时候，我们也不要急于推翻初步假设、抛弃这个假说，而是要冷静地、细心地进行分析。

出现这种情况，就说明原来的假设存在某种问题，或者包含某种错误。会有什么错误呢？是结构不尽合理，还是忽略了某个因素、某个条件？会含什么错误呢？是用错了理论方法，还是有些充分条件并不成立？这些都需要深入地进行思考。

经过认真思考，发现了其中的问题和错误之后应该怎么办呢？主要有两点：一是对原有假设进行修正；二是做出新的辅助性假说来救助原来的假设。

例如，根据万有引力定律和天文观测的一些事实资料，我们提出某个天体是太阳系中的一颗彗星的假设，并从这个假设出发，依据万有引力给出的星体运行规律预测这颗彗星通过近日点的日期为某年某月某日。之后，用天文望远镜在预测的这个时刻进行验证观察时，发现某个彗星虽然回到太阳附近，但并不处在计算好的近日点上。那么，这个"反常"现象能不能推翻原来的假设，或者说明万有引力给出的定律并不完全正确呢？其实不必，人们可以重新提出一个辅助性假设来辩解。比如，这个彗星由于受太阳系边缘某处的一个未知行星的引力作用，而推迟了到达近日点的日期，并由此计算未知行星的位置，说不定还可以取得另外的新发现。而且，新的设想仍然是可以通过天文观测给予检验的。所以，建立这样一个辅助性假说来救助原来的假设是允许的。

再如，上述案例中，意外死亡假设虽然受到了死者在天亮前已经身亡的尸检报告的挑战,也不能匆忙草率地推翻意外死亡说。这时,我们可以做出这样一个辅助性的假设:死者患有夜游症,因而有了天亮前去擦玻璃的举动。这一新的假设,也是可以继续验证的。

3. 对根本错误的假说要勇于抛弃

如果通过对假说进行多方面的验证,证实它存在根本性的错误,再进行修补、救助也不能自圆其说,不能改变其根本性的错误,我们也应该有勇气抛弃它,另辟蹊径,重新建立假说。这时,千万不要进行不科学的、不合乎逻辑的、违背充足理由律要求的辩解。否则,就堕落为顽冥不化的守旧者,有碍于科学的健康发展。

例如,在发现燃素说有根本的缺陷时,还拼命固守,提出莫明其妙的"负重量"概念,这就脱离了科学发展的轨道。再比如,在上述侦查假设中,如果经过深入调查了解到死者的妻子、生意伙伴虽与死者有种种矛盾,但还没有到置人于死地的地步,这些人也确实没有作案时间,其存款也一直没人动过等,那我们就要考虑抛弃"他杀"的假设了。

总之,科学假说的建立是一个艰难的过程,维护它需要智慧和心血,抛弃它需要理智和勇气。但科学假说始终是科学进步的动力,是社会前进的车轮。哥德说:幻想是诗人的翅膀,假说是科学的天梯。让我们尽力维护、发展科学假说吧,去接近更多的真理,迈向更加自由的王国。

第二节 建立假说的逻辑要求

建立假说是一件不容易的事情,也是一件严肃的事情。它有关科学的健康发展,也涉及种种的逻辑问题,因此,我们有必要对建立假说提出多方面的逻辑要求。

一、初建假说的全面性要求

假说初建阶段猜测成分较大,容易只看到一点似乎合理的解释,就匆忙提出假设,甚至是一叶障目,不见泰山。而假设一旦确立,对假说建立的方向和整个内容都将产生影响。因此,在这个阶段提出合理性、全面性的要求是非常必要的。

(一) 形成假设的合理性要求

所谓形成假设的合理性要求,一方面,提出的科学假设必须具有科学性,合乎情理,合乎逻辑,是遵循逻辑基本规律的;另一方面,更主要的是指应重点考虑怎样增强假设的合理性。为了达到这一合理性要求,在形成科学假设的过程中,必须注意以下几个方面的问题。

1. 合理利用科学理论

所有的科学理论都是人类长期进行社会实践的结晶，已为人类的长期实践所证实，因而不管提出怎样的科学假设，都应以科学的基本理论为指导，绝对不能与之相矛盾。

人们的认识是一个辩证发展的过程，历史上的各种理论不是完美无缺的。人们之所以提出科学假设，正是遇到了已有的科学理论无法对新出现的事物现象进行解释，只能通过假设使原有的认识得到扩展和深化。因此，提出假设时，我们既要依据一定的科学理论，但又不能完全受原有理论的束缚。

2. 合理利用事实材料

事实材料是建立科学假说的基础和出发点。在提出科学假设之前，要想方设法地多收集事实材料，事实材料越丰富全面，提出的假设的合理性程度就越高，这是成正比的。但是，事实材料的收集有时是一个较长的历史过程，常常会受到一定时期的技术条件和时间范围的限制，因而又不能等到事实材料全面系统的积累之后才去提出假设。这是辩证的，要把握好一个度。

3. 合理解释事物情况

一个科学假设，只有在既能符合事实，又能解释事实的情况下，才能获得大家的信任与支持，才真正具有合理性。它所解释的事实越多，其合理性程度就会越高。当然，假设只是在尽可能地对相关事实做出圆满解释，一般来说，在这个阶段是无法真正进行圆满解释的。如果遇到暂时不能解释的个别事实，也不要轻易地放弃自己的设想。

（二）提出假设的全面性要求

首先，全面考察。如同刑侦人员勘察现场、不能放过任何蛛丝马迹一样，我们要全面考察各种事实，尽量不要有所遗漏。否则，遗漏了能够构成假说的恰恰是正确的前提依据，就会影响假说今后的发展，影响假说的最后形成。这一点，与选言判断提出的穷尽选言肢的逻辑要求是一致的。

其次，全面分析。对收集到的事实信息应进行汇总，然后进行细致入微的相关分析，并随时注意考虑逻辑相关性。经过这样的分析后，保留能够支持我们运用一定的逻辑原理初建假说的有用信息，然后将无用的信息剔除出去。

再次，全面关联。一个假说为什么这个人能提出来，其他的人提不出来？关键就是要看谁有一个会关联的头脑。提出假说的科学家们，往往能先人一步，敏锐地发现观察到的现象与事实之间的逻辑相关性。只有具备较为全面的科学知识，具有全面联系能力的人，才善于发现各种关联。比如，一名办案经验比较丰富的警察，同时具有香烟的知识，就能从现场遗留的烟头做出一起火烧尸体案的假说；同时具有植物学的知识，就可从尸体身上残留的一点叶子做出"某某森林被害说"；同时具有诗歌方面的知识，就会从死者留下的诗句中体会出某种暗示，从而作出"某人所害说"。

最后，全面推测。应熟练掌握各种推测形式，游刃有余，在建立假说之初，根据各种境况或进行总结式的归纳推测，或由此及彼进行类比推测，或驾驭条件进行各种假言推测，等等。这时，我们只是提出一些初步假设，虽然仅需要一定的逻辑知识支持，但如果不懂得一些基本的逻辑要求，也许会提出一些根本不合逻辑的荒唐假说。

（三）提出假说的注意事项

提出假说时，还要时刻注意以下几点。

第一，始终要有科学根据、科学道理，不能违背科学常识，但也可以有不合常理的大胆猜测。

第二，要以已观察到的事实作为根据，但又可不限于这些事实来大胆推测。

第三，要时刻树立合乎逻辑的理念，能广泛初步解释相关事实。

总之，既然是科学假说，初建时就要既合理又全面，从"悬逻辑"的角度来说就是要合理运用逻辑学的各种知识，综合应用多种推测形式，对已经发现的不多的事实进行全面合理的分析和解释。下面我们从一个侦查假设建立的例子来说明这一点。

某年4月15日下午5点半左右，两个民警在某市郊区的一片竹林中发现了一个尸包，包里装满了新鲜的尸块。经法医拼接发现尸块不全，只有一个人身体的一半，其中没有头颅。当地刑侦大队立即调集民警，以抛尸现场为中心对方圆五六百米的范围进行了仔细勘察，没有发现其他的尸块。正当大家七嘴八舌议论案情的时候，来了解学生毕业实习情况的警校教授徐若剑在察看了现场地形及西边距此仅有0.6千米的下陇村环境之后，提出了这样的建议：马上封锁公安机关发现尸包的消息，将14名实习生分为两人一组在7个隐蔽的地点蹲守，至少蹲守到第二天早上8点，重点观察背着包裹的个子矮小的人或女人。

刑侦大队的队长虽有点半信半疑，但还是采纳了徐教授的建议，做了具体的安排，然后回到分局等待消息。晚上10点钟刚过，消息就传来了：现场抓获了一个背着尸包的下陇村女人。法医经过拼接，确定尸包中的尸块正是先前发现的另外一半尸块。

此时，距离报案的时间仅仅过去了4个多小时。

徐若剑是怎样料到抛尸人是个子矮小的人或女人，而且断定此人还会再来呢？这个侦查假设是由一系列的综合推测支撑的。

"徐若剑根据自己的推断进行了分析。其一，尸块新鲜，说明死者被害不久。其二，抛尸人在死者被害不久就急于抛尸，说明没有可靠的藏尸地点。其三，分尸现场不可能在野外，如果在野外杀人分尸，其现场应该比较隐蔽，那么尸块可以就地掩埋或藏匿，不必急于抛尸。其四，尸块不全，说明还有一部分尸块或没有来得及抛掉，或已经抛在其他地方了。经过仔细搜索，没有发现其他尸包，因此断定，还有一部分尸块没有来得及抛掉。其五，既然抛尸人没有可靠的藏尸地点，因此会选择继续抛尸。其六，抛尸人没有一次性将尸块全部抛掉，说明抛尸人力气不够大，背不动所有尸块，不得不分两次抛尸。其七，根据推测六抛尸人要么身材矮小，要么是女性，同时，没有交通工具。其八，由于抛尸现场离阳河市郊最近的人家有2千米左右，离南、北两个方向的人家更远。以抛尸人的体力，不可能扛着尸包走这么远，于是确定下陇村为可能的分尸现场，因此所选择的蹲守点6个都是下陇村进出的可能通道，只有1个设在阳河市的出城方向，以防万一。"①

在这个侦查假设的初建阶段，发现的事实不多，就是一包尸块。由此拓展开来，也就是一片竹林、一个村庄。然而，对不多的事实的分析却是全面的：尸块的新鲜程度、藏尸的地点及其隐蔽性、尸块的数量、抛尸人的特征、分尸的可能地点等；分析中应用的推理、推测形式也是多种多样的：有充分条件假言推理及其推测，也有选言推理、推测，综合起来就又涉及联言推测，另外还应用了由部分推测整体的辩证思维方法。从上述分析中，我们也感觉到其中的合理性，能够解释清楚现场出现的种种情况。

二、推演假说的条件性要求

所谓假说的推演，就是要建立一个充分条件关系，以初步确定的假设及背景理论知识为前件，引申出许多关于事实的判断并将其作为并列的后件。因而，对推演假说来说，我们应当提出条件性的逻辑要求。

（一）必须确保充分条件关系成立

前面章节已经阐明，充分条件关系是指前件情况存在、后件情况就一定出现时前后件的条件关系。进一步讲，当前件存在后件必然出现时，前后件的充分条件关系就成立；当前件存在后件不必然出现时，前后件的充分条件关系就不成立。这就要求我们从初步假设中引申出的事实判断是"一定能够出现"的，是必然存在的，而不要引申出不一定出现或可能存在的事实判断。

不遵守这条要求，如果引申出的事实判断仅仅存在某种可能性，那么日后对假说进行验证时，不管证实这个事实判断是真是假，对证实或证伪假说都没有意义。

比如，从"大陆漂移说"的最初假设中引申出漂移开的两岸有相同的地质结构、相似的古生物化石可以，但如果引申出两岸有共同的稀有矿产，那就不能成立了。因为稀有矿产分布极为狭窄，这个岸边有，那个岸边就不一定有了。

---

① 啸林. 侦查推理与案件真相[M]. 上海：上海大学出版社，2014：3-4.

（二）应当引申出多个事实判断并确保合取关系成立

从初步假设中引申的结果，即引申出的事实判断越多越好，不能仅仅有一两个。因为在验证阶段，应用的是充分条件假言推理的肯定后件式，即回溯原因或效式，后件数量太少，对前件的支持力度就非常小，只有后件数量足够多，对前件才能形成支持力度，使假说得到一定程度的证实。

另外，引申出的所有推断之间应该是一种合取关系，即将假说核心概念多方面的内涵同时揭示出来，使原本模糊的概念越来越清晰，如同概念限制的过程一样，随着内涵的增加，概念越来越明确。保持这样的合取关系，对假说的支持力度就非常大。如果引申出的事实判断之间是析取关系，因为析取关系只要有一个判断是真的就行了，这样后件的数量等于是极少的，对假说没有什么支持。而合取关系是必须全部为真的，这样才能保证每一个事实判断的求证都是对假说的实证支持。

违背这条要求，就会出现引申结果较少，对假说支持力度不够的情况。

（三）尽量引申出对未来、对未知事件的预测，强化条件支持

回溯原因或效式对前件的支持力度要足够大，除了尽可能增加后件的数量之外，如果后件是对事物情况的预测而这个预测又应验了，那么这就有点从质上加强支持前件的味道了，假说的确证度就可获得明显提高。比如，经验丰富的刑警队长，针对某个案件提出了自己的侦查假设，并从中根据某个规律预测一些犯罪嫌疑人在次日会出现在某个地方，侦察员们次日果真在那个地方发现了犯罪嫌疑人的踪影。这样一来，侦察员们对队长提出的假设就会深信不疑，并夸队长是"神探"。

对已知事实进行解释性推断，对假说有一定支持，但对已经发生的但我们未知的事实进行准确推断，对假说的支持力度也是从质上的提高。例如：

17世纪的一天清晨，罗马著名的圣·玛塔依修道院发生了可怕的事情。当修女们打算登上钟楼敲钟时，发现钟楼下面的大门被人从里面栓上了。她们好不容易撬开了门，爬到4楼的凉台上一看，被眼前的景象惊呆了：修女索菲娅倒在冰冷的凉台上，已死去多时；尸体旁边横放着一根约5厘米长的带血的毒针，她的右眼上有明显的被针刺过的痕迹，肤色发黑。毫无疑问，美丽而善良的索菲娅修女是被这根毒针射中后，中毒而死的。看样子，她在被毒针射中后，自己用手拔出毒针，挣扎了一下，就倒在了凉台上。

这所修道院就建在一条河边，河面宽约40米，高高的钟楼濒河而立，离水面足有15米高。伽利略有个心爱的女儿，名叫玛丽娅，就在圣·玛塔依修道院当修女。女儿很崇敬父亲，也非常笃信上帝。自从1633年父亲因捍卫哥白尼的学说被罗马天主教法庭定罪后，她就真的以为父亲亵渎了天神，每天在基督面前为父亲读一遍悔罪诗，祈求上帝让她代父亲受罚。惨案发生的第二天，玛丽娅就

第七章 综合运用"悬逻辑"知识的科学假说

给父亲写了一封信,告诉他修道院里这起惨案的全部情况。伽利略当时已是70多岁的老人了,体弱多病。他接到女儿的信后,还是骑上驴子,拖着带病的身躯,赶赴修道院。

在女儿的搀扶下,伽利略走近出事的钟楼,但钟楼旋转的窄楼梯实在是太陡了,70多岁的老人是不可能爬上去的。于是,他就对四周进行了仔细的观察。他估摸着凉台的高度,然后伸出拇指,目测着凉台到河对岸的距离。伽利略忽然问道:"索菲娅,她为什么要在晚上,一个人走上钟楼呢?"女儿答道:"我听说,她对您的地动说很感兴趣,还偷偷读了您那本已经被列为禁书的《天文学对话》。这事肯定不能让院长发现,否则,就有可能被院长赶出院门。可是她非常好学,又特别勇敢。所以,那天晚上她一定是悄悄上钟楼眺望星星和月亮去了。""哦,是这样。"伽利略自言自语地说。过了一会儿,他似乎又想起了什么,就问:"玛丽娅,你在来信中坚持认为这是他杀,那就是说,有人对他恨之入骨了,非要置她于死地不可了?""嗯——"玛丽娅对父亲向来是不隐瞒什么的,她说,"索菲娅家里很有钱。她的父亲今年春天去世了。索菲娅正准备将自己应分得的遗产,全部捐献给修道院。可是,她还有个同父异母的兄弟。这个兄弟坚决反对她这样做,并威胁说,索菲娅要是敢这样做,就提起诉讼,停止她的继承权。"

玛丽娅让父亲在一张长凳子上坐了下来,继续叙说着她知道的事情:"就在事情发生的前一天,她弟弟送来了一个小包裹。里面究竟包着什么东西就不知道了,索菲娅没给我看,但我想肯定是很重要很贵重的东西。我猜,会不会是凶犯为了偷那个小包裹,而把索菲娅杀了呢?"这时,伽利略站了起来,走到河边,微微睁开那双已经有些昏花的老眼,望着钟楼下缓缓流过的河水,喃喃地说道:"如果把这条河的河底疏浚一下,或许能在那里找到一架望远镜。"说完这句话,伽利略就告别了女儿,骑上他的驴子回家了。

第二天一大早,玛丽娅就急匆匆地回到了家中。一进门,她就喊道:"爸爸,爸爸,找到了。是这个吧?"玛丽娅从黑色的修女长袍里,取出一架约有47厘米长的望远镜。"这是看门人昨天潜入到河底找到的。它一定是索菲娅的弟弟送来的,因为以前我从没见过她有过望远镜。可我不明白,这和索菲娅被杀有什么关系呢?"伽利略接过这架望远镜,仔细审视起来。过了一会儿,他开口说道:"果然和我想象的一样,索菲娅的弟弟事先在这个望远镜的圆筒里装上了毒针。那天晚上,索菲娅在你们入睡之后,就悄悄地登上了钟楼的凉台,举着这架望远镜观察天空上的星星。在她闭上左眼,将望远镜贴紧右眼之后,为了校对焦距,就用手调节这个螺丝。螺丝一动,里面装的弹簧就把毒针射了出去,直刺索菲娅的右眼。她猛地一惊,望远镜便从手中滑落下来,掉进了河里。然后,她忍

229

着剧痛把毒针从眼里拔了出来……"①

伽利略相信了女儿的"他杀"假设,并进一步假设"望远镜是进行他杀的工具",然后从中引申出"河里能找到望远镜"这个所有人都未知的事实,这个事实一旦得到确认,其对假设的支持力度无疑是巨大的。

不能满足这项要求,对假说的支持力度就是不足够大的。

以上三项逻辑要求做到了,我们就能形成多角度、多层次的事实判断,为假说的验证创立良好的基础,对假说的最终建立起到强大的支撑作用。

三、验证假说的严密性要求

假说经过推演、验证才能够形成一个完整的充分条件假言推论过程。既然是推论,就应遵从逻辑,而逻辑是严密的。为此,我们提出验证假说时的严密性要求。

(一) 对推断的事实进行严密查证

在假说推演阶段,我们从初步假设中引申出了一系列关于事实的断定。对这些推断,我们要求必须进行一个又一个的严密查证。这当然是非常辛苦的,但又必须这样做。如果没有进行严密的查证,就有可能形成推论上的漏洞。假如我们对其他的许许多多的事实推断都进行了验证,证实推断是真的,仅仅有一个推断结果因为种种原因没去验证,以为就差这一个了,应该没有问题,但恰恰问题就出在这里,这个推断刚好就是假的,不符合实际的,那么我们由此确立初步的假设就是错误的。在错误假设的指引下,去构建假说大厦,去指导科学实践和社会实践,是很危险的事情。

违背这一要求,就可以说是犯了"验证遗漏"的逻辑错误。比如,一个犯罪嫌疑人突然失踪了,"人间蒸发"了,生死不明。有人假设他被同伙杀人灭口了,然后由此假设推演出他必然掌握了同伙的秘密,同伙必然有杀人的工具,杀人工具上如果有血迹应当是他的血迹,杀死后必然有尸体等。后来,其他结果都得到了一一验证,杀人的刀上也留有失踪者的血迹,唯独尸体方面仅发现一具烧焦的尸体。办案人员匆忙认定这就是失踪者的尸体,没有进行科学鉴定。结果,后来的深入调查证实,失踪者与同伙伪造了被杀的一切痕迹,自己却潜逃了。那具尸体不是他的,而是一个拾荒者的尸体。

(二) 对预见的事实进行严密验证

如果预见的事实得到了最终的验证,对初步假设的支持是强有力的,但这个验证过程必须是非常严密的,因为一旦出了差错,反而更让人相信一个可能是错误的假说。

---

① 王仁法. 打开思路闸门:思路学初创 [M]. 北京:清华大学出版社,2015:121-123.

对此，我们特意提出验证预见事实的逻辑要求。

1. 相关制约条件必须真正得到满足

一切验证都需要条件，对预见的事实由于是未曾发生的，更须注意制约条件的真正满足。比如，验证预测的天体运行轨迹，就必须有能精确地达到观测位置的天文望远镜、光谱分析仪等观测设备。

2. 观察必须排除干扰因素

观察预见事实时，要考虑会有什么干扰因素，并设法排除这些干扰因素，确保观察在较为纯粹的状态下进行。观察天体会有天气因素的影响、空间辐射的影响、其他天体运行的影响等；观察案件发展、犯罪嫌疑人的行踪，更会遭遇社会人士活动的干扰，甚至是犯罪嫌疑人制造假象的干扰等。比如，上述预测犯罪嫌疑人会在某时某地出现，就要考虑有没有其他人随意活动或犯罪嫌疑人寻找替身活动等因素。

有时候，还要考虑观察的恰当角度，甚至考虑观察人有无耐心或其他心理、情绪问题等。

3. 观察结果必须真实可靠

观察的结果出来后，应该再对其进行鉴别，确保观察结果的真实可靠。不同性质的观察，对结果的鉴别手段不同，这里不再赘述。

（三）对设计的实验进行严密论证

许多验证是需要借助实验完成的，尤其是对物理、化学等自然科学假设的验证，当然侦查实验也是验证侦查假设的手段。实验验证的好处是十分方便、快捷、有效的，但也必须提出严密性的逻辑要求。

对实验验证的逻辑要求是：设计的验证方案应是无懈可击的，实验的过程应是高度保真的，对实验结果的认定应是严格地遵循逻辑论证要求的。

我们应熟悉探求因果联系的逻辑归纳推测方法和类比推测的逻辑知识，按照其自身的逻辑性设计实验验证的方案，对照逻辑基本规律的要求，正确严密地进行。

另外，我们还应该认识到，对科学假设的验证不仅是严密的、全面的，而且往往是一个长期的实践过程。个别的一次实践活动不足以证实或证伪科学假设，是需要反复多次的。一次的证实，一次的证伪，基本是无效的。经过科学实验或社会实践的多次检验，验证才是真正有效的，假说才可能最终转化为科学理论。

四、发展假说的周密性要求

经过验证，假说的核心内容已经形成，再进一步发展它，假说的科学体系就建立起来了。在发展假说的过程中，一定要遵守周密性的逻辑要求，因为我们发展假说的目的是使假说形成结构稳定、内容丰富、系统完整的周密假说体系。

（一）完善假说时要严格遵循同一性

如果在建立假说的过程中一帆风顺，从初步假设中推演出来的推断全部得到了证实。这时，我们应该继续努力，去寻找新的路径，去发现新的事实材料，不断丰富各项内容，力求建成充实完善的假说体系。

在进行这项完善工作时，我们必须严格遵守同一律的逻辑要求，遵循这样的原则：审查新发现的事实材料，与原有的各项内容保持一致的，即可迅速补充进去；与原有的各项内容不能保持一致的，必须搁置一边。但要注意，搁置不是抛弃。假如随着新发现事实的增多，原来看似不一致的事实材料最终发现是一致的，到那时就又可以将其增添到假说的内容之中了。

（二）纠正假说时要周密分析矛盾性

如果发现在建假说中存在某种错误，发现某种矛盾，就要随时进行纠正。

在纠正假说错误的过程中，我们一定要分析产生矛盾的性质，然后再进行合乎逻辑的处理。如果发现找到的事实与推断不符甚至刚好相反，可先分析一下原来的推断是否合乎逻辑，条件关系是否成立，再分析新找到的事实会不会是假象。如果条件关系不成立，或者找到的事实是假象，矛盾实际上就不存在，否定这个推断或还原事实的真相，矛盾就解除了。如果矛盾真的存在，就要对假设的内容及时进行纠正，确保条件关系的成立，继续维护原有的假设和假说的向前发展。

（三）修正假说前要充分考虑可能性

如果发现的事实与推断的事实不相符合，检查推断过程也不存在逻辑错误，也没有假象干扰的情况，似乎真的要对在建假说动大手术，这时可能真的要对假说进行修正了。

在修正假说前，还要静心思索各种可能性。比如，实践手段有没有瑕疵，实验设备有没有失灵，周边环境有没有干扰等。如此周密考虑之后，寻找到了另外的原因，原有假设就不需要进行大的修正，我们还可以继续踏上假说建设之路。

（四）否定假说前要细致查验复合性

如果我们新发现的验证事实与先前的推断产生了矛盾，而我们分析了自己的推断也没有逻辑问题，并查找了相关情况也没有受到其他因素的干扰，这时是否应该抛弃我们的初步假设，否定这个假说呢？

在准备否定假说时，我们先要细致检查已经确定的假说核心内容，看其前件是不是符合的。虽然从否定后件到否定前件的充分条件假言推理是有效的，但一个否定的后件只可以否定前件的一种可能性，其他仍可保留不变。另外，我们还可以做出一个辅助性假说来救助原来的假说，使它仍能成立并得到发展。

五、确立假说的总体要求

经过一番艰苦努力，假说终于可以建立起来了。我们对能够确立的假说提出总体性的一些逻辑的、非逻辑的要求。

（一）概念要明确一致

整个假说建立的过程中，用到的实概念必须做到：内涵清楚确切，外延分明确定。即便是用到悬概念甚至虚概念，也必须前后一致。

含混不清的语词，特别是容易引起歧义的语词，要坚决剔除，乱用悬概念、虚概念也是绝对不允许的。

（二）层次要清晰有序

假说的结构要有层次感，清晰有序，体现出很强的逻辑性。

如果假说的核心内容不存在问题，但结构凌乱，显得杂乱无章，就严重妨碍了假说的表达。

（三）核心要简练单一

整个假说体系可能是比较复杂的，有丰富充实的内容，有各种思维形式的运用，有详略得当的叙述等。

然而，假说的核心内容其实是非常单一的，对核心内容的表达我们也要求尽量简练。这样，一个假说解释一种现象，怎样解释的核心观点让人一目了然，而其他说明性的、辅助性的内容紧紧围绕着假说的核心部分展开，指向假说的假定结论，干净利落，不拖泥带水。

第三节　假说向理论的过渡

假说的最终目标一定是指向理论的，由不确定的假定性学说到确立为科学的理论，假说修成了正果，闪烁出真理的光芒。这是每一位科学家都向往的事情，也是建立假说者的毕生追求。然而，假说变成理论，谈何容易，这是一件非常复杂而艰难的事情。我们不可能全面展开假说如何向理论过渡的探讨，只是建立一些过渡的原则，并特别谈一下法律上的假说向法律上的定论过渡的正确原则。

一、假说向理论过渡的必要原则

完成假说向理论的过渡不管有多么复杂，路途有多少艰难险阻，都必须遵循一定的过渡原则。的确，一个充满悬疑不定形式的体系，过渡到清楚明确的确定体系，肯定有其天然的难处。在克服这些困难时，首先要想到符合过渡的必要原则。

(一) 确保思维正确原则

在假说建立的过程中，大量应用的、主要运用的是或效式推测，其中还夹杂着悬概念、悬疑态判断等。但无论怎样，我们的思维都必须遵守普通逻辑所研究的思维的基本规律，并注意它们在"悬逻辑"体系中的特殊性。在任何情况下，我们既要把思维基本规律当作正确思维的必要条件，又要把它们作为正确思维的充分条件。唯有如此，才能确保展开的各种推测具体过程是沿着正确道路进行的。

遵守了思维基本规律，假说体系就做到了前后一致，致命的矛盾就不会出现，能够明确的东西得到了确定，尤其是阐述的思想观点和得出的结论具有让人信服的逻辑关联，这样就保证了假说是正确思维的结晶。

这一原则奠定了假说向理论过渡的基础，为实现过渡铺平了道路。

(二) 提高可信度原则

假说主要依靠推测，推测的结论又不是必然可靠的，假说也就出现了是否可信的问题。这是影响假说向理论过渡的重要因素。对于是否可信的问题来说，不同的人有不同的衡量尺度，因而可信度是因人而异的。因此，假说在建立过程中，尤其是在发展过程中，一定要考虑如何才能提高自己的可信度的问题。只有不断提高可信度，才有可能逐渐完成假说向理论的过渡。

这一原则提出了假说向理论过渡的基本要求，提醒我们必须想方设法地寻找提高可信度的各种途径和手段，以实际完成过渡。如果上一条原则为实现过渡提供了前提基础、铺平了道路，那么这一条原则就为实现过渡提出了铺设道路的基本要求。

(三) 促进推测向推论转化原则

要实现假说向理论的过渡，就必须考虑这个问题：如果假说中包含的基本上是结论不一定可靠的推测，怎样去过渡到揭示事物发展必然规律的理论呢？因而，要实现假说向理论的过渡必须先实现推测向推论的过渡。

推测的结论不一定可靠，必然性推理（推论）的结论是确定可靠的。那么，能不能让推测转化为推论呢？这个问题涉水很深，非常复杂，很难解答。按照休谟的说法，这是绝对不可能的，他是不可知论的代表人物，对此他是坚决否定的。然而，表明一般道理的演绎推理的大前提还是得由归纳的结论最终转化成。当然，这个问题存在深层次的争议，我们不去过多探讨，只是说可以通过多种途径，采取多种手段，促进推测向推论的转化。

这一原则提示了假说向理论过渡的根本问题的解决，为铺设过渡道路扫除了障碍。

二、假说向理论过渡的途径

遵守了思维正确、提高可信度、促进转化的三项原则,才能启动假说向理论过渡的进程。怎样实现假说向理论的过渡呢?应通过以下广度、力度和深度的"三度"途径实现。

(一) 加大事实支撑的广度

普通逻辑在讲述各种或然推理时,已经提出了前提数量要尽可能多、涉及范围要尽可能广的逻辑要求。我们在建立假说使用各种推测或效式时,能够说明这种非必然蕴含关系的事实越来越多,那么推测结果的可信度就会随之越来越高。因为解释一两个事实,会被认为偶然性较大,而能解释大量的事实,则被认为其中有必然性存在。

魏格纳在构建大陆漂移说时,对推演出的许多可检验的地质学、古生物学的事实进行验证,结果发现了大量的事实。每一个事实的发现对他的假说都起到了支撑作用,而一次次的支撑汇总在一起,就大大地支持了他的这个假说。

我们常说,真理是被无数实践检验过的,是颠扑不破的。当一个假说被越来越多的事实证实,接近那个所谓的"无数"时,它也在接近转化为理论。

(二) 加强因果分析的力度

因果分析非常重要,它可以揭示事物内在的联系及事物发展的规律。人们对规律性的东西往往是深信不疑的,因而能够用已知的理论来阐述推测中所涉及的因果联系,可信度就会迅速提高,而且是质量上的提高。

在归纳推测中,简单枚举归纳要靠枚举数量来提高结论的可靠程度,而科学归纳只有一两个实例就可以了,它主要靠的是因果联系的分析,但其结论比简单枚举归纳还要可靠。由此可见,加强因果联系分析的力度,能极大地提高推测的可信度,为假说向理论的转化积蓄能量。

举例来说,假定我们在雪域高原发现了一只鸟或一群鸟是白色的羽毛,然后就推测整个雪域高原的鸟羽毛都是白色的。人们对这种推测就会感觉到很不靠谱。如果一位生物学家接着阐述了因为白色羽毛是它们的保护色,这样可以使它们更安全地在这一地带生存的道理,这一推测的可信度就会立即得到提高。

因此,我们在建立假说的过程中,在收集大量事实的同时,最好能进一步对其中的因果联系进行探讨和确定。

(三) 加深本质解释的深度

在众多的因果联系中,如果能分辨出哪些是本质上的因果联系,并重点对其进行合理的解释,这样就加深了解释,就是深度解释。

在建立假说的过程中,在用众多的推测做出众多的解释时,突出本质关联的合理解释,本来是非必然的联系也几乎接近必然的联系了,这种推测的结论的可靠程度大幅度提高，假说的可信度也会很大程度地增强。

例如，我国抗战初期有人根据敌强我弱的事实做出了"亡国论"的预测，有人根据台儿庄大捷做出了"速胜论"的预测，这些预测仅仅根据少量的事实，违背这里的加大事实支撑的广度的第一条原则，可信度不高。毛泽东则根据敌强我弱、敌小我大等实际情况做出了"持久战"的预测，并进行了国际国内形势以及敌之非正义我之正义的战争性质解释，这就从本质上导出了这场战争的发生与这场战争的结局（中国持久抗战、最后取胜）之间的深层次的因果联系，让人心服口服。如果说毛泽东刚提出"持久论"还是一个社会科学假论，那么后来的战争进程证实了一切的预测，"持久论"最终转化成了经典理论。

所以，我们在构建假说时如果能静下心来，深度思考，在已有理论的指导下，不断挖掘事物之间的本质关联，假说转化为理论就指日可待了。

三、假说向理论过渡的手段

具体进行假说向理论的过渡，主要应用的手段有以下几种。

（一）加大多理论解释

上述原则中的加强力度、加深深度途径，已经说明为了增强可信度，应多用已知理论进行因果关系的分析和较为本质的解释。更进一步说，能够解释推测的理论越多就越能促进推测接近推论。这种解释推测的理论一般是作为背景知识的，"背景知识，不仅对经验判断的形成是必要的，而且对理论判断的形成尤为重要。……达尔文根据大量的经验事实，做出了'自然选择是物种进化的主要手段'的论断，他用'自然选择'理论解释了大量的生物进化的现象"[①]。应用这一手段，要求假说建立者要拥有渊博的理论知识，能广征博引，让人感到理论根据很足，理论性很强，自然也就更贴近理论。

（二）加强演绎推理成分

在一个诸如探求因果联系的推测方法等大的推测系统中，或者对推测的某个成分，都可能存在演绎推理的成分。加强演绎推理的成分，等于加强了必然性，这无疑也会促进推测向推论转化。

对这个问题一旦展开分析，就会形成一个复杂的系统。这里不展开详细论述，只是作为一个原则提出，提醒假说建立者在混合运用多种推论、推测形式时，注重突出其演绎成分，并注意进行重点阐释。

（三）尽量排斥其他推测

推测的结论之所以处于真假不定的状态，必定是因为并存着与其推测相反或有差异的其他推测。比如，侦查员甲推测某个案子是他杀案，但又不能肯定这个

[①] 沙青. 逻辑科学方法论论纲[M]. 天津：天津教育出版社，1965：150.

案子是他杀案,那就意味着推测这个案子不是他杀案的可能性并存。那么,我们在加强自己推测可信度的同时,如果能顺便提供驳倒或排斥相关的其他推测,按照选言证法的法则,排斥了所有可能的相关推测,基本上就可认定推测转化成了推论。

不过,相关推测是否穷尽了各种可能性,往往是很难断定的,况且要真正驳倒其他的推测也是一件非常艰难的事情。

(四)努力将单一条件变为双向条件

我们在运用充分条件、必要条件各种推测或效式时,如果努力进行相反的推测,其实就是在努力地将单一运用的充分或必要条件假言推测变成双向的充分必要条件假言推论。

充要条件假言推理都是有效式,是充分条件与必要条件的混合应用,这实际上说明了避开这两种推理的或效式,推测就变成了推论。比如,古时候,人们为了防范他人伪造专用的印章,就将刻好的印章故意在地上摔一下,上面就形成了自然的裂纹。这种自然纹路在当时几乎是无法模仿的。这样做的结果就是形成了这样一个充分必要条件:如果是真章,就有这样的自然纹路;如果有这样的纹路,那就是真章。

必须补充说明的是,今天我们正在进入"大数据时代"。不少专家认为,大数据正在改变人类探索世界的方法。"在小数据时代,我们会假想世界是怎样运作的,然后通过收集和分析数据来验证这种假想。在不久的将来,我们会在大数据的指导下探索世界,不再受限于各种假想。我们的研究始于数据,也因为数据我们发现了以前不曾发现的联系。"[①] 从逻辑角度理解这段话的意思,就是过去的小数据时代如恩格斯所说科学探索发展的形式是假说,进入大数据时代科学探索的途径就是数据的采集与处理了。《连线》杂志主编克里斯·安德森更激进地指出,大量的数据从某种程度上意味着"理论的终结"。笔者认为,大数据可以成为与假说并列的探索世界的另一种方式或渠道,应该确定的是通过大数据一定能使假说向理论的过渡大大加快。

四、法律推测向法律论证的转化

一个案子发生了,经过公安人员的侦查或当事人的控告,或者经过检察官的公诉,提交给了法院,法院经过审理是必须做出裁决的。所以,在法律上关于案件的说法如何向法律论证转化,如何做出最终裁决,是有其特殊性的。对此,我们进行专门的探讨。

---

① 〔英〕维克托·迈尔-恩伯格,〔英〕肯尼思·库克耶. 大数据时代 [M]. 盛杨燕,周涛,译. 杭州:浙江人民出版社,2013:92.

(一) 法律推测向法律论证转化的困难

这里牵涉到了法律逻辑这个特殊的应用逻辑。法律逻辑具有的特殊性很多，其中一个是：法律审理的案件都是已经发生的案件，人们无法将其完全复原，因而对曾经的事实断定往往是推测性的断定，但法律又必须对案件事实进行认定，然后根据认定对当事人进行有效裁决。在这个过程中，我们就遇到了可能无效的或效性推测与最终做出有效裁决的冲突。这是十分困难的，但又是必须完成的，我们必须将法律推测向法律论证转化。

法律逻辑学者不得不承认法律涉及的事实大都是推测得来的。"一般而言，根据因果关系之必然性法则或可能性法则，从原因推断出结果是必然的，从结果推测原因则未必是必然的而只是一种可能。例如，保险丝断了必然会导致电灯熄灭，因此，从保险丝断了可以必然地推出电灯会熄灭，从电灯熄灭了却不能必然地推出保险丝断了。"① 法律往往是由果推因的，推测的困难因而就客观存在了。

有些学者提出了同一条件与同一结果相统一的"相当因果关系说"，因有明显的缺陷，没有得到大家的认可。世界上哪有完全相同的两个案子？"对因果关系的认识应当具体问题具体分析。试图通过抽象的哲学分析，一劳永逸地发现一种普适规则，是很困难的。"②

(二) 法律推测向法律论证转化的原则

鉴于以上困难，我们只能提出一些法律推测向法律论证转化的原则，提请大家遵守，其他只能是具体情况具体对待了。

1. 形成证据链条原则

在对案件进行查证时，必须根据已经找到的各种证据对案件事实进行推测，做出结论性的推断。在这个过程中，必须能将证据形成完整的、环环相扣的证据链条。独立的、分散的证据不能作为对整个案件进行定性的依据，如果证据链上存在某种缺环或者其中有明显不合理的解释，更不能将推测转化为论证。温莎大学推理、论证与修辞研究中心教授道格拉斯·沃尔顿指出："一个好（有用）的论证就是指可以被作为一个子论证嵌入到一个以论证者论题为终点的较长论证链之中。"③ 当我们的论证变成了这样的好论证，所有的环节也就套连在一起，形成共同指向论题解决（如案件的定性）的完整链条，那么其中的推测性论证也就转变成了法律论证。

不管是佘祥林冤案，还是滕兴善冤案，都在证据链上出现了问题，法官就在

---

① 王洪. 法律逻辑学 [M]. 北京：中国政法大学出版社，2008：146.
② 陈金钊，熊明辉. 法律逻辑学 [M]. 北京：中国人民大学出版社，2012：258.
③ 〔美〕道格拉斯·沃尔顿. 法律论证与证据 [M]. 梁庆寅，熊明辉，等译. 北京：中国政法大学出版社，2010：256.

各种压力之下匆忙完成这种转化,最终做出了错误的判决。

2. 不能被对方有力驳斥原则

这条原则是指在充分允许对方进行反驳的情况下,原来的法律推测仍然不能被对方驳倒或有力驳斥,我们才能进一步将法律推测向法律论证转化。

如果无法判断对方的驳斥是否达到有力的程度,就必须遵循"疑罪从无"的原则,不要强行完成法律推测向法律论证的转化,这样才能避免冤假错案的发生。例如,昆明市中级人民法院曾审理了潘阳杀人案。昆明市检察院起诉潘阳在与水电公司产生纠纷的时候杀死了水电公司的工作人员,而法院却因证据不足做出了无罪判决。随即,昆明市检察院向云南省高级法院提起抗诉,认为一审法院判决有误,坚持指控潘阳实施了杀人行为。在这样的情况下,刘胡乐律师仍然在法庭上坚持用逻辑规律对案件进行分析,为被指控杀死一老人的潘阳进行无罪辩护。而且,在此案中,犯罪嫌疑人潘阳也在供述中叙述自己致死老人的经过,他说,自己与水电公司老人争吵时推倒了他,致使他头碰在什么地方后倒地流血。但刘胡乐律师指出,尸检报告为扼压致死,而非摔倒而死,这两者显然相互矛盾,况且这段有罪供述潘阳已申明是办案人员教他胡编的。两者矛盾仅仅表明两者具有相互否定的关系,但谁是谁非并不明确。在这种不能确定的状态下,2000年11月15日,云南省高级法院的终审判决支持了刘胡乐的辩护意见,维持了潘阳的无罪判决。法院尊重了逻辑规律,遵守了这一原则,并没有将昆明市检察院的指控转化为必然性的法律论证,一起可能发生的冤案被有效避免了。

3. 符合法规精神原则

从法理角度出发,必须明确不管是什么法律推测,这个推测的结果都应当是符合法规目的的,即维护受害人的合法权益、使施害人得到法律的惩罚。所以,这条原则是指只有在符合法律法规维护正义精神的条件下,才能去完成法律推测向法律论证的转化,否则,违背法律精神,进行这种转化将有可能危害社会。这与实质法律推理有关,但又不是一回事。

创建一个"悬逻辑"体系,探索无数的悬疑问题是非常难的。悬概念是一个谜团,悬疑态判断是一团迷雾,而或效式推测是探索悬疑问题、解开谜团、拨开迷雾的逻辑工具,但其本身也具有不确定性。因此,困难的确很多。

无论如何我们要先把研究悬疑问题的思维拉回到正确轨道上,先把它纳入逻辑之中。俄罗斯物理学家谢苗诺夫曾严肃指出:"如果认为只有在严格合乎形式数学逻辑的公理、公设和定理的条件下所产生的科学思维才是'合乎逻辑的'和'合理的'(理性的),那么,实际上所产生的科学思维不可避免地开始显出是无理性的（非理性的）。"① 因此，我们还是不要出现探索悬疑问题的科学思维不科学（不正确、不合逻辑）的尴尬为好。

然后，我们通过假说理论，试图将悬疑问题进行系统解决，并通过假说向理论过渡的不懈努力，能发现更多的真相，能弄清更多的实质，能掌握更多的规律，从而为人类社会的发展做出更多的贡献。

还有许多问题需要展开细致的研究，愿得到各位同人的批评指正，共同努力，更好地发展逻辑科学、思维科学。

---

① 〔苏〕П. А. 拉契科夫. 科学学：问题·结构·基本原理［M］. 北京：科学出版社，1984：184.